SPSS와 G-Power를 활용한

통계학 개론 및 응용

Statistical Theory and Applications

SPSS와 G-Power를 활용한 통계학 개론 및 응용

임회정 저

전남대학교출판부

머리말

통계학은 의학, 치의학, 간호학, 생물학, 사회학 등 다양한 학문에서 얻어진 데이터를 분석할 때 매우 중요한 역할을 하고 있으며, 이런 추세는 향후 빅 데이터를 처리해야 하는 멀티미디어 시대에는 더욱 확산될 것이다. 이러한 데이터를 가지고 통계 소프트웨어를 이용하여 비교적 간편하게 분석 결과를 얻을 수 있는데 시중에 기초 통계학 책들이 많이 있음에도 불구하고 주로 논문에서 사용되는 필수적이고 기본적인 통계 분석 방법들과 이론이 겸비된 책은 찾기 어려운 실정이다. 이에 저자는 전남대학교에서 해온 강의와 의치의학 분야에서 통계 컨설팅 경험에 기반하여, 분석에 필수적인 통계 방법들과 이론들로 이 책을 구성하고자 하였다. 이론을 모른 채 통계 소프트웨어만을 사용했을 때 경험할 수 있는 블랙홀로 빠지는 듯한 느낌을 없애고자 실질적인 데이터 분석 처리 과정뿐 아니라 그 이론적 근거 및 최종결과의 산출 및 해석을 자세하게 이 책에서 보여주고자 하였으며, 예제를 이해하기 쉬운 예제로 하여 통계 분석을 하고자 하는 관련 분야의 많은 전문가들에게 도움이 되고자 하였고 학부 및 대학원 강의교재로 활용할 계획이다.

본서는 저자 본인이 강의를 하면서 필요성을 느낀 부분을 초고로 만들어 그 후 여러 차례 수정 보완한 것이며, 담긴 내용은 통계 분석 시 기초적이며 필수적으로 알아야 하는 기술통계 및 정규성 검토, 두 군 비교 시 사용되는

t-test, 세 군 비교 시 사용되는 ANOVA, 반복 측정에서 사용되는 반복측정 ANOVA, 범주형 자료를 위한 카이제곱 검정, 회귀분석, 공분산 분석 비모수 분석 등을 포함하고 있으며 실제로 어떻게 분석이 이루어지고 어떤 방법으로 결과가 산출되는지 자세히 다루었다. 특히 표본크기 산출 및 파워 계산에서는 무료 소프트웨어인 G-Power를 이용하여 손쉽게 표본크기와 검정력을 계산하는 방법과 어떤 식으로 효과크기를 계산하는지 간략하지만 효과적으로 다루려고 하였다.

끝으로 본 도서의 집필 작업을 위해 많은 도움을 준 전남대 통계학과 학생인 안화연 학생과 이지은 학생에게 감사의 마음을 전하고 싶다.

2014. 1. 15.

저 자 임회정

목 차

Workbook 4.

Workbook 5.

Workbook 6.

Workbook 1.

Descriptive statistics and Normality test

Variable & Scale

1) 연속형 변수 : 산술적 연산이 적용될 수 있는 수치적 값을 취하는 변수

(예) 체중, 연령, 온도, 신장, 판매량, 사망률 등

2) 범주형 변수

(1) 명목척도(nominal scale) : 측정 대상을 특성만으로 범주로 구분

(예) 인종(백인, 흑인, 아시아인), 성별(남, 여), 결혼상태(기혼, 이혼, 별거, 사별, 미혼)

(2) 순위척도(ordinal scale) : 측정 대상을 특성뿐만 아니라 상대적인 순서로 구분

– 할당된 값은 순서의 의미만을 가지며 할당된 수치들 간의 차이는 나타내지 않음

(예) 교육정도(중졸, 고졸, 대졸), 통증정도(mild, moderate, severe)

1. 다음과 같은 데이터가 있다. 각각의 변수는 어떤 척도에 해당하는지 말해보시오. (연속형 변수, 범주형 변수 중 명목척도, 범주형 변수 중 서열척도)

ID	Sex	Age	Religion	Education	Height	Weight
1	남	29	기독교	대졸	175	70
2	남	31	천주교	고졸	170	62
3	여	24	불교	대졸	158	45
4	남	38	무	대졸	179	75
5	여	25	불교	고졸	155	42
6	여	37	무	대졸	163	52
7	여	33	기독교	고졸	160	50
8	남	55	무	대졸	180	72
9	남	22	천주교	고졸	165	58
10	여	42	기독교	고졸	161	50

Sex: 범주형 - 명목척도
Age: 연속형
Religion: 범주형 - 명목척도
Education: 범주형 - 서열척도

- Height: 연속형
- Weight: 연속형

Descriptive Statistics & Normality test

1. 위치 및 중심척도

(1) 평균(mean) : 모든 관측결과를 합하고 이를 그 관측수로 나누는 것.

$$\bar{x} = \frac{\sum_{i=1}^{n} x_i}{n}$$

(예) 2,4,2,3,1 의 평균은?

$$\bar{x} = \frac{2+4+2+3+1}{5} = 2.4$$

(2) 중앙값(Median) : 관측결과를 크기순으로 배열했을 때 전체자료를 양분하는 점. (=중위수)

* 표본크기가 홀수인 경우 - 전체자료의 중간값
* 표본크기가 짝수인 경우 - 가운데 두 개 값의 평균

(예 1) 15, 12, 8, 13, 9 의 중앙값은?

Step 1. 자료를 오름차순으로 정리한다.

8, 9, 12, 13, 13

Step 2. 표본크기가 홀수인 경우 - 전체자료의 중간 값이므로

중앙값 = 12

(예 2) 10, 1, 7, 11, 15, 6의 중앙값은?

Step 1. 자료를 오름차순으로 정리한다.

1, 6, 7, 10, 11, 15

Step 2. 표본크기가 짝수인 경우 - 가운데 두 개 값의 평균이므로

중앙값 $= \frac{7+10}{2} = 8.5$

(3) 최빈값(Mode) : 가장 많은 빈도를 나타내는 관측치

(예) 2, 4, 2, 3, 1, 3 의 최빈값은?

답 : 2, 3

2. 변동척도

(1) 범위(Range) : 자료의 최대값과 최소값의 차이

(예) 15, 12, 8, 13, 9 의 범위

범위 : 15 − 8 = 7

(2) 사분위수 범위(IR=Interquartile Range)

관측수를 4등분한 경우 사분위수(quartile)라 하며 이 사분위수을 이용하여 고안한 퍼짐성의 측도가 사분위수 범위이다.

제 1 사분위수 Q_1 = 25번째 백분위수
제 2 사분위수 Q_2 = 50번째 백분위수 (중앙값)
제 3 사분위수 Q_3 = 75번째 백분위수
사분위수 범위 = 제3사분위수 − 제1 사분위수
극값의 영향을 받지 않는다는 장점과 관측수가 적으면 산출하기 어렵다는 단점이 있다.
(백분위수 = 얻어진 자료를 순서대로 작은 값부터 큰 값으로 정리하여 100등분 한 값)

(예 1) 1, 100, 120, 121, 123, 124, 130, 140, 10000, 200000의 사분위값들과 사분위수 범위를 구하여라. (표본크기가 짝수인 경우)

$$Q_1 = \frac{5.5}{2} = 2.75 \text{ 번째의 수}$$

$$\therefore \; Q_1 = 100 + (120 - 100) \times 0.75$$

$$= 100 + 20 \times \frac{3}{4} = 100 + 15 = 115$$

$$Q_2 : \frac{5+6}{2} = 5.5 \text{ 번째의 수}$$

$$\therefore \; Q_2 = 123 + (124 - 123) \times 0.5$$

$$= 123 + 0.5 = 123.5$$

$$Q_3 : 5.5 + \frac{5.5}{2} = 5.5 + 2.75 = 8.25 \text{ 번째의 수}$$

$$\therefore Q_3 = 140 + (10000 - 140) \times 0.25$$

$$= 140 + 9860 \times 0.25 = 140 + 2465 = 2605$$

$$\mathrm{IQR} = 2605 - 115 = 2490$$

[spss이용]

SPSS 윈도우에 (예 1)의 데이터를 입력한다.

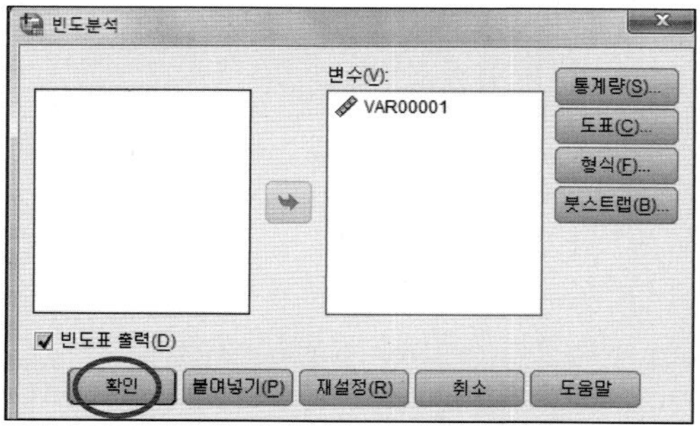

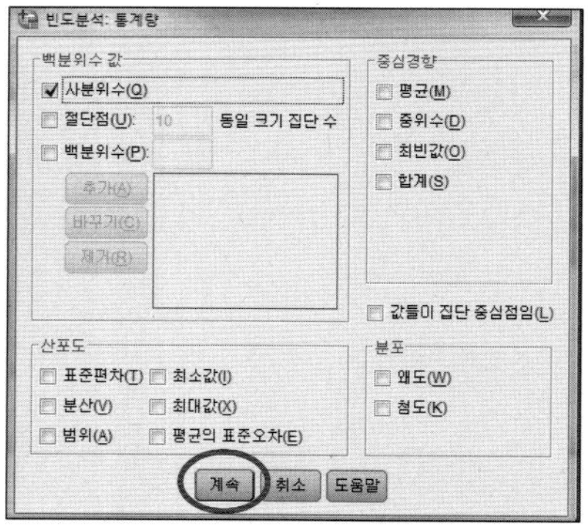

➜ 빈도분석

[데이터집합0]

통계량

VAR00001

N	유효	10
	결측	0
백분위수	25	115.00
	50	123.50
	75	2605.00

(예 2) 1, 2, 3, 4, 5, 6, 7, 8, 9(표본 크기가 홀수인 경우)

$$Q_1 : \frac{5}{2} = 2.5\text{번째수}$$

$$\therefore\ Q_1 = 2 + (3-2) \times 0.5 = 2.5$$

$$Q_2 : 5\text{번째수}$$

$$\therefore\ Q_2 = 5$$

$$Q_3 : 5 + \frac{5}{2} = 7.5\text{번째수}$$

$$\therefore\ Q_3 = 7 + (8-7) \times 0.5 = 7.5$$

$$\text{IQR} = 7.5 - 2.5 = 5$$

[spss이용]

➡ 빈도분석

[데이터집합0]

통계량

VAR00001

N	유효	9
	결측	1
백분위수	25	2.50
	50	5.00
	75	7.50

HW 1) Q1, Q2, Q3, IQR을 손으로 계산해 보고 SPSS를 이용하여 구하시오.

1. 짝수인 경우: 57, 58, 68, 73, 75, 76, 79, 80, 85, 88, 91, 95
2. 홀수인 경우: 9, 10, 16, 22, 22, 23, 29, 30, 32

(3) 분산과 표준편차

$$s^2 = \frac{\sum_{i=1}^{n}(Y_i - \overline{Y})^2}{n-1}, \quad s = \sqrt{s^2}$$

(4) 표준편차와 표준오차

① 표준편차: 각 데이터가 평균과 얼마나 차이를 가지는가

② 표준오차: 샘플링을 여러 번 했을 때 각 샘플들의 평균이 전체평균과 얼마나 차이를 보이는 가를 알 수 있는 통계량, 즉 평균이 얼마나 정확한가를 알 수 있는 통계량.

$$\text{se(표준오차)} = \text{s(표준편차)}/\sqrt{n}$$

(예) 2,4,2,3,1 의 분산과 표준편차(s) 및 표준오차(se)를 구하여라.

$$s^2 = \frac{(2-2.4)^2+(4-2.4)^2+(2-2.4)^2+(3-2.4)^2+(1-2.4)^2}{5-1}$$

$$= \frac{0.16+2.56+0.16+0.36+1.96}{4} = 1.3$$

$$s = \sqrt{1.3} = 1.14$$

$$se = \frac{1.14}{\sqrt{5}} = 0.51$$

(5) 변동계수(Coefficient of Variation)

$$C.V. = \frac{s}{\bar{x}}(100)$$

- 표준편차의 크기가 평균값에 비교하여 볼 때 어느 정도인가 하는 것을 나타내는 상대적 지표.
- 자료간에 관측값의 차이가 큰 경우나 (예: 어른의 몸무게와 신생아의 몸무게) 측정단위가 서로 다른 경우 (예: 키와 몸무게)에 있어서 산포도를 비교하려 할 때.

(예) 25세 어른들의 몸무게의 평균은 145파운드이고 표준편차는 10파운드였다. 그리고 11세의 어린이들의 몸무게의 평균은 80파운드이고 표준편차는 10파운드였다고 한다. 표준편차만 본다면 두 표본이 변동에 차이가 없다고 잘못 결론을 내릴 수 있다. 이때 25세 어른들의 변동계수와 11세 어린이들의 변동계수를 구하시오.

$$C.V._{어른} = \frac{10}{145}\times 100 = 6.90$$

$$C.V._{어린이} = \frac{10}{80}\times 100 = 12.5$$

(6) 왜도(Skewness) : 자료의 비대칭도를 나타낸다.

SPSS, SAS에서는 skewness 공식으로 "adjusted Fisher-Pearson Standardized moment coefficient"을 사용하고 있다.

$$G_1 = \frac{n}{(n-1)\times(n-2)}\sum\left(\frac{x_i-\overline{x}}{S}\right)^3$$

$$S = \sqrt{\frac{\Sigma(x_i-\overline{x})^2}{n-1}} \quad (\overline{x} \ : \text{ the sample mean})$$

해석 $G_1 = 0$: 대칭

$G_1 > 0$: 오른쪽으로 꼬리가 긴 분포

$G_1 < 0$: 왼쪽으로 꼬리가 긴 분포

(7) 첨도(kurtosis) : 분포의 뾰족한 정도를 나타낸다.

SPSS, SAS에서는 kurtosis 공식으로 Sheskin(2000)'s 공식을 사용하고 있다.

$$\widehat{\beta_2} = \frac{n(n+1)}{(n-1)(n-2)(n-3)}\times\left(\frac{S_4}{V(x)^2}\right) - 3\times\frac{(n-1)^2}{(n-2)(n-3)}$$

$$S_4 = \Sigma_{i=1}^{n}(x_i-\overline{x})^4 \qquad V(x) = \frac{S_2}{n-1} = \frac{\Sigma(x_i-\overline{x})^2}{n-1}$$

($\overline{x}$: the sample mean)

해석 $\beta_2 = 0$: 정규분포

$\beta_2 < -1$: 정규분포보다 꼬리가 짧은 분포

$\beta_2 > 5$: 정규분포 보다 꼬리가 긴 분포

(정규이론에 의한 결과의 사용이 어려움을 뜻함)

(예) 다음 관측 값을 가지고 왜도와 첨도를 계산하시오.

571.68, 241.64, 359.39, 314.01, 271.1, 434.92, 479.82, 523.94, 446.6, 392.7, 241.64, 314.01, 434.92, 429.36, 386.24

1) 왜도

$$G_1 = \frac{15}{14 \times 13} \times \sum (\frac{x_i - \overline{x}}{s})^3 = 0.0546 \approx 0.055$$

$$s = \sqrt{\frac{\Sigma (x_i - \overline{x})^2}{n-1}} = \sqrt{\frac{138465.2112}{14}}$$

$$= \sqrt{9890.37} = 99.45035$$

$$\sum_{i=1}^{n} (\frac{x_i - \overline{x}}{s})^3 = \sum_{i=1}^{n} (\frac{x_i - \overline{x}}{99.45035})^3$$

$$= 0.6629$$

0.055로 0에 가까우므로 대칭인 분포를 가진다고 할 수 있다.

D1 | f_x =(B1/$C$16)*(B1/$C$16)*(B1/C

	A	B	C	D	E
1	571.68	182.2153	33202.43	1. 6.150859467	2.
2	241.64	-147.825	21852.13	-3.284140814	
3	359.39	-30.0747	904.4856	-0.027655627	
4	314.01	-75.4547	5693.407	-0.436756482	
5	271.1	-118.365	14010.19	-1.685960064	
6	434.92	45.45533	2066.187	0.095485095	
7	479.82	90.35533	8164.086	0.749967463	
8	523.94	134.4753	18083.62	2.472344201	
9	446.6	57.13533	3264.446	0.18962489	
10	392.7	3.235333	10.46738	3.44301E-05	
11	241.64	-147.825	21852.13	-3.284140814	
12	314.01	-75.4547	5693.407	-0.436756482	
13	434.92	45.45533	2066.187	0.095485095	
14	429.36	39.89533	1591.638	0.064557594	3.
15	386.24	[illegible]67	10.39848	-3.40907E-05	
16	389.4647 (E(x))		99.45035 (s)	0.662913861	G_1
17				0.054635758	
18					

2) 첨도

K21 | f_x

	A	B	C	D	E	F	G
1	571.68	182.2153	389.4647	33202.43	9890.372227	11024012[illegible] (v(x))	
2	241.64	-147.825		21852.13	97819462.78	477515676.2	
3	359.39	-30.0747	E(X)	904.4856	2734763801	818094.1[illegible] (v(x)^2)	
4	314.01	-75.4547		5693.407		32414880.1	
5	271.1	-118.365		14010.19		1962855[illegible] (s4)	
6	434.92	45.45533		2066.187		4269130.076	
7	479.82	90.35533		8164.086		66652304.49	
8	523.94	134.4753		18083.62		327017141.4	
9	446.6	57.13533		3264.446		10656609.74	
10	392.7	3.235333		10.46738		109.5660813	
11	241.64	-147.825		21852.13		477515676.2	
12	314.01	-75.4547		5693.407		32414880.1	
13	434.92	45.45533		2066.187		4269130.076	
14	429.36	39.89533		1591.638		2533310.319	
15	386.24	-3.22467		10.39848		108.1282846	
16				138465.2 (s2)		19172614705	
17	0.10989	27.95726	3.769231				
18	-0.697						
19	99.45035 (s)						
20	0.082418						

$$\text{Kurtosis} = \frac{15 \times 16}{14 \times 13 \times 12} \times \frac{2734763801}{97819462.78} - \frac{3 \times 14^2}{13 \times 12} = -0.697$$

$$S_4 = \sum_{i=1}^{n} (x_i - \overline{x})^4 = 2734763801$$

$$S_2 = \sum_{i=1}^{n} (x_i - \overline{x})^2 = 138465.2$$

$$V(x) = \frac{S_2}{n-1} = \frac{138465.2}{14} = 9890.37$$

값 $-0.69 > -1$ 이므로 정규분포라고 할 수 있다.

3. Stem-and-Leaf Plot (줄기 잎 그림)

(예) 수동 칫솔을 이용했을 때의 치은염지수(Gingival Index)를 측정한 자료이다.

0.21 0.38 0.33 0.32

0.41 0.35 0.36 0.34

0.10 0.32 0.18 0.35

0.20 0.24 0.26 0.34

⇨ 줄기 잎 그림

줄기	잎
0.1	0 8
0.2	0 1 4 6
0.3	2 2 3 4 4 5 5 6 8
0.4	1

4. Box-and-Whisker Plot (상자그림)

줄기 잎 그림을 요약하여 전체 분포의 대칭성, 분포의 집중도, 범위 등을 한눈에 알 수 있도록 그린 그림

→ $Q_3 + 1.5 \times \mathrm{IQR}$ 보다 크거나 $Q_1 - 1.5 \times \mathrm{IQR}$ 보다 작으면 이상치로 간주하여 * 로 표시하고 나머지 숫자 중 가장 큰 값을 Max로 표시, 가장 작은 값을 Min으로 표시한다.

(예) 아래의 숫자를 이용하여 상자그림을 그려라.

9, 10, 16, 22, 22, 23, 29, 30, 32

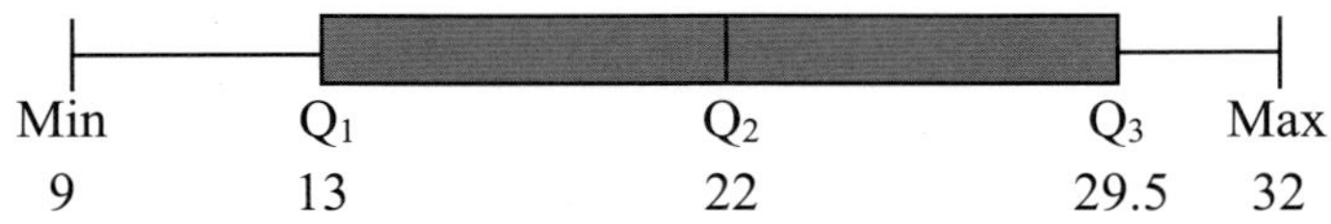

$Q_1 - 1.5 \times IQR$

$= 13 - 1.5 \times (29.5 - 13)$

$= 13 - 24.75 = - 11.75$

$Q_3 + 1.5 \times IQR$

$= 29.5 + 1.5 \times (29.5 - 13)$

$= 29.5 + 24.75$

$= 54.25$

−11.75보다 작거나 54.25보다 큰 숫자는 없으므로 이 데이터 셋에서는 Outlier가 존재하지 않는다.

5. 자료의 정규성 검정－spss이용

(1) 귀무가설 H_0 : 정규분포를 따른다.

(2) 검정통계량 (Kolmogorov-Smirnov 혹은 Shapiro-Wilk 통계량)을 읽는다.
- Komogorov-Smirnov test : 표본의 크기가 아주 클 때(>2000) 사용하는 방법이고 power가 매우 떨어지는 방법
- Shapiro-Wilk test : 보편적으로 많이 사용되는 정규성 검정 방법으로 표본의 크기가 비교적 작을 때 (<2000) 주로 사용되는 방법

(3) 만약 유의확률이 > 0.05 이면 귀무가설을 채택한다.(정규성 만족)
< 0.05 이면 귀무가설을 기각한다.(정규성을 따르지 않는다.)

예제 1) 0.016인치 와이어 15개를 대상으로 하여 항복강도(yield strength)를 측정한 결과 다음 데이터를 얻었다. 엑셀과 SPSS를 이용하여 평균, 중앙값, 최빈값, 범위, 사분위수범위, 분산과 표준편차를 구하고 줄기 잎 그림, 상자그림 그린 후 이 자료의 정규성을 검정하시오.

▶ excel

	A	B	C
1	571.68	=> 정렬	241.64
2	241.64		241.64
3	359.39		271.1
4	314.01		314.01
5	271.1		314.01
6	434.92		359.39
7	479.82		386.24
8	523.94		392.7
9	446.6		429.36
10	392.7		434.92
11	241.64		434.92
12	314.01		446.6
13	434.92		479.82
14	429.36		523.94
15	386.24		571.68

▶ spss

분석 - 기술통계량 - 빈도분석

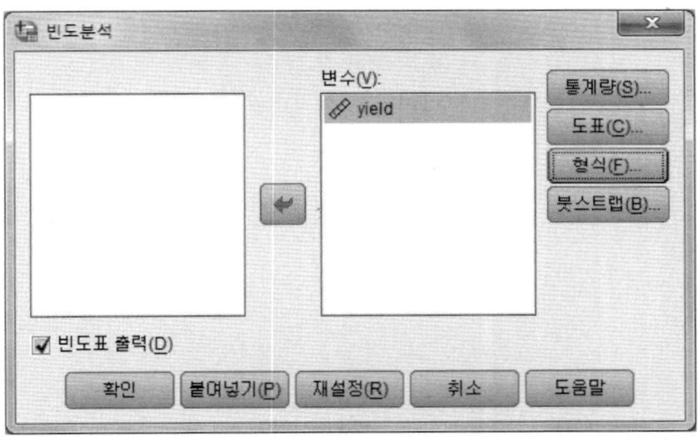

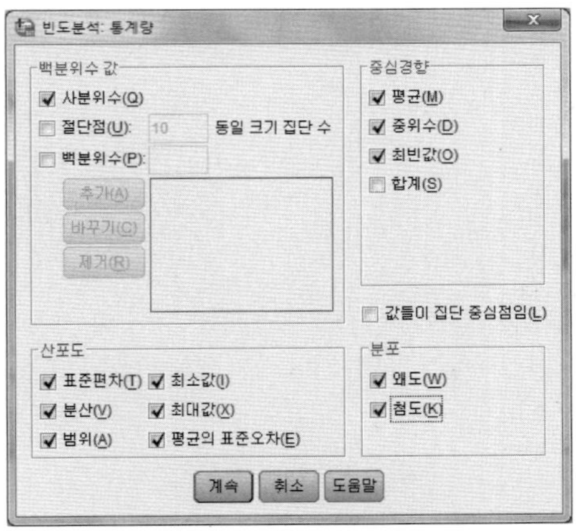

통계량

yield

N	유효	15
	결측	0
평균		389.4647
평균의 표준오차		25.67797
중위수		392.7000
최빈값		241.64[a]
표준편차		99.45035
분산		9890.372
왜도		.055
왜도의 표준오차		.580
첨도		-.697
첨도의 표준오차		1.121
범위		330.04
최소값		241.64
최대값		571.68
백분위수	25	314.0100
	50	392.7000
	75	446.6000

a. 여러 최빈값이 있습니다. 가장 작은 값이 나타납니다.

분석 - 기술통계량 - 데이터탐색

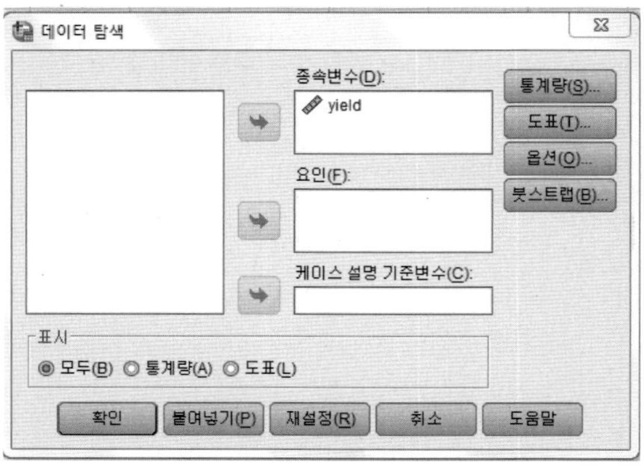

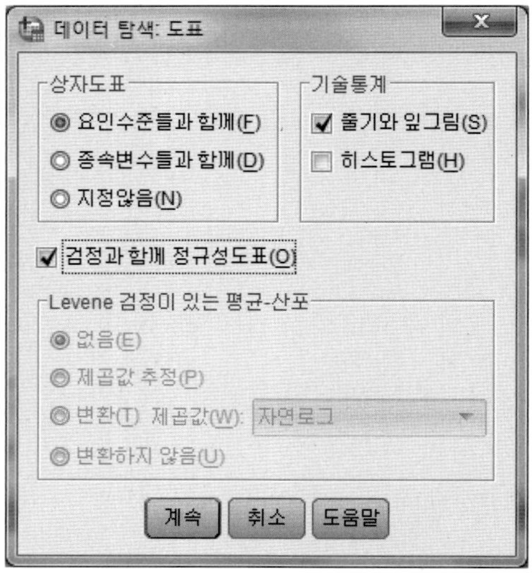

— 줄기와 잎그림

```
Frequency    Stem &  Leaf

     3.00        2 .  447
     5.00        3 .  11589
     5.00        4 .  23347
     2.00        5 .  27

Stem width:    100.00
Each leaf:        1 case(s)
```

— 상자그림

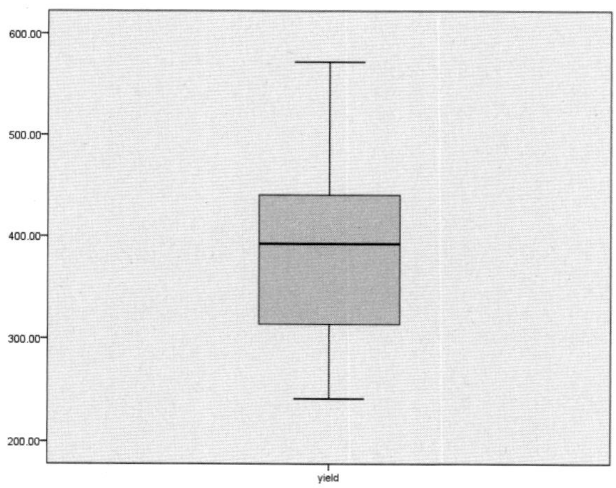

– 정규성검정

정규성 검정

	Kolmogorov-Smirnov[a]			Shapiro-Wilk		
	통계량	자유도	유의확률	통계량	자유도	유의확률
yield	.123	15	.200*	.963	15	.745

a. Lilliefors 유의확률 수정
*. 이것은 참인 유의확률의 하한값입니다.

(1) 귀무가설 H_0 : yield라는 변수는 정규분포를 따른다

(2) 검정통계량 (Kolmogorov-Smirnov 혹은 Shapiro-Wilk 통계량)을 읽는다.

– Komogorov-Smirnov 검정의 유의확률 = 0.200

– Shapiro-Wilk 검정의 유의확률 = 0.745

(3) p값이 5% 유의수준에서 유의확률이 각각 0.200과 0.745로 0.05보다 크므로 귀무가설을 기각하지 못한다. 결론적으로 yield 라는 변수는 정규분포를 따른다고 할 수 있다.

HW 2) 환자 20명을 대상으로 하여 수축기 혈압(sbp)을 측정한 결과 다음 데이터를 얻었다.

1. 평균, 중앙값, 최빈값
2. 범위, 사분위수, 사분위수범위
3. 분산과 표준편차, 표준오차, 변동계수
4. 줄기 잎 그림, 박스 플랏
5. 왜도, 첨도계산 후 해석
6. 이 자료의 정규성을 검정하시오.

엑셀로 계산한 후 SPSS를 결과와 비교하시오.

ID	1	2	3	4	5	6	7	8	9	10
sbp	136	125	150	110	130	125	131	126	120	118

11	12	13	14	15	16	17	18	19	20
126	119	136	150	124	130	155	115	125	130

Workbook 2.

Independent t-test
Paired t-test
Mann-Whitney U test
Wilcoxon signed-rank test

Independent t-test

: 독립된 두 군의 평균비교를 할 때 쓰인다.

- 가정 – Independence (각 집단은 서로 독립)
  - Normality (각 모집단은 정규분포를 따라야)
  - Equality of variances (각 집단별 분산정도가 비슷해야)

(1) 귀무가설 수립

$H_0 \ : \mu_1 = \mu_2 \qquad\qquad H_a \ : \mu_1 \neq \mu_2$

(2) T-statistic(통계량)

① 두 분산이 같다고 가정할 경우

$$t = \frac{\overline{X_1} - \overline{X_2}}{s_p\sqrt{\frac{1}{n_1} + \frac{1}{n_2}}} \quad , \qquad s_p = \sqrt{\frac{(n_1-1)s_1^2 + (n_2-1)s_2^2}{n_1+n_2-2}}$$

② 두 분산이 다르다고 가정할 경우

$$t = \frac{\overline{X_1} - \overline{X_2}}{\sqrt{\frac{s_1^2}{n_1} + \frac{s_2^2}{n_2}}}$$

(3) 기각역 결정

① $| \ T \ | > t(\alpha/2, \ n_1 + n_2 - 2)$

② $| \ T \ | > t(\alpha/2, \ d.f.)$

$$d.f. = \frac{(s_1^2/n_1 + s_2^2/n_2)^2}{(s_1^2/n_1)^2/(n_1-1) + (s_2^2/n_2)^2/(n_2-1)}$$

※ t－분포

표준정규분포처럼 원점을 중심으로 대칭이며 종모양의 곡선을 가진다. 분산은 표준정규분포의 분산보다 더 커서 양 꼬리가 정규분포보다 두껍다. 이는 고정된 모수 대신에 통계량을 사용함으로서 생기는 추가적인 변동 때문이다.

$X \sim N(\mu,\ \sigma^2)$이면 크기가 n인 표본평균 $\overline{X} \sim N(\mu,\ \sigma^2/n)$를 따른다.

모표준편차 σ를 표본표준편차 s로 대체하면

$$T = \frac{\overline{X} - \mu}{s/\sqrt{n}} \sim t_{n-1}$$

t－분포는 연속형 확률분포로서 자유도에 의해 모양이 결정된다. 통계량 T의 자유도는 분모에 있는 표본표준편차 s에 의해서 결정되는데 s의 자유도는 $n-1$이므로 t－분포의 자유도도 $n-1$이다.

t－분포는 자유도 k가 점점 커질수록 표준정규분포에 근사해짐을 아래의 그림을 통해 알 수 있다.

```
[R 프로그램]
> x< - seq( - 5,5, by=0.1)
> t0< - dnorm(x, mean=0, sd=1) ← N(0,1)
> t1< - dt(x,1)                ← t(1)
> t2< - dt(x,10)               ← t(10)
>plot(x,t0, type="l", ylim=range(t0,t2))
>par(new=TRUE)
>plot(x,t1, type="l", ylim=range(t0,t2), lwd=2,lty=4,axes=F)
>par(new=TRUE)
>plot(x,t2, type="l", ylim=range(t0,t2), lwd=5,lty=3,axes=F)
```

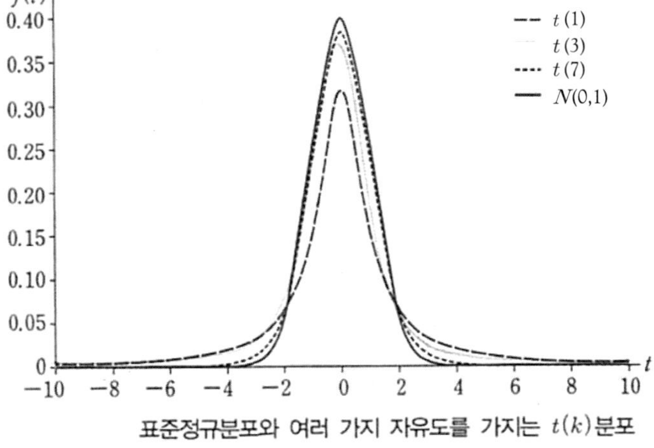

표준정규분포와 여러 가지 자유도를 가지는 $t(k)$분포

- 자유도(degree of freedom) : 자유로운 정도

(예 1) 5명을 초대하기 위해 5개의 좌석을 준비하였다. 선착순인 경우 먼저 온 4명은 자유도가 존재한다. (4번째 온 사람은 두 자리 중 하나를 고르는 것이겠지만, 그래도 둘 중 하나를 고를 수 있는 자유가 존재하기 때문) 따라서 이 경우 자유도는 4이다.

(예 2) 어떤 5개의 수의 평균값이 10이라고 하면, 앞의 4개의 숫자를 무엇을 고르든지 간에, 마지막 하나를 통해 평균을 10으로 정할 수 있다. 따라서 5개 숫자에 대한 자유도는 4이다.

(예 3) 표준편차 $s^2 = \frac{1}{n-1}\Sigma_{i=1}^{n}(x_i - \overline{x})^2$의 자유도는?
편차 $(x - \overline{x})$ 의 총 합은 항상 0이기 때문에 $n-1$개의 편차만 알면 마지막 편차는 자동으로 계산이 된다. 따라서 표준편차의 자유도는 $n-1$이다.

예제 1) 협심증(angina)의 두 가지 유형에 해당하는 환자 각각 15명에 대하여 관상 동맥 조영술(coronary angiography)을 시행하여 관상동맥의 직경을 측정하였다.

두 군간에 관상 동맥직경의 차이가 있는지를 분석하고자 한다. (diameter. sav)

▶ Hand calculation

① 가설설정

$H_0 \; : \mu_1 = \mu_2 \qquad H_a \; : \mu_1 \neq \mu_2$

② 유의수준 설정

$\alpha = 0.05$

③ 검정통계량

$$t = \frac{3.313 - 3.616}{S_p\sqrt{\frac{1}{15}+\frac{1}{15}}} = -1.449$$

$$S_p = \sqrt{\frac{(14)\times(0.5786)^2 + (14)\times(0.5674)^2}{28}} = 0.573$$

엑셀에서

= STDEV(A1:A15) ⇒ 0.5786

= STDEV(B1:B15) ⇒ 0.5674

④ 결론

기각역 : t(0.025,28) = 2.048 → = TINV(probability, 자유도)

= TINV(0.05, 28) ⇒ 2.048

따라서 |t| = 1.449 < t(0.025,28)이므로 Do not Reject H_0

▶ SPSS

1) 정규성 검정

분석 - 기술통계량 - 데이터 탐색

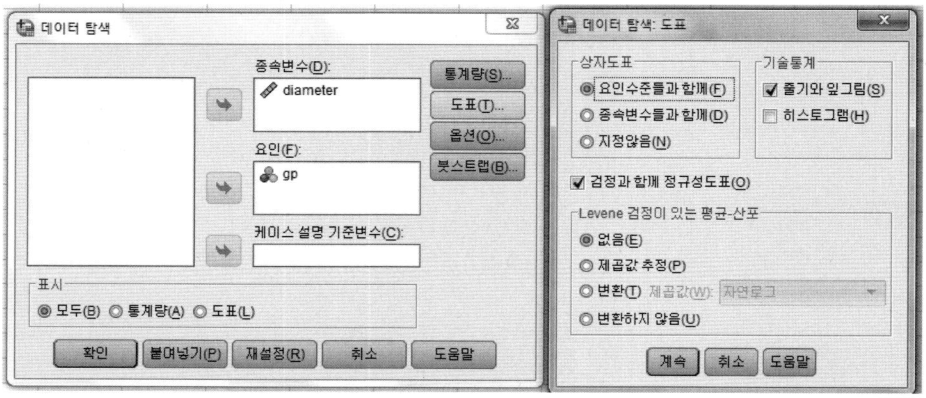

정규성 검정

	gp	Kolmogorov-Smirnov[a] 통계량	자유도	유의확률	Shapiro-Wilk 통계량	자유도	유의확률
diameter	1.00	.170	15	.200*	.933	15	.304
	2.00	.169	15	.200*	.932	15	.291

a. Lilliefors 유의확률 수정
*. 이것은 참인 유의확률의 하한값입니다.

① $H_{0(1)}$: 1군의 데이터가 정규분포를 따른다.

$H_{0(2)}$: 2군의 데이터가 정규분포를 따른다.

② Shapiro-Wilk test : 표본의 크기가 비교적 적을 때

1군 p=0.304 > 0.05 귀무가설을 기각하지 못한다.

2군 p=0.291 > 0.05 귀무가설을 기각하지 못한다.

③ 1군과 2군 모두에서 데이터가 정규분포를 따른다.

2) 독립표본 t검정

분석 - 평균비교 - 독립표본 t검정

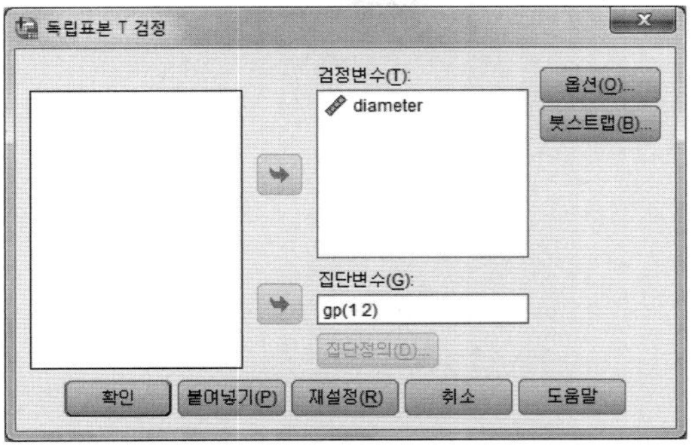

집단통계량

	gp	N	평균	표준편차	평균의 표준오차
diameter	1.00	15	3.31293	.578565	.149385
	2.00	15	3.61607	.567378	.146496

독립표본 검정

		Levene의 등분산 검정		평균의 동일성에 대한 t-검정						
									차이의 95% 신뢰구간	
		F	유의확률	t	자유도	유의확률 (양쪽)	평균차	차이의 표준오차	하한	상한
diameter	등분산이 가정됨	.212	.649	-1.449	28	.158	-.303133	.209229	-.731721	.125454
	등분산이 가정되지 않음			-1.449	27.989	.159	-.303133	.209229	-.731728	.125461

① 귀무가설 : 두 군간에 관상 동맥직경의 차이가 없다.

② 등분산 검정 :

귀무가설 : 등분산이다.

F Value = 0.212, p = 0.649로 5% 유의수준에서 귀무가설을 기각하지 못한다. 그러므로 등분산 가정을 만족한다.

③ T-Test 항목에서 등분산이 가정되므로 t 검정통계량 = −1.449일 때 p = 0.158 이므로 5% 유의수준에서 귀무가설을 기각할 수 없다.

결론적으로 관상 동맥직경은 협심증의 두 가지 유형간에 차이가 없다고 할 수 있다.

HW 1) 정상인 25명 (GR=1)과 만성 위축성 위염 환자 20명 (GR=2)에서 위점막 조직내 히스타민농도를 각각 측정하였다. 두 집단의 히스타민 농도가 차이가 있는가?

(양측 검정이며 유의수준은 0.05이다.) / (hist.sav)

HW 2) 다음의 데이터는 어떤 건축재료에 대해서 열처리 후의 늘어난 길이(mm)를 측정한 것이다. A 그룹의 데이터는 A사 제품 18개에 대해서 측정한 것이며, B 그룹의 데이터는 B사 제품 16개에 대해서 측정한 것이다. A사 제품과 B사 제품의 늘어난 길이에는 차이가 있다고 말할 수 있는가?

(양측 검정이며 유의수준은 0.05이다.) / (archi.sav)

Paired t-test

: 서로 관련이 있는 (종속된) 두 군의 평균 비교를 할 때 쓰인다.

(1) 귀무가설 수립

$H_0 \; : \mu_D = 0 \qquad H_a \; : \mu_D \neq 0$

(2) T-statistic(통계량)

$$t = \frac{\overline{D} - 0}{\frac{s_D}{\sqrt{n}}}$$

(3) 기각역 결정

$|T| > t(\alpha/2, \; n-1)$

예제 1) 다음은 어떤 다이어트 프로그램에 참여한 사람들의 체중 데이터이다. 다이어트 전과 후의 체중이 동일하다고 볼 수 있는지 검정하시오. (diet.sav)

	1	2	3	4	5	6
전	60	70	82	55	66	90
후	53	57	85	53	62	78

▶ Hand calculation

① 가설설정

$H_0 : \mu_{전} = \mu_{후} \; (\mu_D = 0), \qquad H_a : \mu_{전} \neq \mu_{후} \; (\mu_D \neq 0)$

② 유의수준 설정

$\alpha = 0.05$

③ 검정통계량

$$t = \frac{5.83 - 0}{\frac{6.11}{\sqrt{6}}} = 2.337$$

④ 결론

기각역 : $t(0.025,5) = 2.571$

[엑셀] : =TINV(0.05,5) ⇒ 2.571

따라서 $|t| = 2.337 < t(0.025,5)$이므로 Do not Reject H_0

▶ SPSS

1) 정규성 검정

변환 - 변수계산 - '전후'라는 변수 생성

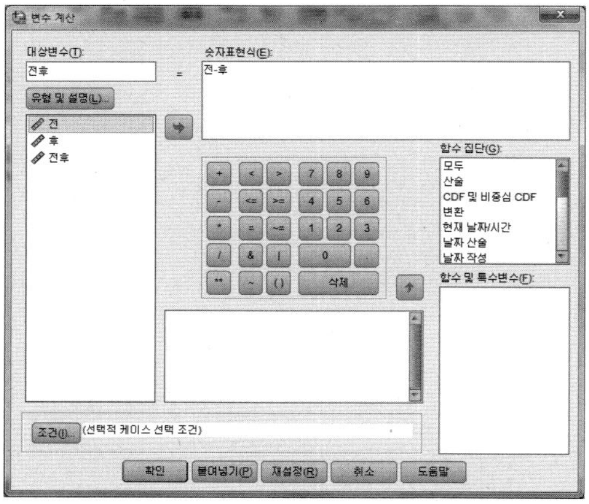

분석 - 기술통계량 - 데이터 탐색

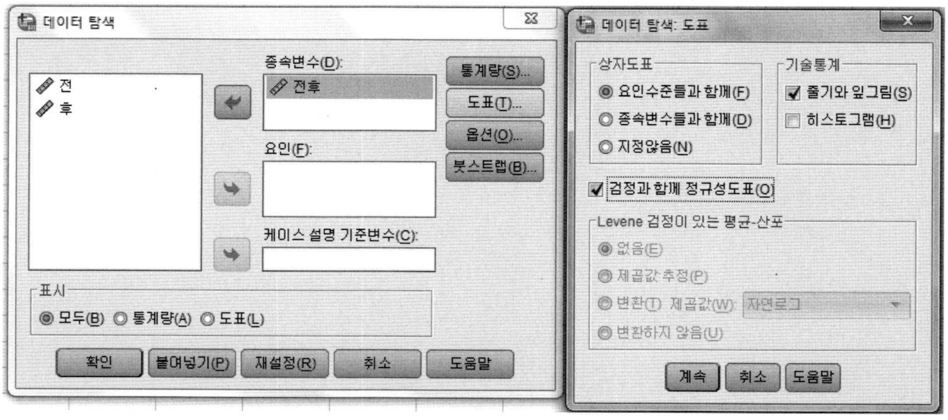

정규성 검정

	Kolmogorov-Smirnov[a]			Shapiro-Wilk		
	통계량	자유도	유의확률	통계량	자유도	유의확률
전후	.177	6	.200*	.955	6	.783

a. Lilliefors 유의확률 수정

*. 이것은 참인 유의확률의 하한값입니다.

H_0 : 정규분포를 따른다.

p값이 0.783로 >0.05 이므로 귀무가설을 기각하지 못한다. 그러므로 정규분포를 따른다.

2) 대응표본 t검정

분석 - 평균비교 - 대응표본 t검정

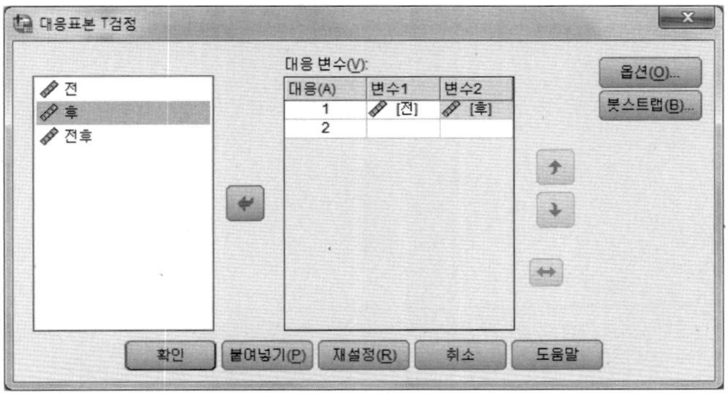

대응표본 통계량

		평균	N	표준편차	평균의 표준오차
대응 1	전	70.5000	6	13.29286	5.42679
	후	64.6667	6	13.63329	5.56577

대응표본 상관계수

		N	상관계수	유의확률
대응 1	전 & 후	6	.897	.015

대응표본 검정

		대응차					t	자유도	유의확률 (양쪽)
					차이의 95% 신뢰구간				
		평균	표준편차	평균의 표준오차	하한	상한			
대응 1	전 - 후	5.83333	6.11283	2.49555	-.58169	12.24835	2.337	5	.067

① 귀무가설 : 다이어트 프로그램에 참여한 후의 체중과 전의 체중 간에는 차이가 없다.

② 검정 통계량 t값 = 2.337일 때 p = 0.067 이므로 유의수준 5%에서 귀무가설을 기각하지 못한다.

결론적으로 다이어트 프로그램 전과 후의 몸무게에 차이가 있다고 할 수 없다.

HW 3) 심실 중격 결손증 환자 18명에서 수술 전(PRE), 수술 후(POST) 폐동맥 압력을 측정하였다. 수술 전후에 폐동맥 압력에 유의한 차이가 있다고 할 수 있나?

(양측 검정이며 유의수준은 0.05이다.) / (VSD.sav)

HW 4) 다음의 데이터는 학생 12명의 중간고사와 기말고사의 점수를 나타낸 것이다. 기말고사의 성적(Final)과 중간고사의 성적(Midterm) 사이에는 차이가 있다고 생각해도 좋을지 검정하세요.

(양측 검정이며 유의수준은 0.05이다.) / (exam.sav)

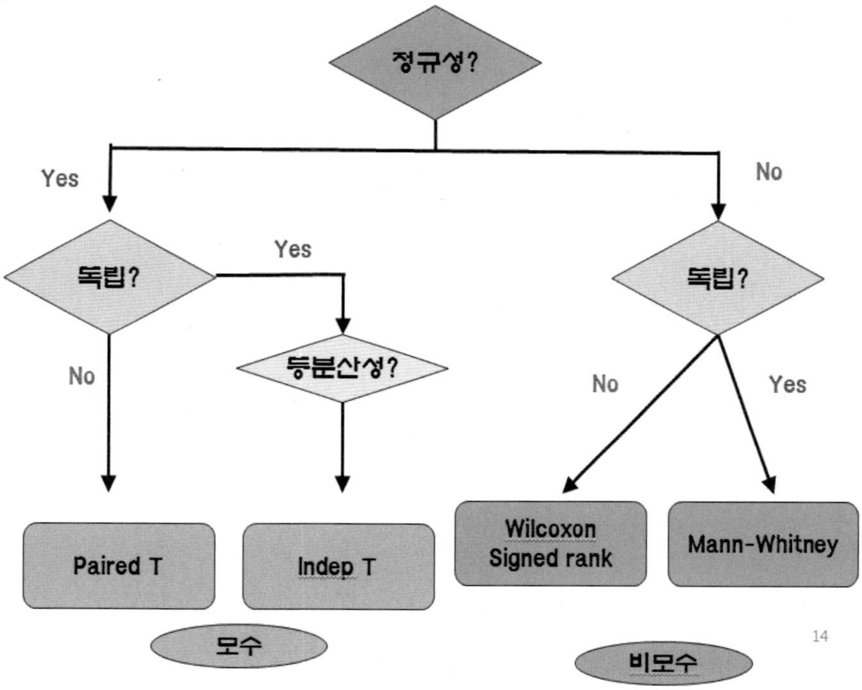

- 비모수 방법을 사용해야 되는 경우
  1. Transformation으로 해결이 안될 때
  2. 표본수가 너무 적어(6이하) 분포를 알 수 없는 경우
  3. 집단들의 표본수가 서로 크게 다를 경우
  4. 변수가 명칭 혹은 순서 척도일 때
  5. 중앙값의 비교가 목적일 때
  6. 최소한의 가정. 즉 등분산성, 정규분포 등의 가정을 만족 못할 때

Mann-Whitney U test / Wilcoxon rank-sum test

독립된 두 군의 중앙값을 비교하기 위한 비모수 방법

예제 1) 서울과 광주에서 하루의 평균온도를 측정하여 아래와 같은 결과를 얻었다. 다음의 데이터는 두 지역 간에 온도 차이가 있다고 할 수 있는가?
(No Tie) /(temp.sav)

온도	1	2	3	4	5	6	7	8	9	10	11
서울	82.3	60.3	79.2	77.6	82.1	84.3	87.4	83.2	67.2	81.4	
광주	93.5	90.2	89.3	85.1	92.3	70.1	86.3	93.4	72.3	91.8	86.4

▶ Hand calculation

H_0 : 서울과 광주의 온도의 분포가 같다.

① 전체에 대해 Rank를 준다.

A	B	Rank A	Rank B	$\#(R_B \mid R_A \geq R_B)$	$\#(R_A \mid R_B \geq R_A)$
60.3		1		0	
67.2		2		0	
	70.1		3		2
	72.3		4		2
77.6		5		2	
79.2		6		2	
81.4		7		2	
82.1		8		2	
82.3		9		2	
83.2		10		2	
84.3		11		2	
	85.1		12		9
	86.3		13		9
	86.4		14		9
87.4		15		5	
	89.3		16		10
	90.2		17		10
	91.8		18		10
	92.3		19		10
	93.4		20		10
	93.5		21		10
		$W_A = 74$	$W_B = 157$	$U_A = 19$	$U_B = 91$

② A group과 B group의 Rank의 합 (W_A, W_B)을 구한다.

③ U_A와 U_B를 구한다.

(1) $U_A = W_A - \dfrac{n_A(n_A+1)}{2} = 74 - \dfrac{10 \times 11}{2} = 19$,
where n_A is the sample size for group A

and W_A is the sum of the ranks in group A.

$$U_B = W_B - \frac{n_B(n_B+1)}{2} = 157 - \frac{11 \times 12}{2} = 91,$$

where n_B is the sample size for group B

and W_B is the sum of the ranks in group B

(2) 또는 RANK A = 1 일때

1보다 작은 RANK B의 갯수 = 0

$\Rightarrow$ # $(R_B \mid R_A \geq R_B) = 0$

RANK A = 2 일때도 마찬가지로

$\Rightarrow$ # $(R_B \mid R_A \geq R_B) = 0$

RANK A = 5 일때 5보다 작은 RANK B의 개수는 2개 (3, 4)

$\Rightarrow$ # $(R_B \mid R_A \geq R_B) = 2$

·
·
·
·

$U_A = \Sigma$ (# $(R_B \mid R_A \geq R_B)$) = 19

RANK B = 3 일때

3보다 작은 RANK A의 개수 = 2 (1, 2)

$\Rightarrow$ # $(R_A \mid R_B \geq R_A) = 2$

RANK B = 4 일때도 마찬가지로

$\Rightarrow$ # $(R_A \mid R_B \geq R_A) = 2$

RANK B = 12 일때 12보다 작은 RANK A의 개수 = 9

$\Rightarrow$ # $(R_A \mid R_B \geq R_A) = 9$

$U_B = \Sigma$ (# $(R_A \mid R_B \geq R_A)$) = 91

(Mann-Whitney U test)

④ U=min(U_A, U_B)=19

⑤ Use a normal approximation

$$Z = \frac{U - \frac{nm}{2}}{\sqrt{\frac{nm(n+m+1)}{12}}} = \frac{19 - \frac{10\times 11}{2}}{\sqrt{\frac{10\times 11\times 22}{12}}} = \frac{-36}{\sqrt{201.6607}} = \frac{-36}{14.20094} = -2.535$$

(단, n은 U_A, U_B 중 최소값을 갖는 집단의 표본크기, m은 다른 집단의 표본크기)

(Wilcoxon rank-sum test)

④ W=min(W_A, W_B)=74

⑤ Use a normal approximation. (No Tie인 경우)

$$Z = \frac{W - \frac{n(n+m+1)}{2}}{\sqrt{\frac{nm(n+m+1)}{12}}} = \frac{74 - \frac{10\times(10+11+1)}{2}}{\sqrt{\frac{10\times 11\times 22}{12}}} = \frac{-36}{\sqrt{201.6667}} = -2.535$$

(단, n은 W_A, W_B 중 최소값을 갖는 집단의 표본크기, m은 다른 집단의 표본크기)

⑥ 기각역 : Z(0.025)= −1.96 보다 작고 Z(0.975)=1.96 보다 큼

⑦ 결론 : −2.535가 기각역에 속하므로 Reject H_0

▶ SPSS

1) 정규성 검정

분석 - 기술통계량 - 데이터 탐색

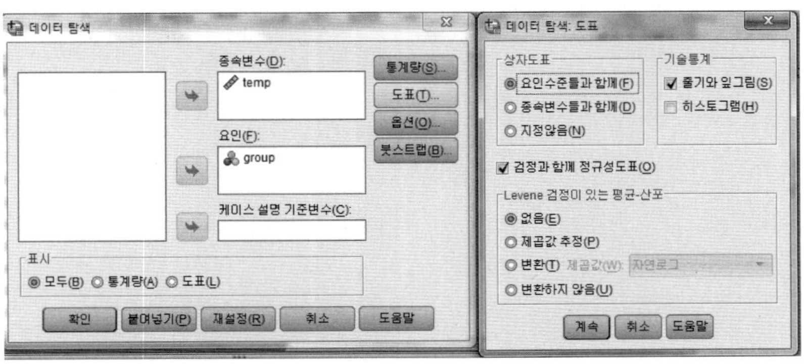

정규성 검정

	group	Kolmogorov-Smirnov[a] 통계량	자유도	유의확률	Shapiro-Wilk 통계량	자유도	유의확률
temp	1.00	.257	10	.060	.823	10	.027
	2.00	.253	11	.048	.795	11	.008

a. Lilliefors 유의확률 수정

H_0 : 정규분포를 따른다.

p값이 0.027로 <0.05 이므로 귀무가설을 기각한다.

따라서 비모수 검정을 실시한다.

2) Mann-Whitney U(Wilcoxon rank-sum) test

분석 - 비모수검정 - 레거시 대화상자 - 독립 2표본

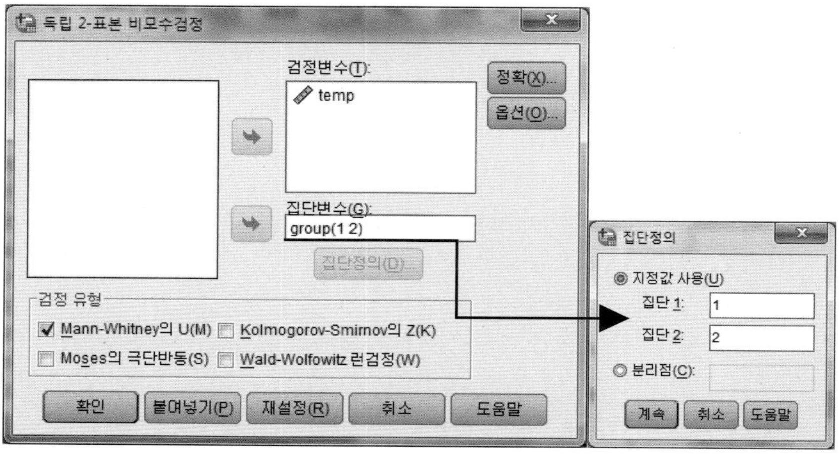

Mann-Whitney 검정

순위

	group	N	평균순위	순위합
temp	1.00	10	7.40	74.00
	2.00	11	14.27	157.00
	합계	21		

검정 통계량[b]

	temp
Mann-Whitney의 U	19.000
Wilcoxon의 W	74.000
➜ Z	-2.535
근사 유의확률(양측)	.011
정확한 유의확률 [2*(단측 유의확률)]	.010[a]

a. 동률에 대해 수정된 사항이 없습니다.
b. 집단변수: group

① 귀무가설

H_0 : 서울과 광주의 온도의 분포가 같다.

② Mann-Whitney의 U는 19이고 Wilcoxon의 W는 74이고 손으로 푼 결과와 같았고 정규분포 근사 양측 유의 확률이 0.011로 유의수준 0.05보다 작으므로 귀무가설을 기각한다. 결론적으로 서울과 광주의 온도에는 차이가 있다.

예제 2) 두 암기 방법(A,B)에 대해 기억시간에 차이가 있는지를 조사하려고 한다. 17명의 학생을 대상으로 8명에게는 A방법을, 9명에게는 B방법을 적용한 후 암기력에 대한 시험을 실시한 결과가 다음과 같다. **(with Tie)** /(memory.sav)

	1	2	3	4	5	6	7	8	9
A	90	86	72	65	44	52	46	38	
B	80	70	62	53	87	44	42	35	46

▶ Hand calculation

H_0 : 두 암기방법의 기억시간에는 차이가 없다.

① 전체에 대해 Rank를 준다.

A	B	Rank A	Rank B	$\#(R_B \mid R_A \geq R_B)$	$\#(R_A \mid R_B \geq R_A)$
	35		1		0
38		2		1	
	42		3		1
44	44	4.5	4.5	2.5	1.5
46	46	6.5	6.5	3.5	2.5
52		8		4	
	53		9		4
	62		10		4
65		11		6	
	70		12		5
72		13		7	
	80		14		6
86		15		8	
	87		16		7
90		17		9	
		W_A = 77	W_B = 76	U_A = 41	U_B = 31

② 44, 46과 같이 같은 숫자가 두 번 이상 나오면 그들의 rank는 평균값이다. 즉, 44, 44가 2번 나오고 4번째, 5번째 나오므로 rank는 (4+5)/2=4.5가 된다. 그리고 $\#(R_B|R_A \geq R_B)$는 A group의 44인 경우 35와 42, 2개와 44와 같은 숫자가 있으므로 2.5가 된다. Rank A의 합을 W_A로, Rank B의 합을 W_B로 놓는다.

③ U_A와 U_B를 구한다.

$U_A = W_A - \frac{n_A(n_A+1)}{2} = 77 - \frac{8 \times 9}{2} = 41$, where n_A is the sample size for group A and W_A is the sum of the ranks in group A.

$U_B = W_B - \frac{n_B(n_B+1)}{2} = 76 - \frac{9 \times 10}{2} = 31$, where n_B is the sample size for group B and W_B is the sum of the ranks in group B.

(Mann-Whitney U test)

④ U=min(U_A, U_B)=31

⑤ Use a normal approximation

$$Z = \frac{U - \frac{nm}{2}}{\sqrt{\frac{nm(n+m+1)}{12}}} = \frac{31 - \frac{9 \times 8}{2}}{\sqrt{\frac{9 \times 8 \times 18}{12}}} = \frac{-5}{\sqrt{108}} = -0.4811$$

(단, n은 U_A, U_B 중 최소값을 갖는 집단의 표본크기, m은 다른 집단의 표본크기)

(Wilcoxon rank-sum test)

④ W=min(W_A, W_B)=76

⑤ Use a normal approximation.(Tie가 있는 경우)

$$Z = \frac{W - \frac{n(n+m+1)}{2}}{\sqrt{\frac{nm}{(n+m)(n+m-1)} \sum_{i=1}^{n+m} R_i^2 - \frac{nm(n+m+1)^2}{4(n+m-1)}}}$$

$$= \frac{76 - \frac{9(9+8+1)}{2}}{\sqrt{\frac{9 \times 8}{(9+8)(9+8-1)} \times 1784 - \frac{9 \times 8(9+8+1)^2}{4(9+8-1)}}} = \frac{-5}{\sqrt{107.7353}} = -0.4817$$

(단, n은 W_A, W_B중 최소값을 갖는 집단의 표본크기, m은 다른 집단의 표본크기)

⑥ 기각역 : Z(0.025)= − 1.96보다 작고 Z(0.975)=1.96보다 큼

⑦ 결론 : − 0.482는 기각역에 속하지 않으므로 Do not reject H_0

▶ SPSS

1) 정규성 검정

분석 - 기술통계량 - 데이터 탐색

정규성 검정

	group	Kolmogorov-Smirnov[a]			Shapiro-Wilk		
		통계량	자유도	유의확률	통계량	자유도	유의확률
memory	1.00	.187	8	.200*	.919	8	.423
	2.00	.184	9	.200*	.934	9	.523

a. Lilliefors 유의확률 수정
*. 이것은 참인 유의확률의 하한값입니다.

H_0 : 정규분포를 따른다.

p값이 0.423로 > 0.05 이므로 정규분포를 따른다고 할 수 있지만 표본의 수가 8과 9로 10보다 작기 때문에 비모수 검정을 실시한다.

2) Mann-Whitney U(Wilcoxon rank-sum) test

분석 - 비모수검정 - 레거시 대화상자 - 독립 2표본

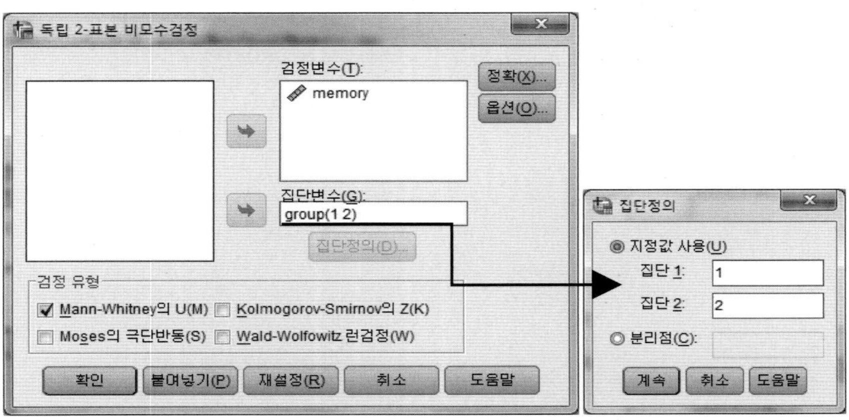

Mann-Whitney 검정

순위

	group	N	평균순위	순위합
memory	1.00	8	9.63	77.00
	2.00	9	8.44	76.00
	합계	17		

검정 통계량[b]

	memory
Mann-Whitney의 U	31.000
Wilcoxon의 W	76.000
Z	-.482
근사 유의확률(양측)	.630
정확한 유의확률 [2*(단측 유의확률)]	.673[a]

a. 동률에 대해 수정된 사항이 없습니다.
b. 집단변수: group

① 귀무가설

H_0 : 두 암기방법의 기억시간에는 차이가 없다.

② Mann-Whitney의 U는 31이고 Wilcoxon의 W는 76으로 손으로 푼 결과와 같았고 정규분포 근사 양측 유의 확률이 0.630로 유의수준 0.05보다 크므로 귀무가설을 기각하지 않는다. 결론적으로 두 암기방법의 기억시간에는 차이가 없다.

HW 5) 다이어트 A는 4명의 과체중 소녀들에게 주어졌고 다이어트 B는 5명의 과체중 소녀들에게 주어졌다. 아래의 데이터는 몸무게를 다이어트에 의해 감량한 값이다. 두 다이어트의 효과가 차이가 있는지 검정하시오. (girls_diet.sav)

	1	2	3	4	5
다이어트 A	7	2	−1	4	
다이어트 B	6	5	2	8	3

Wilcoxon signed-rank test

(1) 귀무가설 수립

$H_0 \ : D_{0.5} = 0 \qquad H_a \ : D_{0.5} \neq 0$

(2) 사전과 사후의 차이 d_i를 구한다.

(3) 절대값 d_i의 rank를 구한다.

(4) (3)의 rank에 원래 d_i의 부호를 부여한다. (R_i = sign(rank))

(5) $$Z = \frac{\sum_{i=1}^{n} R_i}{\sqrt{\sum_{i=1}^{n} R_i^2}}$$

(6) Standard Normal Distribution

Z(0.025) = −1.96 Z(0.975) = 1.96로 기각역 결정

예제 1) 전동칫솔 사용전과 사용후의 치태지수이다. 다음의 데이터는 사용 전후의 치태지수에 차이가 있다고 할 수 있는가? (치태지수.sav)

	1	2	3	4	5	6	7
사용 전	0.46	1.33	0.74	0.26	0.55	0.46	0.33
사용 후	0.25	0.73	0.43	0.15	0.40	0.18	0.39

▶ Hand calculation

① H_0 : 전동칫솔 사용 전후의 치태지수에는 차이가 없다.

사용전	사용후	Diff(d*i*)	Rank of |d*i*|	Ri =Sign(rank)
0.46	0.25	-0.21	4	-4
1.33	0.73	-0.6	7	-7
0.74	0.43	-0.31	6	-6
0.26	0.15	-0.11	2	-2
0.55	0.40	-0.15	3	-3
0.46	0.18	-0.28	5	-5
0.33	0.39	0.06	1	1
				$\sum R_i = -26$

② $Z=\dfrac{\sum_{i=1}^{n} R_i}{\sqrt{\sum_{i=1}^{n} R_i^2}}=\dfrac{-26}{\sqrt{(-4)^2+(-7)^2+...+(1)^2}}=\dfrac{-26}{\sqrt{140}}=-2.197$

③ 기각역 : Z(0.025)=−1.96보다 작고 Z(0.975)=1.96보다 큼

④ 결론 : −2.197이 기각역에 속하므로 Reject H_0

▶ SPSS

1) 정규성 검정

분석 - 기술통계량 - 데이터 탐색

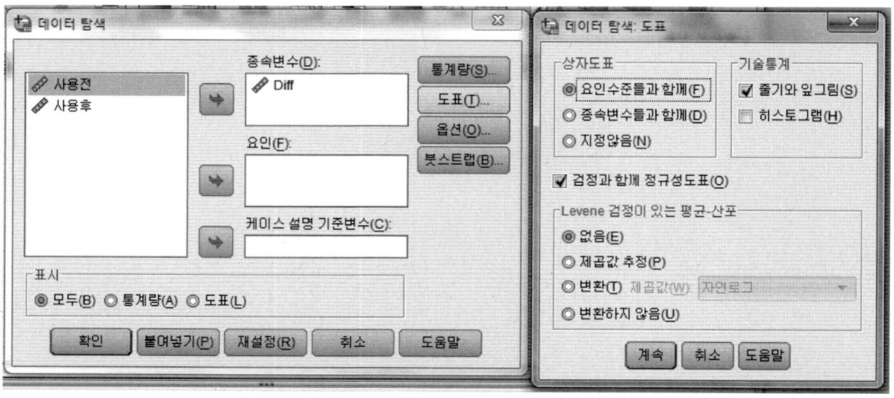

정규성 검정

	Kolmogorov-Smirnov[a]			Shapiro-Wilk		
	통계량	자유도	유의확률	통계량	자유도	유의확률
Diff	.202	7	.200*	.957	7	.793

a. Lilliefors 유의확률 수정
*. 이것은 참인 유의확률의 하한값입니다.

H_0 : 정규분포를 따른다.

p값이 0.793로 >0.05 이므로 정규분포를 따른다고 할 수 있지만 표본의 수가 7로 10보다 작기 때문에 비모수검정을 실시한다.

2) Wilcoxon signed - rank test

분석 - 비모수 검정 - 레거시 대화상자 - 대응 2표본

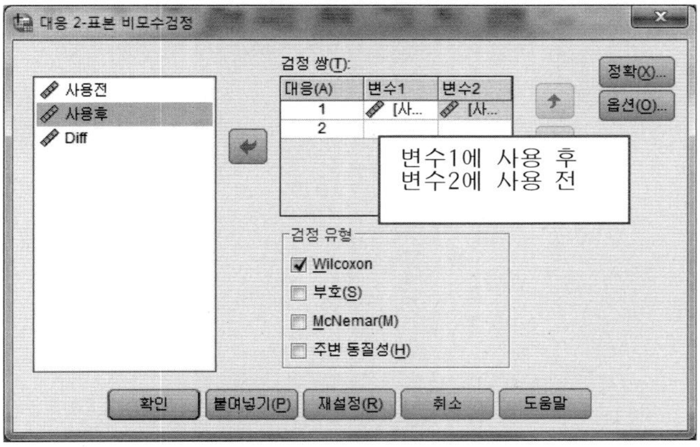

Wilcoxon 부호순위 검정

순위

		N	평균순위	순위합
사용후 - 사용전	음의 순위	6[a]	4.50	27.00
	양의 순위	1[b]	1.00	1.00
	동률	0[c]		
	합계	7		

a. 사용후 < 사용전
b. 사용후 > 사용전
c. 사용후 = 사용전

검정 통계량[b]

	사용후 - 사용전
Z	-2.197[a]
근사 유의확률(양측)	.028

a. 양의 순위를 기준으로.
b. Wilcoxon 부호순위 검정

① 귀무가설

H_0 : 전동칫솔 사용으로 인한 치태지수의 감소효과는 없다.

② 검정 통계량 -2.197일 때 근사 양측 유의 확률이 0.028로 유의수준 0.05보다 작으므로 귀무가설을 기각한다.

결론적으로 전동칫솔 사용으로 인한 치태지수의 감소효과는 차이가 있다고 할 수 있다.

예제 2) 농구팀 여학생들에게 25개의 프리드로를 하게 하여 골을 집어넣은 개수를 X라 하고 그 후에 한 시간 동안의 연습을 한 후 약간의 휴식을 취한 후 다시 25개의 프리드로를 하게 하여 골을 집어 넣은 개수를 Y라 하자. 차이가 있다고 할 수 있는가? **(with tie)** /(tired.sav)

피곤함이 골의 개수를 떨어뜨리는지 보기 위해 X와 Y의 차이가 있는지 검정하시오.

	1	2	3	4	5	6	7
Before	7	21	14	5	11	19	16
After	8	23	13	8	13	9	15

▶ Hand calculation

Before	After	Diff(d*i*)	Rank of |d*i*|	Ri =Sign(rank)
7	8	-1	**2**	-2
21	23	-2	**4.5**	-4.5
14	13	1	2	2
5	8	-3	**6**	-6
11	13	-2	**4.5**	-4.5
19	9	10	7	7
16	15	1	2	2
				$\sum R_i = -6$

① Z값 :

$$Z = \frac{\Sigma_{i=1}^{n} R_i}{\sqrt{\Sigma_{i=1}^{n} R_i^2}}$$

$$= \frac{-6}{\sqrt{(-2)^2 + (-4.5)^2 + \ldots + (2)^2}} = \frac{-6}{\sqrt{137.5}} = \frac{-6}{11.72604} = -0.51168$$

② 기각역 : Z(0.025) = −1.96보다 작고 Z(0.975) = 1.96 보다 큼

③ 결론 : −0.51168로 기각역에 속하지 않으므로 Do not reject H_0

▶ SPSS

1) 정규성 검정

분석 - 기술통계량 - 데이터 탐색

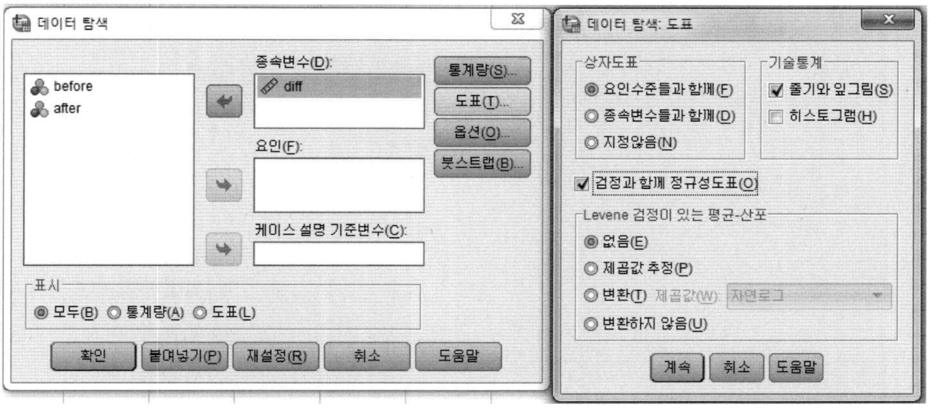

정규성 검정

	Kolmogorov-Smirnov[a]			Shapiro-Wilk		
	통계량	자유도	유의확률	통계량	자유도	유의확률
diff	.319	7	.030	.756	7	.015

a. Lilliefors 유의확률 수정

H_0 : 정규분포를 따른다.

p값이 0.793로>0.05 이므로 정규분포를 따른다고 할 수 있지만 표본의 수가 7로 10보다 작기 때문에 비모수검정을 실시한다.

2) Wilcoxon signed - rank test

분석 - 비모수 검정 - 레거시 대화상자 - 대응 2표본

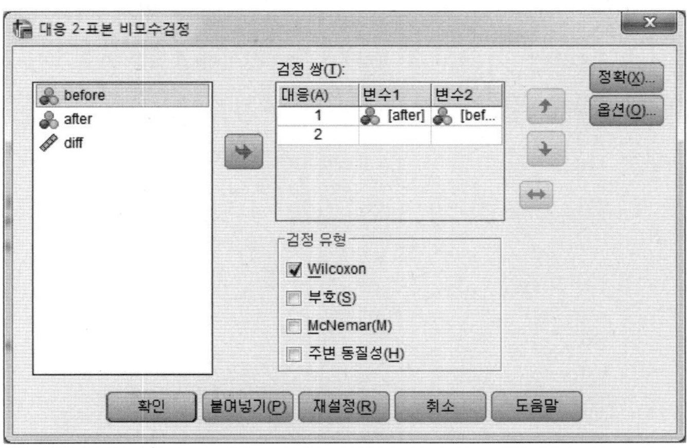

Wilcoxon 부호순위 검정

순위

		N	평균순위	순위합
before - after	음의 순위	4[a]	4.25	17.00
	양의 순위	3[b]	3.67	11.00
	동률	0[c]		
	합계	7		

a. before < after

b. before > after

c. before = after

검정 통계량[a]

	before - after
Z	-.512[b]
근사 유의확률(양측)	.609

a. Wilcoxon 부호순위 검정

b. 양의 순위를 기준으로.

① 귀무가설

H_0 : 피곤함으로 인한 골을 집어 넣은 개수는 감소하지 않는다.

② 검정 통계량 −0.512일 때 근사 양측 유의 확률이 0.609로 유의수준 0.05보다 크므로 귀무가설을 기각하지 못한다.

③ 결론적으로 피곤함으로 인한 골의 개수는 감소하지 않는다고 할 수 있다.

HW 6) 어떤 화장품 회사에서 새로운 피부보호 크림을 개발하였다. 이 새로운 크림 A의 효과를 기존의 크림 B와 비교하기 위해 8명의 사용자를 선발하였다. 각 사용자에게 왼팔에는 크림 A를 오른 팔에는 크림 B를 바르게 한 후 일정기간 동안 햇볕에 피부를 노출시켜 화상의 정도를 측정하였다. 그 결과는 아래와 같고 숫자가 클수록 화상의 정도가 심한 것을 나타낸다. (cosmetic.sav)

크림 A와 크림 B의 피부보호 정도가 같다고 할 수 있는가?

	1	2	3	4	5	6	7	8
A	72	109	74	32	52	60	39	18
B	34	72	165	14	92	75	58	85

Workbook 3.

One-way ANOVA
Two-way ANOVA
Kruskal-Wallis test

ANOVA(Analysis of Variance)

: 독립된 세 군 이상의 평균비교를 할 때 쓰인다.

- 가정 – Independence (각 집단은 서로 독립)
  - Normality (각 모집단은 정규분포를 따라야)
  - Equality of variances (각 집단 별 분산 정도가 비슷해야)

- ANOVA (분산분석)의 물리적인 의미
  - 분산분석=(군간 변동/군내 변동)의 비율을 검정하는 것이며 군내 변동보다 군간 변동이 더 큰지 확인하는 것이다.
  - 각 그룹의 표본이 서로 다른 모집단에서 나온 것인지 여부를 확률로 따지는 것이다.

One-way ANOVA

: 한 요인에서 독립된 세 군 이상의 평균비교를 할 때

* 정규성 검정

표본크기가 10개 이상일 경우 정규성 검정 → (Yes) 1-way ANOVA

→ (No) Kruskal-Wallis test

표본크기가 10개 미만인 경우는 무조건 Kruskal-Wallis test

(1) 귀무가설 수립

H_0 : 모든 집단의 평균은 동일하다. H_a : 적어도 하나의 평균은 다르다.

(2) 검정통계량

요인	제곱합	자유도	평균제곱	F_0	F_α
A	SSA	a-1	MSA=SSA/(a-1)	**MSA/MSE**	Fα(a-1, ar-a)
E	SSE	(ar-1)-(a-1) =ar-a	MSE=SSE/(ar-a)		
T	SST	ar-1			

$$\sum_i \sum_j (x_{ij} - \bar{x})^2 = \sum_i \sum_j (\bar{x}_i . - \bar{x})^2 + \sum_i \sum_j (x_{ij} - \bar{x}_i .)^2$$

SST	=	SSA	+	SSE
총변동	=	처리간 변동	+	처리내 변동
	=	A의 변동	+	잔차변동

(3) 기각역

$F > F_{0.05}$ (df1, df2)

예제 1) 연구자가 학습방법 4가지에 효율성을 비교하기 위해서 각 학습방법에 따라 6명씩 학습을 시킨 후 시험 성적을 비교하는 실험을 하였다. 반응값은 시험성적이다. (test.sav)

(단, 학습방법 1~4의 네 개의 모집단의 분포는 정규분포를 따른다고 해도 무방하다.)

							평균
방법 1	64	72	68	77	56	95	72
방법 2	78	91	97	82	85	77	85
방법 3	75	93	78	71	63	76	76
방법 4	55	66	49	64	70	68	62
							73.75

▶ Hand calculation

① 귀무가설 수립

H_0: 모든 학습방법에 따른 시험성적의 평균은 동일하다.

Ha: 적어도 하나의 학습방법에 따른 시험성적의 평균은 다르다.

② 검정통계량 계산

$SSA=6\times[(72-73.75)^2+(85-73.75)^2+(76-73.75)^2+(62-73.75)^2]=1636.5$

$SST=(64-73.75)^2+(72-73.75)^2+(68-73.75)^2+(77-73.75)^2+\cdots+(68-73.75)^2=3654.5$

$SSE = SST-SSA = 3654.5-1636.5 = 2018$

요인	제곱합	자유도	평균제곱	F0	Fα
A	1636.5	3	MSA=1636.5/3 =545.5	**545.5/100.9 =5.406**	F0.05 (3,20) =3.10
E	2018	20	MSE=2018/20 =100.9		엑셀에서 =FINV(0.05,3,20)
T	3654.5	23			

③ 결론

F= 5.406이고 > 3.10 이므로 귀무가설을 기각한다. 따라서 적어도 하나의 학습방법의 시험성적의 평균은 다르다고 할 수 있다.

※ F - 분포

연속형 확률분포로서 양의 값을 가지고 우비대칭의 형태를 가진다. 두 개의 자유도 v_1, v_2에 의해 결정되며 보통 $F_\alpha(v_1, v_2)$로 표기한다.

```
[R 프로그램]
> x< - seq(0,7,by=0.1)
> f0< - df(x,1,10)
> f1< - df(x,10,10)
> f2< - df(x,100,100)
> f3< - df(x,10,1)
>plot(x,f0,type="l",ylim=range(f1,f2))
>par(new=TRUE)
>plot(x,f1,type="l",ylim=range(f1,f2),lwd=2,lty=4,axes=F)
>par(new=TRUE)
>plot(x,f2,type="l",ylim=range(f1,f2),lwd=3,lty=3,axes=F)
>par(new=TRUE)
>plot(x,f3,type="l",ylim=range(f1,f2),lwd=4,lty=1,axes=F)
```

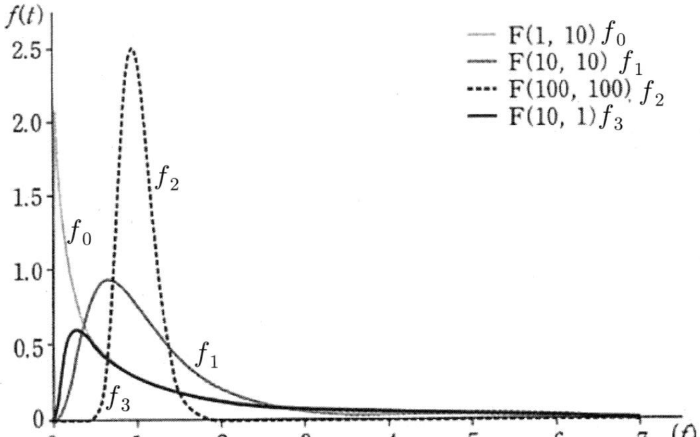

여러 가지 자유도를 가지는 $F(\nu_1, \nu_2)$분포

표 안의 수치는 $P(F > F_{\alpha}(v_1, v_2)) = \alpha$를 만족하는 $F_{\alpha}(v_{1,}v_2)$값이다. 왼쪽 꼬리 부분의 분위수는 오른쪽 꼬리 부분의 상위 분위수에 의해 구할 수 있다.

F - 확률표(α=0.05)

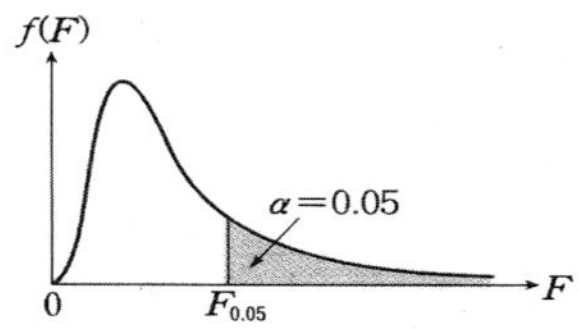

v_2 \ v_1	분자의 자유도								
	1	2	3	4	5	6	7	8	9
1	161.4	199.5	215.7	224.6	230.2	234.0	236.8	238.9	240.5
2	18.51	19.00	19.16	19.25	19.30	19.33	19.35	19.37	19.38
3	10.13	9.55	9.28	9.12	9.01	8.94	8.89	8.85	8.81
4	7.71	6.94	6.59	6.39	6.26	6.16	6.09	6.04	6.00
5	6.61	5.79	5.41	5.19	5.05	4.95	4.88	4.82	4.77
6	5.99	5.14	4.76	4.53	4.39	4.28	4.21	4.15	4.10
7	5.59	4.74	4.35	4.12	3.97	3.87	3.79	3.73	3.68
8	5.32	4.46	4.07	3.84	3.69	3.58	3.50	3.44	3.39
9	5.12	4.26	3.86	3.63	3.48	3.37	3.29	3.23	3.18
10	4.96	4.10	3.71	3.48	3.33	3.22	3.14	3.07	3.02

(예제 1) $F_{0.05}(5,6) = 4.39$

(예제 2) $F_{1-\alpha}(m,n) = 1/F_{\alpha}(n,m)$

$$F_{0.95}(5,6) = \frac{1}{F_{0.05}(6,5)} = \frac{1}{4.95} = 0.20$$

▶ SPSS

분석 - 평균비교 - 일원배치 분산분석

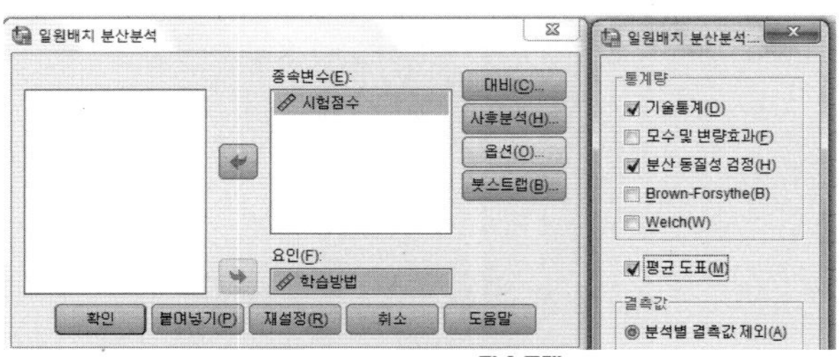

기술통계

시험점수

	N	평균	표준편차	표준오차	평균에 대한 95% 신뢰구간		최소값	최대값
					하한값	상한값		
1.00	6	72.0000	13.34166	5.44671	57.9988	86.0012	56.00	95.00
2.00	6	85.0000	7.77174	3.17280	76.8441	93.1559	77.00	97.00
3.00	6	76.0000	9.87927	4.03320	65.6323	86.3677	63.00	93.00
4.00	6	62.0000	8.22192	3.35659	53.3716	70.6284	49.00	70.00
합계	24	73.7500	12.60521	2.57303	68.4273	79.0727	49.00	97.00

분산의 동질성 검정

시험점수

Levene 통계량	df1	df2	유의확률
.361	3	20	.782

분산분석

시험점수

	제곱합	df	평균 제곱	F	유의확률
집단-간	1636.500	3	545.500	5.406	.007
집단-내	2018.000	20	100.900		
합계	3654.500	23			

Levene의 분산의 동질성 검정 결과,

① 귀무가설: 4개의 그룹들의 분산은 동일하다.

② 유의확률이 0.782이고 >0.05 이므로 귀무가설을 기각하지 못하므로 등분산이다.

일원배치 분산 분석결과 F값(3.20)이 5.406일 때 유의확률이 0.007이고 < 0.05이므로 귀무가설을 기각한다. 따라서 적어도 하나의 학습방법의 시험점수의 평균은 다르다고 할 수 있다.

어떤 학습방법에 차이가 있는지 알아보기 위해 사후분석(다중비교)을 실시한다.

다중 비교

종속 변수: 시험점수

Scheffe

(I) 학습방법	(J) 학습방법	평균차(I-J)	표준오차	유의확률	95% 신뢰구간 하한값	95% 신뢰구간 상한값
1.00	2.00	-13.00000	5.79943	.204	-30.6813	4.6813
	3.00	-4.00000	5.79943	.923	-21.6813	13.6813
	4.00	10.00000	5.79943	.417	-7.6813	27.6813
2.00	1.00	13.00000	5.79943	.204	-4.6813	30.6813
	3.00	9.00000	5.79943	.507	-8.6813	26.6813
	4.00	23.00000*	5.79943	.008	5.3187	40.6813
3.00	1.00	4.00000	5.79943	.923	-13.6813	21.6813
	2.00	-9.00000	5.79943	.507	-26.6813	8.6813
	4.00	14.00000	5.79943	.155	-3.6813	31.6813
4.00	1.00	-10.00000	5.79943	.417	-27.6813	7.6813
	2.00	-23.00000*	5.79943	.008	-40.6813	-5.3187
	3.00	-14.00000	5.79943	.155	-31.6813	3.6813

*. 평균차는 0.05 수준에서 유의합니다.

시험점수

	학습방법	N	유의수준 = 0.05에 대한 부집단 1	유의수준 = 0.05에 대한 부집단 2
Tukey HSD[a]	4.00	6	62.0000	
	1.00	6	72.0000	72.0000
	3.00	6	76.0000	76.0000
	2.00	6		85.0000
	유의확률		.107	.146
Scheffe[a]	4.00	6	62.0000	
	1.00	6	72.0000	72.0000
	3.00	6	76.0000	76.0000
	2.00	6		85.0000
	유의확률		.155	.204

동일 집단군에 있는 집단에 대한 평균이 표시됩니다.

a. 조화평균 표본 크기 6.000을(를) 사용합니다.

사후분석결과 4군과 2군 간에는 차이가 있다.

(* Power(군간의 유의한 차이를 더 잘 잡아내는 순서)가 높은 순서:
LSD>Duncan>Newman-Keuls>Tukey>Scheffe)

HW 1) 16명의 환자가 4명씩 그룹을 지어 4개의 치료제 그룹에 랜덤하게 할당되었다. 치료한 후에 혈압의 변화량이 아래와 같다. 치료제 종류에 따라 혈압의 변화량이 같은지 검정하시오. (단, 치료제 A~D의 네 개의 모집단의 분포는 정규분포를 따른다고 해도 무방하다.)

치료제 A	10	8	7	11
치료제 B	12	14	11	15
치료제 C	9	13	10	12
치료제 D	17	14	13	16

HW 2) 어린이들의 영웅인 스파이더 맨, 슈퍼맨, 헐크, 닌자 거북이의 커스튬을 입고 상해를 입은 응급실에 보고된 어린이들의 상해 정도 (0: no injury, 100: death)에 관한 데이터가 아래와 같이 보고되고 있다. (정규성을 따른다고 가정)
커스튬에 따라 상해 정도가 같은지 검정하시오.

Costume	Injury
Spiderman (n=8)	51
	31
	58
	20
	47
	37
	49
	40
Superman (n=6)	69
	32
	85
	66
	58
	52
Hulk (n=8)	26
	43
	10
	45
	30
	35
	53
	41
Ninja Tultle (n=8)	18
	18
	30
	30
	30
	41
	18
	25

Two-way ANOVA

: 두 요인에서 독립된 세 군 이상의 평균비교를 할 때

(1) 귀무가설 수립

H_{01} : 요인1의 모든 집단의 평균은 동일하다.
$H_{\alpha 1}$: 적어도 요인1의 하나의 집단의 평균은 다르다.

H_{02} : 요인2의 모든 집단의 평균은 동일하다.
$H_{\alpha 2}$: 적어도 요인2의 하나의 집단의 평균은 다르다.

H_{03} : 교호작용 효과는 없다.
$H_{\alpha 3}$: 교호작용 효과는 있다.

1) 일원분석, 이원분석은 같은 모형에서 분석하는 요인이 한 개인지 두 개인지에 따른 구분이다.

2) 일원배치분산분석을 2번 사용하지 않고 이원배치 분산분석을 1번 사용하여 분석하는 이유는

① 같은 데이터를 부분적으로 2번 사용하면 Type 1 error가 증가하기 때문이다.

② 각각의 변수는 다른 변수에 대한 통제변수 역할을 하기 때문이다.

③ Interaction effect를 파악할 수 있기 때문이다.

(2) 검정통계량

요인	제곱합	자유도	평균제곱	F0	Fα
A	SSA	a-1	MSA=SSA/(a-1)	MSA/MSE	Fα(a-1,ab(c-1))
B	SSB	b-1	MSB=SSB/(b-1)	MSB/MSE	Fα(b-1,ab(c-1))
A*B	SS(A*B)	(a-1)(b-1)	MS(A*B)=SS(A*B)/ (a-1)(b-1)	MS(A*B)/MSE	Fα((a-1)(b-1), ab(c-1))
E	SSE	ab(c-1)	MSE=SSE/ab(c-1)		
T	SST	abc-1			

ab(c-1)
=(abc-1)-[(a-1)+
(b-1)+(a-1)(b-1)]

$$SST = \sum_i \sum_j \sum_k (x_{ijk} - \bar{x})^2$$

$$SSA = \sum_i \sum_j \sum_k (\bar{x}_{i\cdot\cdot} - \bar{x})^2$$

$$SSB = \sum_i \sum_j \sum_k (\bar{x}_{i\cdot j\cdot} - \bar{x})^2$$

$$SSE = \sum_i \sum_j \sum_k (x_{ijk} - \bar{x}_{ij\cdot})^2$$

$$SS(A*B) = \sum_i \sum_j \sum_k (\bar{x}_{ij\cdot} - \bar{x}_{i\cdot\cdot} - \bar{x}_{\cdot j\cdot} + \bar{x})^2$$

(3) 기각역 $F_0 > F_{0.05}$ (df1, df2)

예제 1) 이미테이션 진주를 생산해 내기 위해 진주 빛을 내는 플라스틱 구슬에 특별한 진주 빛을 띠는 코팅을 하고자 한다. 이때 몇 번의 코팅이 가격에 영향을 주는지 알아보기 위해 예비연구를 실시하였다.

4개의 브러치(12개의 구슬로 구성된)가 사용 되었고 3단계의 코팅(6, 8, 10회)이 실시되었다. 각 브러치의 가격은 전문가들로 구성된 위원회에 의해 결정 되었다. (정규성을 따른다고 가정) 브러치의 종류와 코팅 횟수에 따라 가격이 달라지는지 검정하시오. (pearl.sav)

브러치 / 코팅	i=1	i=2	i=3	i=4	평균
j=6	72	72.1	75.2	70.4	
	74.6	76.9	73.8	68.1	
	67.4	74.8	75.7	72.4	
	72.8	73.3	77.8	72.4	$\bar{X}_{j\cdot\cdot}$
$\bar{X}_{ij\cdot}$	71.7	74.275	75.625	70.825	73.10625
j=8	76.9	80.3	80.2	74.3	
	78.1	79.3	76.6	77.6	
	72.9	76.6	77.3	74.4	
	74.2	77.2	79.9	72.9	
	75.525	78.35	78.5	74.8	76.79375
j=10	76.3	80.9	79.2	71.6	
	74.1	73.7	78	77.7	
	77.1	78.6	77.6	75.2	
	75.0	80.2	81.2	74.4	
	75.625	78.35	79	74.725	76.9925
평균 $\bar{X}_{i\cdot\cdot}$	74.28333	76.99167	77.70833	73.45	**75.60833**

$\bar{X}$

▶ Hand calculation

① 귀무가설

H_{01} : 모든 브러치 종류에 따른 가격의 평균은 동일하다.

H_{02} : 모든 코팅방법에 따른 가격의 평균은 동일하다.

H_{03} : 브러치와 코팅방법에 따른 교호작용 효과는 없다.

② 검정통계량 계산

$SST = (72-75.61)^2 + (74.6-75.61)^2 + \cdot\cdot\cdot + (75.2-75.61)^2$
$+ (74.4-75.61)^2 = 478.7167$

$SSA = 4 \times 3 \times [(74.28333-75.61)^2 + (76.99167-75.61)^2 + (77.70833-75.61)^2$
$+ (73.45-75.61)^2] = 152.8517$

$SSB = 4 \times 4 \times [(73.10625-75.61)^2 + (76.79375-75.61)^2 + (76.925-75.61)^2]$
$= 150.3879$

$SSE = (72-71.7)^2 + (74.6-71.7)^2 + \cdot\cdot\cdot + (75.2-74.725)^2$
$+ (74.4-74.725)^2 = 173.625$

$SS(A*B) = SST - (SSA + SSB + SSE) = 478.7167 - (152.8517$
$+ 150.3875 + 173.625) = 1.8525$

요인	제곱합	자유도	평균제곱	F0	Fα
브러치	152.8517	3	MSA=152.8517/3 =50.951	50.951/4.823 =10.564	F0.05 (3,36)=2.86
코팅	150.3879	2	MSB=150.3879/2 =75.194	75.194/4.823 =15.591	F0.05 (2,36)=3.26
브러치*코팅	1.8525	6	MS(A*B)=1.8525/6 =0.309	0.309/4.823 =0.064	F0.05 (6,36)=2.36
오차	173.625	36	MSE=173.625/36 =4.823		
총	478.7167	47			

엑셀에서
=FINV(0.05,3,36)
=FINV(0.05,2,36)
=FINV(0.05,6,36)

③ 결론

먼저 브러치의 경우 F = 10.564이고 > 2.86 이므로 귀무가설을 기각한다. 따라서 적어도 하나의 브러치 가격의 평균은 다르다고 할 수 있다. 코팅의 경우도 F = 15.591이고 > 3.26 이므로 귀무가설을 기각하며 코팅방법에 따른 가격의 평균이 적어도 하나는 다르다고 할 수 있다.

그러나 브러치와 코팅의 교호작용의 경우 F = 0.064이고 < 2.36 이므로 귀무가설을 기각 할 수 없으며 두 요인의 교호작용 효과는 존재한다고 할 수 없다.

▶ SPSS

분석 - 일반선형모형 - 일변량

① 등분산 검정

귀무가설: 등분산이다.

오차 분산의 동일성에 대한 Levene의 검정[a]

종속 변수:가격

F	df1	df2	유의확률
.499	11	36	.891

여러 집단에서 종속변수의 오차 분산이 동일한 영가설을 검정합니다.

a. Design: 절편 + 브러치 + 코팅 + 브러치 * 코팅

유의확률 p = 0.891 > 0.05이므로 등분산 가정을 기각할 수 없으므로 등분산을 따른다.

② 개체 간 효과 검정

개체-간 효과 검정

종속 변수:가격

소스	제 III 유형 제곱합	자유도	평균 제곱	F	유의확률
수정 모형	305.092[a]	11	27.736	5.751	.000
절편	274397.763	1	274397.763	56894.569	.000
브러치	152.852	3	50.951	10.564	.000
코팅	150.388	2	75.194	15.591	.000
브러치 * 코팅	1.852	6	.309	.064	.999
오차	173.625	36	4.823		
합계	274876.480	48			
수정 합계	478.717	47			

a. R 제곱 = .637 (수정된 R 제곱 = .526)

Main effect (coat, batch) 간에는 유의한 차이가 존재하나 (p = .000 < 0.05) Interaction term 간에는 유의한 차이가 존재하지 않는다. (p = .999 > 0.05) 따라서 interaction을 모형에서 제거한 후 다시 분석한다.

분석 - 일반선형모형 - 일변량

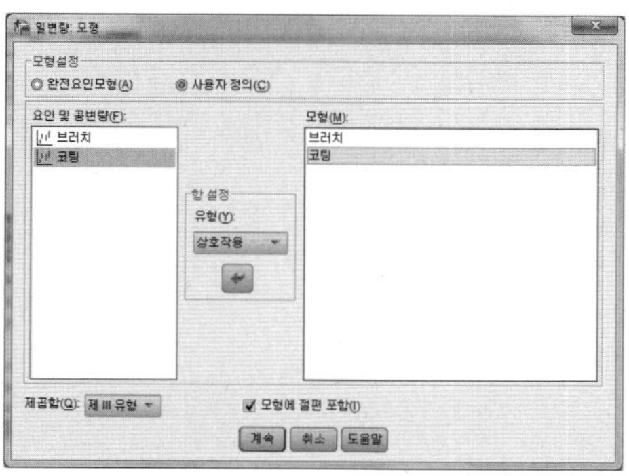

개체-간 효과 검정

종속 변수:가격

소스	제 III 유형 제곱합	자유도	평균 제곱	F	유의확률
수정 모형	303.240[a]	5	60.648	14.516	.000
절편	274397.763	1	274397.763	65676.417	.000
브러치	152.852	3	50.951	12.195	.000
코팅	150.388	2	75.194	17.997	.000
오차	175.477	42	4.178		
합계	274876.480	48			
수정 합계	478.717	47			

a. R 제곱 = .633 (수정된 R 제곱 = .590)

Interaction을 모형에서 제거한 후 분석한 결과 브러치와 코팅간에 유의한 차이가 존재하며 어떠한 차이를 보이는지 알아보기 위하여 사후검정을 실시한다.

③ 사후 검정

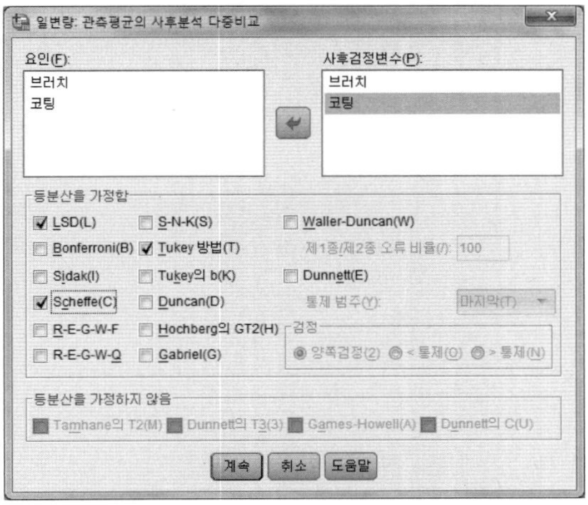

가격

	브러치	N	집단군	
			1	2
Tukey HSD[a,b]	4.00	12	73.4500	
	1.00	12	74.2833	
	2.00	12		76.9917
	3.00	12		77.7083
	유의확률		.751	.826
Scheffe[a,b]	4.00	12	73.4500	
	1.00	12	74.2833	
	2.00	12		76.9917
	3.00	12		77.7083
	유의확률		.802	.864

동일 집단군에 있는 집단에 대한 평균이 표시됩니다.
관측평균을 기준으로 합니다.
오류 조건은 평균 제곱(오류) = 4.178입니다.

a. 조화평균 표본 크기 12.000을(를) 사용합니다.
b. 유의수준 = .05.

브러치 4와 1 혹은 브러치 2와 3은 서로 유의하게 차이가 있으나 브러치 4와 1 사이에는 유의한 차이가 없고 브러치 2와 3 사이에도 역시 유의한 차이가 없다.

가격

	코팅	N	집단군	
			1	2
Tukey HSD[a,b]	6.00	16	73.1063	
	8.00	16		76.7937
	10.00	16		76.9250
	유의확률		1.000	.982
Scheffe[a,b]	6.00	16	73.1063	
	8.00	16		76.7937
	10.00	16		76.9250
	유의확률		1.000	.984

동일 집단군에 있는 집단에 대한 평균이 표시됩니다.
관측평균을 기준으로 합니다.
오류 조건은 평균 제곱(오류) = 4.178입니다.

a. 조화평균 표본 크기 16.000을(를) 사용합니다.
b. 유의수준 = .05.

6회 코팅한 군과 8회 혹은 10회 코팅한 군은 서로 유의하게 차이가 있으나 8회와 10회 사이에는 유의한 차이가 없다.

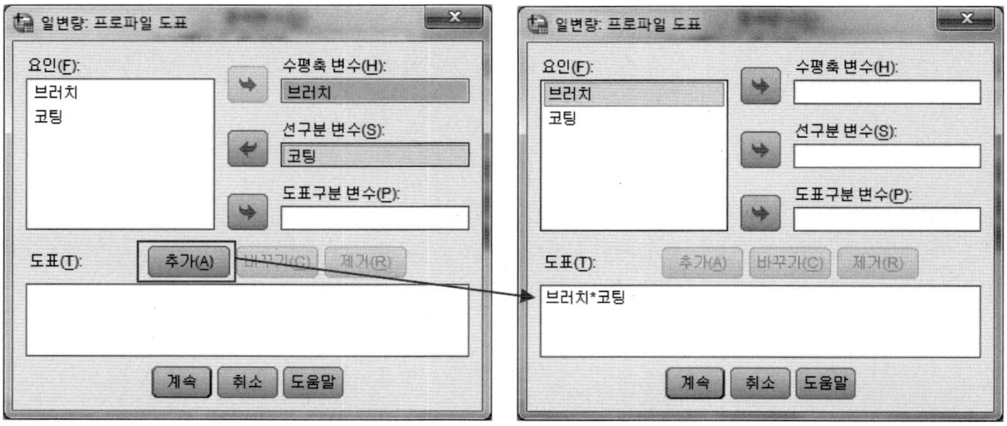

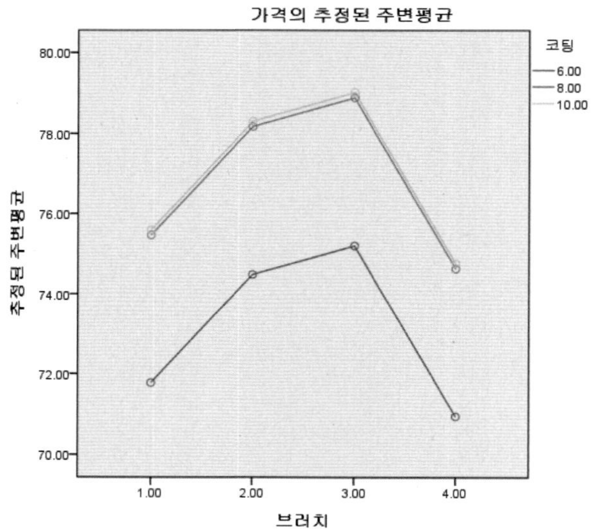

예제 2) 세미나 방식과 강의 방식의 수업을 비교하기 위한 교육학연구에서 제2 요인으로 고려한 실험 사례를 보기로 하자. 각 처리 조합당 4학급씩 배당되었으며, 결과 측정치는 학급당 통과(pass) 판정을 받은 학생수라고 하자. (lecture.sav) (학급당 총 인원수는 25명으로 동일) (정규성을 따른다고 가정)

이 실험의 목적은 수업방식에 따른 학급당 통과 판정을 받은 학생수의 차이 여부와 학년별로 학급당통과 판정을 받은 학생수의 차이 여부를 파악하는 것이다.

	1학년	2학년	3학년
세미나	5 4 5 2	5 5 1 2	12 20 8 8
강 의	0 9 3 3	6 4 5 4	7 4 4 5

분석 - 일반 선형모형 - 일변량

① 등분산 검정

귀무가설 : 등분산이다.

오차 분산의 등일성에 대한 Levene의 검정[a]

종속 변수: number

F	df1	df2	유의확률
2.177	5	18	.102

여러 집단에서 종속변수의 오차 분산이 동일한 영가설을 검정합니다.

a. Design: 절편 + grade + method + grade * method

p = 0.102 > 0.05이므로 등분산 가정을 기각할 수 없으므로 등분산을 따른다.

② 개체 간 효과 검정

개체-간 효과 검정

종속 변수: number

소스	제 III 유형 제곱합	자유도	평균 제곱	F	유의확률
수정 모형	213.708[a]	5	42.742	4.628	.007
절편	715.042	1	715.042	77.418	.000
grade	111.083	2	55.542	6.014	.010
method	22.042	1	22.042	2.386	.140
grade * method	80.583	2	40.292	4.362	.029
오차	166.250	18	9.236		
합계	1095.000	24			
수정 합계	379.958	23			

a. R 제곱 = .562 (수정된 R 제곱 = .441)

Main effect 중 grade간에는 유의한 차이가 존재하고 (p=.010<0.05) method 간에는 유의한 차이가 존재하지 않았다(p=.140>0.05). Interaction term 간에는 유의한 차이가 존재하여 interaction effect가 존재하였다(p=.029<0.05).

③ 사후 검정

다중 비교

종속 변수: number

	(I) grade	(J) grade	평균차(I-J)	표준오차	유의확률	95% 신뢰구간 하한값	95% 신뢰구간 상한값
Tukey HSD	1.00	2.00	-.1250	1.51955	.996	-4.0031	3.7531
		3.00	-4.6250*	1.51955	.018	-8.5031	-.7469
	2.00	1.00	.1250	1.51955	.996	-3.7531	4.0031
		3.00	-4.5000*	1.51955	.022	-8.3781	-.6219
	3.00	1.00	4.6250*	1.51955	.018	.7469	8.5031
		2.00	4.5000*	1.51955	.022	.6219	8.3781
Scheffe	1.00	2.00	-.1250	1.51955	.997	-4.1766	3.9266
		3.00	-4.6250*	1.51955	.024	-8.6766	-.5734
	2.00	1.00	.1250	1.51955	.997	-3.9266	4.1766
		3.00	-4.5000*	1.51955	.028	-8.5516	-.4484
	3.00	1.00	4.6250*	1.51955	.024	.5734	8.6766
		2.00	4.5000*	1.51955	.028	.4484	8.5516
LSD	1.00	2.00	-.1250	1.51955	.935	-3.3175	3.0675
		3.00	-4.6250*	1.51955	.007	-7.8175	-1.4325
	2.00	1.00	.1250	1.51955	.935	-3.0675	3.3175
		3.00	-4.5000*	1.51955	.008	-7.6925	-1.3075
	3.00	1.00	4.6250*	1.51955	.007	1.4325	7.8175
		2.00	4.5000*	1.51955	.008	1.3075	7.6925

관측평균을 기준으로 합니다.
오류 조건은 평균 제곱(오류) = 9.236입니다.
*. 평균차는 .05 수준에서 유의합니다.

method는 유의한 차이가 존재하지 않아 grade에 대한 사후분석(LSD)만을 실시한 결과 1학년과 3학년은 서로 유의한 차이가 있었고, 2학년과 3학년 사이에도 유의한 차이가 있었음을 알 수 있었다.

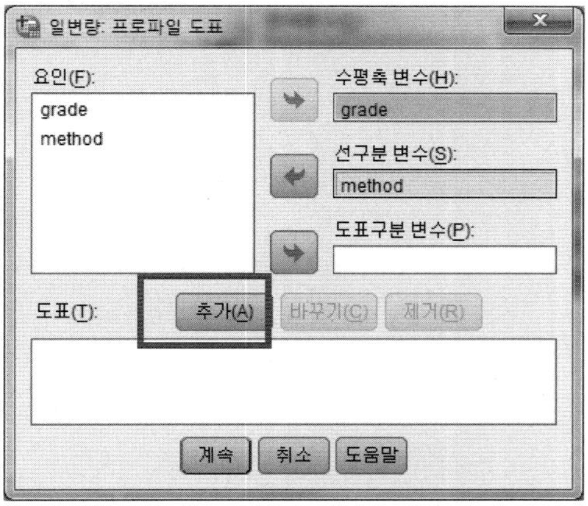

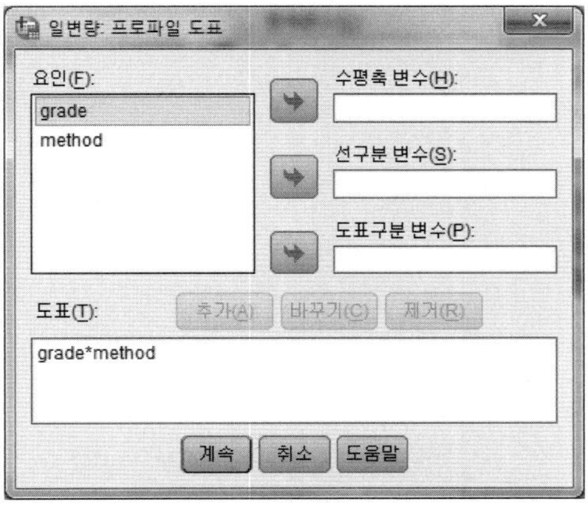

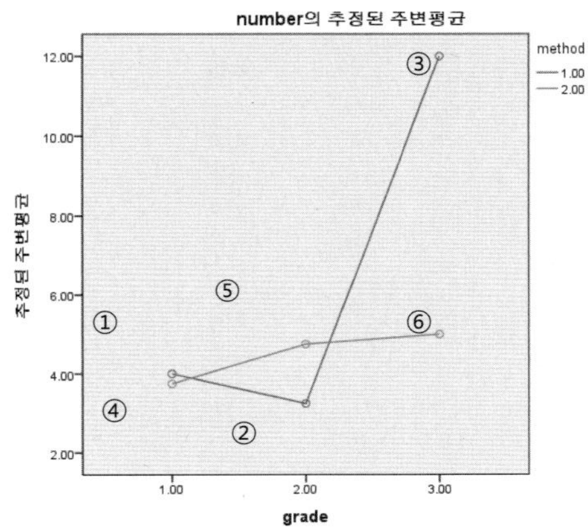

※ Two - way anova에서 interaction effect가 유의하면 사후검정을 하여 pairwise comparison을 하여야 하는데 SPSS에서는 그래프만 보여줄 뿐 이 과정이 빠져 있다. 그리하여 약간 tricky한 방법이지만, 6개 그룹에 대해 one-way anova를 시행한 후 사후검정을 한 결과가 R 프로그램의 two-way anova를 시행하여 interaction effect의 사후검정을 한 결과와 같기 때문에 아래와 같은 방법으로 interaction effect의 사후검정을 시행하였다.

※ 분석 - 평균비교 - 일원배치분산분석

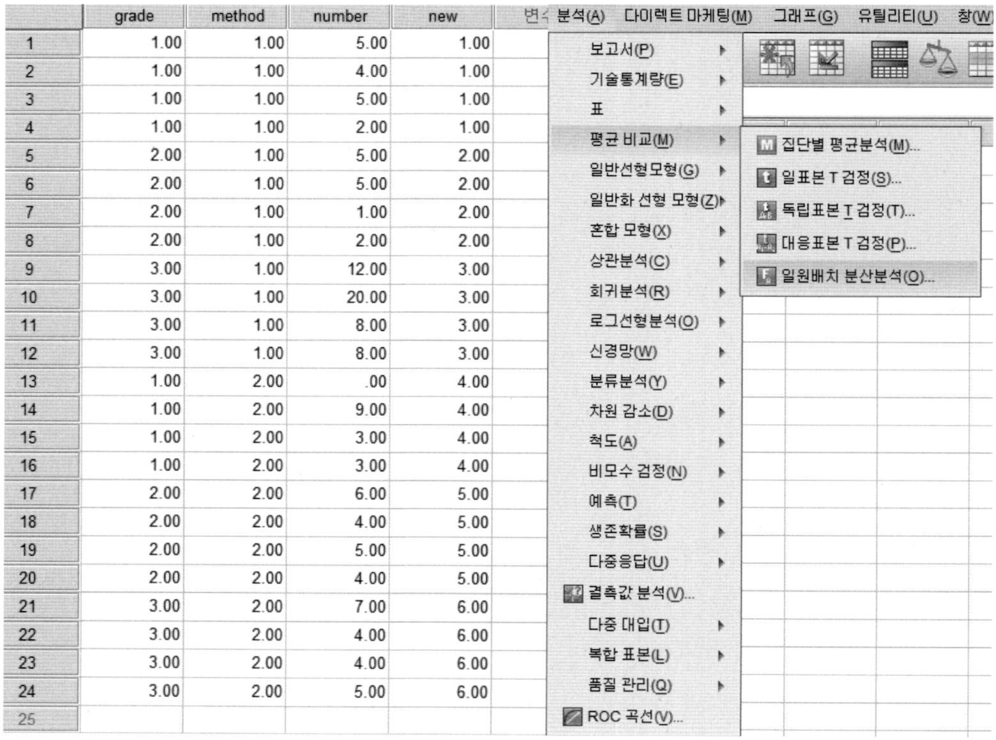

	grade	method	number	new
1	1.00	1.00	5.00	1.00
2	1.00	1.00	4.00	1.00
3	1.00	1.00	5.00	1.00
4	1.00	1.00	2.00	1.00
5	2.00	1.00	5.00	2.00
6	2.00	1.00	5.00	2.00
7	2.00	1.00	1.00	2.00
8	2.00	1.00	2.00	2.00
9	3.00	1.00	12.00	3.00
10	3.00	1.00	20.00	3.00
11	3.00	1.00	8.00	3.00
12	3.00	1.00	8.00	3.00
13	1.00	2.00	.00	4.00
14	1.00	2.00	9.00	4.00
15	1.00	2.00	3.00	4.00
16	1.00	2.00	3.00	4.00
17	2.00	2.00	6.00	5.00
18	2.00	2.00	4.00	5.00
19	2.00	2.00	5.00	5.00
20	2.00	2.00	4.00	5.00
21	3.00	2.00	7.00	6.00
22	3.00	2.00	4.00	6.00
23	3.00	2.00	4.00	6.00
24	3.00	2.00	5.00	6.00
25				

Method=1, grade=1 → new=1, Method=1, grade=2 → new=2,
Method=1, grade=3 → new=3, Method=2, grade=1 → new=4,
Method=2, grade=2 → new=5, Method=2, grade=3 → new=6

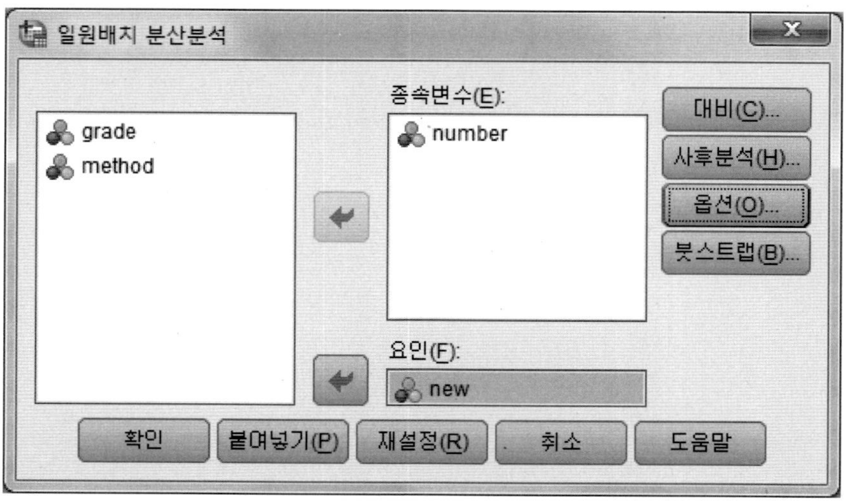

기술통계

number

	N	평균	표준편차	표준오차	평균에 대한 95% 신뢰구간		최소값	최대값
					하한값	상한값		
1.00	4	4.0000	1.41421	.70711	1.7497	6.2503	2.00	5.00
2.00	4	3.2500	2.06155	1.03078	-.0304	6.5304	1.00	5.00
3.00	4	12.0000	5.65685	2.82843	2.9987	21.0013	8.00	20.00
4.00	4	3.7500	3.77492	1.88746	-2.2567	9.7567	.00	9.00
5.00	4	4.7500	.95743	.47871	3.2265	6.2735	4.00	6.00
6.00	4	5.0000	1.41421	.70711	2.7497	7.2503	4.00	7.00
합계	24	5.4583	4.06447	.82966	3.7421	7.1746	.00	20.00

분산의 동질성 검정

number

Levene 통계량	df1	df2	유의확률
2.177	5	18	.102

다중 비교

종속 변수: number
LSD

(I) new	(J) new	평균차(I-J)	표준오차	유의확률	95% 신뢰구간 하한값	95% 신뢰구간 상한값
1.00	2.00	.75000	2.14897	.731	-3.7648	5.2648
	3.00	-8.00000*	2.14897	.002	-12.5148	-3.4852
	4.00	.25000	2.14897	.909	-4.2648	4.7648
	5.00	-.75000	2.14897	.731	-5.2648	3.7648
	6.00	-1.00000	2.14897	.647	-5.5148	3.5148
2.00	1.00	-.75000	2.14897	.731	-5.2648	3.7648
	3.00	-8.75000*	2.14897	.001	-13.2648	-4.2352
	4.00	-.50000	2.14897	.819	-5.0148	4.0148
	5.00	-1.50000	2.14897	.494	-6.0148	3.0148
	6.00	-1.75000	2.14897	.426	-6.2648	2.7648
3.00	1.00	8.00000*	2.14897	.002	3.4852	12.5148
	2.00	8.75000*	2.14897	.001	4.2352	13.2648
	4.00	8.25000*	2.14897	.001	3.7352	12.7648
	5.00	7.25000*	2.14897	.003	2.7352	11.7648
	6.00	7.00000*	2.14897	.004	2.4852	11.5148
4.00	1.00	-.25000	2.14897	.909	-4.7648	4.2648
	2.00	.50000	2.14897	.819	-4.0148	5.0148
	3.00	-8.25000*	2.14897	.001	-12.7648	-3.7352
	5.00	-1.00000	2.14897	.647	-5.5148	3.5148
	6.00	-1.25000	2.14897	.568	-5.7648	3.2648
5.00	1.00	.75000	2.14897	.731	-3.7648	5.2648
	2.00	1.50000	2.14897	.494	-3.0148	6.0148
	3.00	-7.25000*	2.14897	.003	-11.7648	-2.7352
	4.00	1.00000	2.14897	.647	-3.5148	5.5148
	6.00	-.25000	2.14897	.909	-4.7648	4.2648
6.00	1.00	1.00000	2.14897	.647	-3.5148	5.5148
	2.00	1.75000	2.14897	.426	-2.7648	6.2648
	3.00	-7.00000*	2.14897	.004	-11.5148	-2.4852
	4.00	1.25000	2.14897	.568	-3.2648	5.7648
	5.00	.25000	2.14897	.909	-4.2648	4.7648

1군, 2군, 4군, 5군, 6군 간에는 유의한 차이가 없었으나 이 집단들과 3군과는 유의한 차이를 보였다. 즉, 3학년에서 세미나 방식이 가장 교육효과가 뛰어났음을 알 수 있었다.

HW 3) 세 살, 네 살, 다섯 살의 어린이들에게 세 가지의 기억하는 방법을 가르쳤고 50문제의 recall memory test를 보도록 하였고 그 결과는 아래와 같다. (정규성을 따른다고 가정)

나이에 따라, 혹은 기억 방법에 따라 시험결과가 다른지 검정하시오.

3-years old			4-years old			5-years old		
S1	S2	S3	S1	S2	S3	S1	S2	S3
11	31	23	23	18	28	25	30	28
18	20	28	30	24	21	30	25	31
26	22	35	18	9	30	28	27	26
15	23	27	28	16	30	40	35	20
14	19	21	23	13	23	20	23	35

Kruskal-Wallis test

: 표본크기가 작거나 각 그룹의 분포를 모를 경우 독립인 3개 이상의 집단의 평균을 비교할 때 사용

(1) 귀무가설 수립

H_0 : k 개의 그룹은 차이가 없다. H_a : 적어도 하나의 그룹은 차이가 있다.

(2) 검정통계량

$$T = \frac{12}{N(N+1)} \sum_{i=1}^{k} \frac{R_i^2}{n_i} - 3(N+1)$$

N: total sample size$=n_1+n_2+n_3$

(3) 기각역

$T > X^2_{k-1}(0.95)$

(4) 사후검정 (reject H_0 인 경우)

다음 조건을 만족하면 그룹 i와 그룹 j는 다르다.

$$\left|\frac{R_i}{n_i} - \frac{R_j}{n_j}\right| > t_{1-\frac{\alpha}{2}}(N-K) \times \left(S^2 \frac{N-1-T}{N-k}\right)^{1/2} \times \left(\frac{1}{n_i} + \frac{1}{n_j}\right)^{1/2}$$

$$N = n_1 + n_2 + ... + n_k$$

$$S^2 = \frac{N(N+1)}{12}$$

※ x^2 - 분포

카이제곱분포는 연속형 확률변수로서 양의 값을 가지고 자유도에 의해 분포의 모양이 결정된다. 일반적으로 우비대칭 형태를 가지나 아래의 그림과 같이 자유도가 커지면 대칭의 형태를 가진다.

```
〔R 프로그램〕
> x< - seq(0,40,by=0.1)
> c0< - dchisq(x,2)
> c1< - dchisq(x,5)
> c2< - dchisq(x,10)
> c3< - dchisq(x,20)
>plot(x,c0,type="l",ylim=range(c0,c3))
>par(new=TRUE)
>plot(x,c1,type="l",ylim=range(c0,c3),lwd=2,lty=4,axes=F)
>par(new=TRUE)
>plot(x,c2,type="l",ylim=range(c0,c3),lwd=5,lty=3,axes=F)
>par(new=TRUE)
>plot(x,c3,type="l",ylim=range(c0,c3),lwd=6,lty=1,axes=F)
```

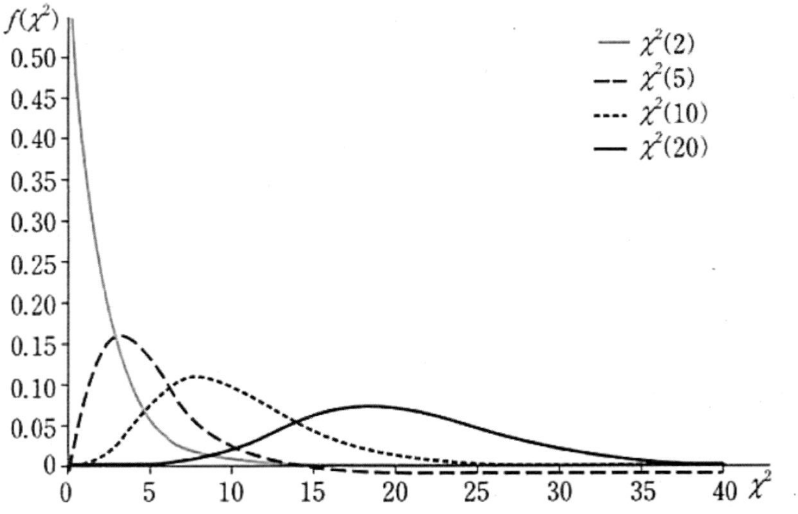

여러 가지 자유도 k를 가지는 $\chi^2(k)$분포

예제 1) 정상 교합군 8명, 2급 2류군 7명, 2급 1류군 7명의 두개저에 대한 상하악골의 상대적인 전후방 위치를 나타내는 ANB를 아래와 같이 측정하였다. 측정된 ANB 사이에 위의 세 군간의 차이가 있는가? (ANB.sav)

									n_i	R_i(합)
1군	4.36(18)	5,68(21)	2.73(11)	3.50(14)	4.84(19)	4.24(16)	2.53(10)		7	109
2군	2.74(12)	3.89(15)	5.94(22)	4.32(17)	1.59(5)	2.22(9)	5.24(20)		7	100
3군	1.84(7)	2.17(8)	2.95(13)	1.56(4)	0.97(2)	1.60(6)	0.75(1)	1.35(3)	8	44

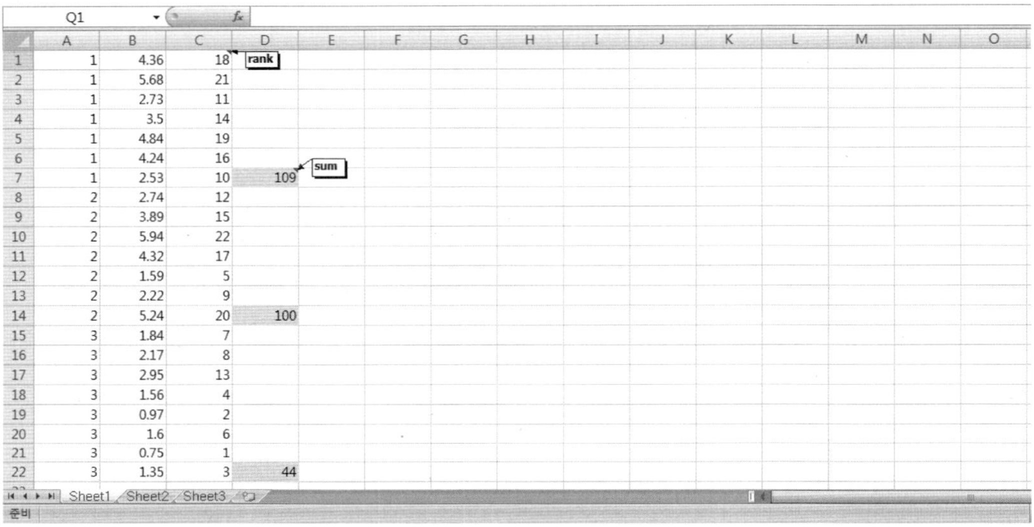

	A	B	C	D
1	1	4.36	18	
2	1	5.68	21	
3	1	2.73	11	
4	1	3.5	14	
5	1	4.84	19	
6	1	4.24	16	
7	1	2.53	10	109
8	2	2.74	12	
9	2	3.89	15	
10	2	5.94	22	
11	2	4.32	17	
12	2	1.59	5	
13	2	2.22	9	
14	2	5.24	20	100
15	3	1.84	7	
16	3	2.17	8	
17	3	2.95	13	
18	3	1.56	4	
19	3	0.97	2	
20	3	1.6	6	
21	3	0.75	1	
22	3	1.35	3	44

▶ Hand calculation

① 귀무가설

H_0 : 세 군간의 차이가 없다.

② 검정통계량

$$T = \frac{12}{22 \times 23}\left(\frac{109^2}{7} + \frac{100^2}{7} + \frac{44^2}{8}\right) - 3(22+1) = 10.87$$

③ 기각역

$T > X^2{}_2(0.95) = 5.991$ 엑셀(=CHISQ.INV(0.95,2) ⇒ 5.991465)

④ 결론

T=10.87 이고 > 5.991 이므로 귀무가설을 기각한다. 따라서 적어도 한 군은 차이가 있다.

⑤ 사후검정

a. gp1 - gp2

$$\left|\frac{109}{7}-\frac{100}{7}\right| > 2.093\times(22.4819)^{1/2}\times\left(\frac{2}{7}\right)^{1/2} \quad ?$$

엑셀(=t.INV(0.975,19) =>2.093024)

$$S^2\frac{N-1-T}{N-k} = \left(\frac{N(N+1)}{12}\right)\frac{N-1-T}{N-k} = \frac{22\times23}{12}\times\frac{22-1-10.87}{22-3} = 22.48149$$

1.2857 < 5.304 이므로 gp1과 gp2는 차이가 있다고 할 수 없다.

b. gp2 - gp3

$$\left|\frac{100}{7}-\frac{44}{8}\right| > 2.093\times(22.4819)^{1/2}\times\left(\frac{1}{7}+\frac{1}{8}\right)^{1/2} \quad ?$$

8.79 > 5.1361 이므로 gp2과 gp3은 차이가 있다고 할 수 있다.

c. gp1 - gp3

$$\left|\frac{109}{7}-\frac{44}{8}\right| > 2.093\times(22.4819)^{1/2}\times\left(\frac{1}{7}+\frac{1}{8}\right)^{1/2} \quad ?$$

10.07 > 5.1361 이므로 gp1과 gp3은 차이가 있다고 할 수 있다.

▶ SPSS

① 분석 - 비모수검정 - 레거시 대화상자 - 독립 K표본

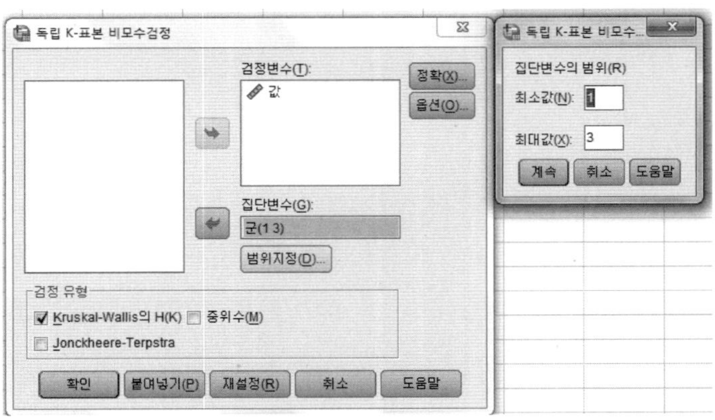

Kruskal-Wallis 검정

순위

	군	N	평균순위
값	1.00	7	15.57
	2.00	7	14.29
	3.00	8	5.50
	합계	22	

검정 통계량[a,b]

	값
카이제곱	10.870
자유도	2
근사 유의확률	.004

a. Kruskal Wallis 검정
b. 집단변수: 군

x^2 = 10.87, df=2 일 때 p=0.004이고 <0.05이므로 귀무가설을 기각한다. 따라서 적어도 한 개의 그룹은 차이가 있다.

② Kruskal-Wallis test의 사후검정- 두 집단씩 Mann-whitney U test

분석 - 비모수 검정 - 레거시 대화상자 - 독립 2-표본

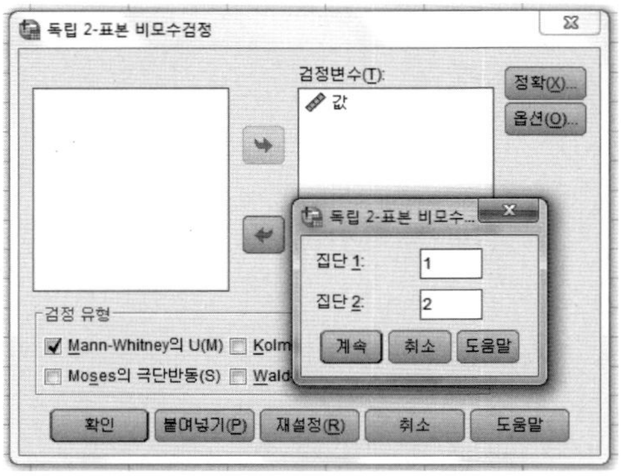

1-2, 2-3, 1-3으로 지정하여 검정을 3번 실시한다.

검정 통계량[b]

	값
Mann-Whitney의 U	22.000
Wilcoxon의 W	50.000
Z	-.319
근사 유의확률(양측)	.749
정확한 유의확률 [2*(단측 유의확률)]	.805[a]

a. 동률에 대해 수정된 사항이 없습니다.
b. 집단변수: 군

1-2

검정 통계량[b]

	값
Mann-Whitney의 U	6.000
Wilcoxon의 W	42.000
Z	-2.546
근사 유의확률(양측)	.011
정확한 유의확률 [2*(단측 유의확률)]	.009[a]

a. 동률에 대해 수정된 사항이 없습니다.
b. 집단변수: 군

2-3

검정 통계량[b]

	값
Mann-Whitney의 U	2.000
Wilcoxon의 W	38.000
Z	-3.009
근사 유의확률(양측)	.003
정확한 유의확률 [2*(단측 유의확률)]	.001[a]

a. 동률에 대해 수정된 사항이 없습니다.
b. 집단변수: 군

1-3

이 경우엔 유의수준 0.05와 비교하지 않고 유의수준을 비교개수(3)로 나누는 Bonferroni correction을 해야 한다. 따라서 위의 유의확률과 $0.05/3=0.0167$과 비교한다.

1-2 : $p=0.749>0.0167$ 이므로 1-2그룹간에 유의한 차이가 없다.

2-3 : $p=0.011<0.0167$ 이므로 2-3그룹간에 유의한 차이가 있다.

1-3 : $p=0.003<0.0167$ 이므로 1-3그룹간에 유의한 차이가 있다.

HW 4) 세 그룹의 임산부에 대한 분만 시의 코티졸(cortisol) 수준을 나타내는 데이터이다. 그룹은 분만 방법에 따라 나누어진 것으로서, 세 그룹의 코티졸 수준에 심각한 차이가 있는지 알고 싶다.

그룹1	262	307	211	323	454	339	304	154	287	356
그룹2	465	501	455	355	468	362				
그룹3	343	772	207	1048	838	687				

HW 5) A, B, C 세 식이요법에 대한 이론적 연구 결과로는 A, B, C의 순서로 효과가 큰 것으로 기대된다. 이를 확인하기 위하여 15마리의 흰쥐를 랜덤하게 세 그룹으로 나누어 7주 동안의 체중 증가를 조사한 결과가 다음 표와 같다. 실험 결과는 이론적인 결과와 일치한다고 할 수 있는가?

식이요법	체중증가량				
A	99	114	116	127	146
B	111	125	143	148	157
C	133	139	149	160	184

Workbook 4.

One-way Repeated-measures ANOVA

Two-way Repeated-measures ANOVA

Friedman test

One-way Repeated-measures ANOVA

: 한 요인에서 서로 상관이 되어 있는(혹은 반복 측정된) 세 군 이상의 평균비교를 할 때 쓰인다.

- 가정 - Normality (각 모집단의 차이가 정규분포를 따라야)
  - Sphericity (집단 간 차이의 분산 정도가 비슷해야)

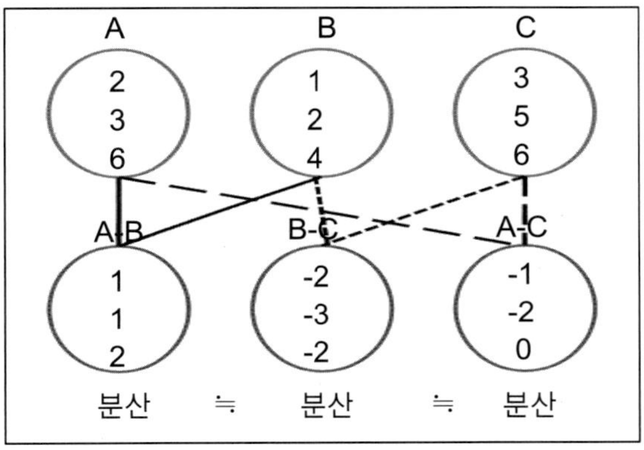

(1) 귀무가설 수립

H$_0$: 처리방식에 따른 반응의 차이가 없다. ($\mu_1 = \mu_2 = \mu_3 = \mu_4$)

H$_a$: 적어도 두 처리방식 간에 반응의 차이가 있다.

($\mu_i \neq \mu_j$ 적어도 한 쌍의 i 와 j 에 대하여, i $\neq$ j)

(2) 검정통계량

변동요인	제곱합	자유도	평균제곱	F_0	F_α
Time (machine)	SSTR	k-1	MSTR=SSTR/(k-1)	MSTR/MSE	F_α(k-1, (k-1)(n-1))
Subject (treatment)	SSS	n-1	MSS=SSS/(n-1)	MSS/MSE	F_α(n-1, (k-1)(n-1))
Error	SSE	(k-1)(n-1)	MSE=SSE/ (k-1)(n-1)		
합	SSTO	N-1			

SSTO = SSTR + SSS + SSE

$$\sum_{i=1}^{n}\sum_{j=1}^{k}(y_{ij}-\bar{y}_{..})^2=\sum_{i=1}^{n}\sum_{j=1}^{k}(\bar{y}_{.j}-\bar{y}_{..})^2+\sum_{i=1}^{n}\sum_{j=1}^{k}(\bar{y}_{i.}-\bar{y}_{..})^2+(y_{ij}-\bar{y}_{i.}-\bar{y}_{.j}-\bar{y}_{..})^2$$

(3) 기각역 $F > F_{0.05}$ (df1, df2)

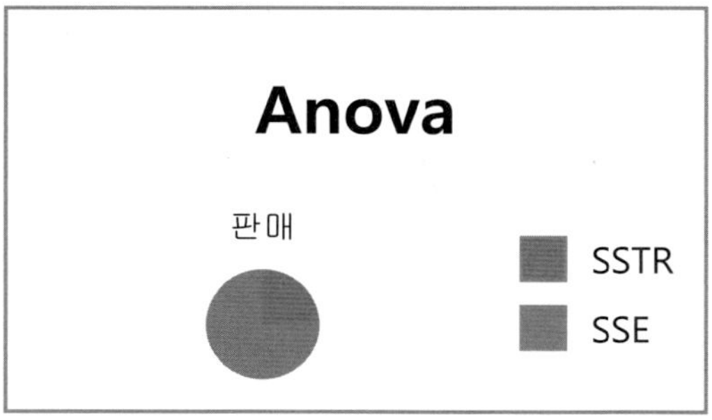

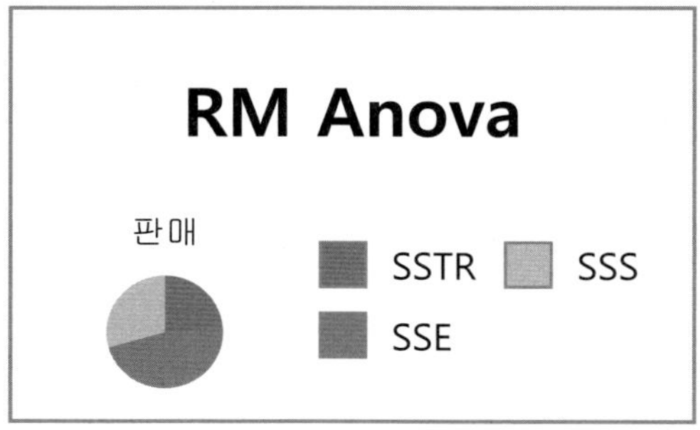

SSE = SSS + SSE

예제 1) 크리스마스를 반대하는 한 학자 집단에서 크리스마스 행사를 방해하기 위하여 산타클로스를 연구실에 숨기고 그 위에 책 더미들을 덮어 놓았다. 크리스마스 행사를 진행해야 하는 6명의 요정들이 산타클로스를 찾기 위해 연구실에 방문하였다. 쌓여있는 책들을 치우자 3명의 산타클로스가 나타났다. 어떤 산타클로스가 진짜인지 알기 위해 요정들이 각 산타클로스마다 점수를 매겼다. 진짜 산타라고 생각할수록 높은 점수를 주었다. (0 = definitely not the real santa, 10 = definitely the real santa) (santa.sav)

그들은 세 산타 중 어떤 산타가 진짜 산타라고 결론을 내릴 수 있을까?

elf	Santa 1	Santa 2	Santa 3
1	1	3	1
2	2	5	3
3	4	6	6
4	5	7	4
5	5	9	1
6	6	10	3

▶ Hand calculation

① 귀무가설 H_0 : 세 명의 산타에 대한 요정들의 점수는 차이가 있다.

② 검정통계량 계산

elf	Santa 1	Santa 2	Santa 3	평균
1	1	3	1	1.666667
2	2	5	3	3.333333
3	4	6	6	5.333333
4	5	7	4	5.333333
5	5	9	1	5
6	6	10	3	6.333333
평균	3.833333	6.666667	3	4.5

$$SSTO = (1-4.5)^2 + (2-4.5)^2 + (4-4.5)^2 + \cdots + (1-4.5)^2 + (3-4.5)^2 = 114.5$$

$$SSTR = 6 \times [(3.83-4.5)^2 + (6.67-4.5)^2 + (3-4.5)^2] = 44.33$$

$$SSS = 3 \times [(1.67-4.5)^2 + (3.33-4.5)^2 + \cdots + (6.33-4.5)^2] = 43.17$$

$$SSE = SSTO - (SSTR + SSS) = 114.5 - (44.33 + 43.17) = 27$$

변동요인	제곱합	자유도	평균제곱	F_0	F_α
Santa	44.33	2	MSTR=44.33/2 =22.17	**22.17/2.7 =8.21**	$F_{0.05}(2,10)$ =4.103
elf	43.17	5	MSS=43.17/5 =8.63	**8.63/2.7 =3.20**	$F_{0.05}(5,10)$ =3.326
Error	27	10	MSE=27/10 =2.7		
합	114.5	17			

엑셀에서
=FINV(0.05,2,10)
=FINV(0.05,5,10)

③ 결론

$8.21 > F_{0.05}(2, 10) = 4.10$ 이므로 귀무가설을 기각한다. 따라서 세 명의 산타에 대한 요정들의 점수는 차이가 있다.

▶ SPSS

분석 - 일반선형모형 - 반복측정

① 구형성 검정

Mauchly의 구형성 검정[b]

측도:MEASURE_1

개체-내 효과	Mauchly의 W	근사 카이제곱	자유도	유의확률	엡실런[a]		
					Greenhouse-Geisser	Huynh-Feldt	하한값
santa	.094	9.437	2	.009	.525	.544	.500

정규화된 변형 종속변수의 오차 공분산행렬이 단위행렬에 비례하는 영가설을 검정합니다.

a. 유의성 평균검정의 자유도를 조절할 때 사용할 수 있습니다. 수정된 검정은 개체내 효과검정 표에 나타납니다.
b. Design: 절편
개체-내 계획: santa

H_0 : 각 집단의 차이에 대한 분산은 동일하다.

p = 0.009 < 0.05이므로 귀무가설을 기각한다. 이 경우 구형성을 만족하지 않으므로 GG Epsilon 값을 확인한다. 만약 If GG Epsilon < 0.75 이면 아래에 있는 개체내 효과 검정 테이블에서 santa 변수의 GG correction값을 보고 GG Epsilon ≥ 0.75 라면 H-F correction을 사용한다. 이 예제의 경우에는 GG Epsilon=0.525 < 0.75 이므로 산타변수의 GG correction을 한 유의확률을 봐야 한다.

② 개체 내 효과 검정

개체-내 효과 검정

측도:MEASURE_1

소스		제 III 유형 제곱합	자유도	평균 제곱	F	유의확률
santa	구형성 가정	44.333	2	22.167	8.210	.008
	Greenhouse-Geisser	44.333	1.050	42.239	8.210	.033
	Huynh-Feldt	44.333	1.088	40.752	8.210	.031
	하한값	44.333	1.000	44.333	8.210	.035
오차(santa)	구형성 가정	27.000	10	2.700		
	Greenhouse-Geisser	27.000	5.248	5.145		
	Huynh-Feldt	27.000	5.439	4.964		
	하한값	27.000	5.000	5.400		

santa 변수의 GG correction의 p = 0.033이고 <0.05 이므로 귀무가설을 기각한다. 따라서 다른 세 명의 산타에 대한 꼬마요정들의 점수는 유의하게 다르다고 할 수 있다.

③ 사후분석

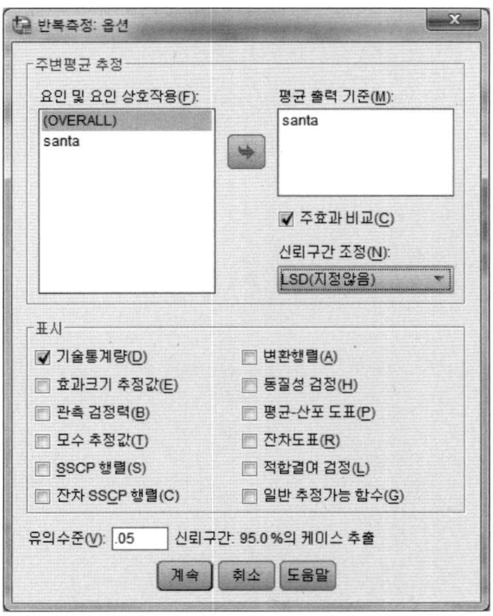

추정값

측도:MEASURE_1

santa	평균	표준오차	95% 신뢰구간 하한값	95% 신뢰구간 상한값
1	3.833	.792	1.797	5.870
2	6.667	1.054	3.957	9.376
3	3.000	.775	1.009	4.991

대응별 비교

측도:MEASURE_1

(I) santa	(J) santa	평균차(I-J)	표준오차	유의확률[a]	차이에 대한 95% 신뢰구간[a] 하한값	차이에 대한 95% 신뢰구간[a] 상한값
1	2	-2.833*	.401	.001	-3.865	-1.802
	3	.833	.946	.419	-1.598	3.264
2	1	2.833*	.401	.001	1.802	3.865
	3	3.667*	1.282	.035	.370	6.963
3	1	-.833	.946	.419	-3.264	1.598
	2	-3.667*	1.282	.035	-6.963	-.370

추정된 주변평균을 기준으로

*. 평균차는 .05 수준에서 유의합니다.

a. 다중비교에 대한 조정: 최소유의차 (조정하지 않은 상태와 동일합니다.)

산타 1과 산타 2, 산타 2와 산타 3의 꼬마 요정들의 점수가 유의하게 다르고 그 중에서도 점수가 높은 산타 2가 진짜 산타 일 것이라는 결론을 내릴 수 있다.

※ 위의 예제를 One-way ANOVA 분석표를 만들어 RM ANOVA 분석표와 비교해 보자.

분석 - 평균비교 - 일원배치 분산분석

분산분석

값

	제곱합	df	평균 제곱	F	유의확률
집단-간	44.333	2	22.167	4.739	.025
집단-내	70.167	15	4.678		
합계	114.500	17			

p = 0.025이고 <0.05 이므로 귀무가설을 기각한다. 따라서 다른 세 명의 산타에 대한 점수는 유의하게 다르다고 할 수 있다.

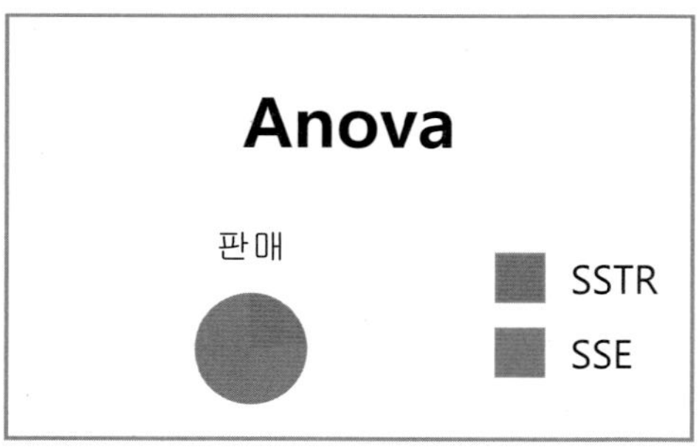

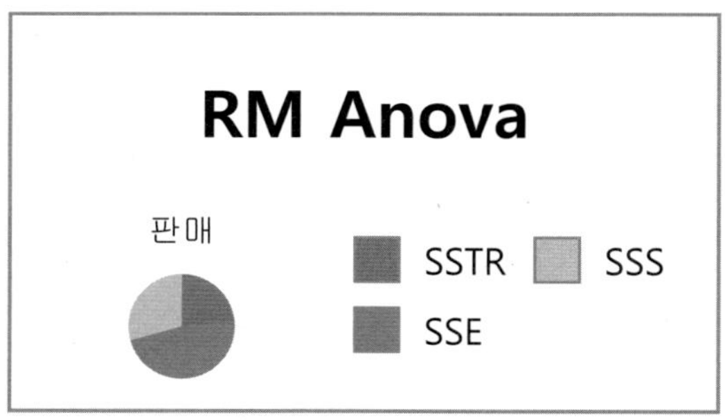

SSE	=	SSS	+	SSE
70.167	=	43.17	+	27

⇒ 반복 측정된 자료의 경우 RM ANOVA 는 error가 subject내에서 생긴 error와 error로 세분화 되어 있기 때문에 ANOVA 보다 정확한 결론을 얻을 수 있다.

HW 1) 5명의 실험개체 각각에 4종의 약(처리)을 임의 순서로 처치하고 반응을 측정한 경우이다. 자료분석의 목표는 과연 처리에 따라 약의 효과가 다른가를 알아보는데 있다. 어떤 통계방법을 사용하여야 할까? 처리에 따라 약의 효과가 다른지 검정하시오.

개체	처리1	처리2	처리3	처리4
1	30	28	16	34
2	14	18	10	22
3	24	20	18	30
4	38	34	20	44
5	26	28	14	30

HW 2) Essay 점수를 매기는 데 선생님마다 점수를 다르게 주는 것에 대해 학생들은 걱정을 많이 한다. 어떤 선생님은 점수를 잘 주기로 유명하고 또 어떤 선생님은 점수를 낮게 주기로 유명하다. 그래서 8명의 학생들이 4명의 선생님에게 같은 essay를 점수 매기게 하여 얼마나 차이가 있는지 조사해 보고자 한다. 어떤 통계방법을 사용하여야 할까? 선생님에 따라 에세이 점수가 달라지는지 검정하시오. 선생님마다 주는 점수가 달라지는 것을 막기 위해 표준화를 하는 것은 매우 중요하다.

Essay	Tutor1 (Dr. Field)	Tutor2 (Dr. smith)	Tutor3 (Dr. Scrote)	Tutor4 (Dr. Death)
1	62	58	63	64
2	63	60	68	65
3	65	61	72	65
4	68	64	58	61
5	69	65	54	59
6	71	67	65	50
7	78	66	67	50
8	75	73	75	45

Two-way Repeated-measures ANOVA including within factors

: 두 요인(within factors)에서 서로 상관이 있는(혹은 반복 측정된) 세 군 이상의 평균비교를 할 때 쓰인다.

- 가정 - Normality (각 모집단간의 차이가 정규분포를 따라야)
  - Sphericity (집단 간 차이의 분산 정도가 비슷해야)

(1) 귀무가설 수립

H_{01} : 요인 A의 수준에 따른 반응의 차이가 없다.
H_{a1} : 요인 A의 적어도 두 수준 간의 반응의 차이가 있다.

H_{02} : 요인 B의 수준에 따른 반응의 차이가 없다.
H_{a2} : 요인 B의 적어도 두 수준 간의 반응의 차이가 있다.

H_{03} : 교호작용 효과는 없다. H_{a3} : 교호작용 효과는 있다.

(2) 검정통계량

변동요인	제곱합	자유도	평균제곱	F_0	F_α
개체 간 요인		k-1			
개체 내 요인					
A	SSA	p-1	MSA =SSA/(p-1)	F_A=MSA/MSE_A	F_α(p-1, (p-1)(k-1))
Error for A	SSE_A	(p-1)(k-1)	MSE_A =SSE_A/(p-1)(k-1)		
B	SSB	q-1	MSB =SSB/(q-1)	F_B=MSB/MSE_B	F_α(q-1, (q-1)(k-1))
Error for B	SSE_B	(q-1)(k-1)	MSE_B =SSE_B/(q-1)(k-1)		
A×B	SS(A×B)	(p-1)(q-1)	MS(A×B) =SS(A×B)/ (p-1)(q-1)	$F_{(A\times B)}$ =MS(A×B) /$MSE_{(A\times B)}$	F_α((p-1)(q-1), (p-1)(q-1) (k-1))
Error for A×B	$SSE_{(A\times B)}$	(p-1) (q-1)(k-1)	$MSE_{(A\times B)}$ =$SSE_{(A\times B)}$/ (p-1)(q-1)(k-1)		
Total within		(pq-1)k			
Total	SST	pqk-1			

(3) 기각역

F > F_{α}(df1, df2)

예제 1) 크리스마스에 산타클로스와 그의 도우미 요정들에게 줄 파이와 포도주, 루돌프를 위한 물을 준비하려고 한다. 산타는 크리스마스 이브에 모든 선물들을 배달하려고 하는데 이러한 음식들이 (파이나 포도주) 요정들의 선물 배달 속도를 느리게 하지 않을까 걱정하고 있다. 그래서 한 산타클로스가 작은 실험을 했다. 그는 그의 도우미 요정들로부터 10명의 요정을 무작위로 선택하였고 각각의 요정들이 다섯 집의 선물들을 배달하는데 얼마나 걸리는지 시간을 쟀다. 요정들의 반은 파이는 먹을 수 있으나 와인은 마셔서는 안 되고 나머지 반은 와인은 마실 수 있으나 파이는 먹을 수 없었다. 다음해에 산타는 같은 10명의 요정에게 작년처럼 같은 다섯 집의 선물들을 배달하는데 걸리는 시간을 다시 쟀는데 이번에는 작년에 와인을 마신 요정들은 와인을 마시지 못하게 하고 대신에 파이를 먹게 하였고 파이를 먹었던 나머지 반에 해당하는 요정은 파이를 먹지 못하게 하고 와인을 마시게 하였다. (time.sav)

(Cross-over design) 2년에 걸쳐 각각의 10명의 요정에게 첫 해에는 1잔, 2잔, 3잔, 4잔, 5잔의 와인을 마시게 하였고 두 번째 해에는 1개, 2개, 3개, 4개, 5개의 작은 파이를 먹게 한 후 선물 배달 시간을 측정했고 데이터는 아래와 같다.

Treat	Sherry						Mince Pies						
Dose	1	2	3	4	5	Mean	1	2	3	4	5	Mean	**Mean**
						$\bar{y}_{1\cdot k}$						$\bar{y}_{2\cdot k}$	$\bar{y}_{\cdot\cdot k}$
Bingo	10	15	18	22	37	20.4	9	13	13	18	22	15	**17.7**
Flingo	10	18	10	42	60	28	7	14	20	21	32	18.8	**23.4**
Lardy	7	11	28	31	56	26.6	9	13	24	30	35	22.2	**24.4**
Alchy	9	19	36	45	60	33.8	7	14	9	20	25	15	**24.4**
Goody	15	14	29	33	37	25.6	14	13	20	22	29	19.6	**22.6**
Pongo	14	13	26	26	49	25.6	5	12	17	16	33	16.6	**21.1**
Beadle	9	12	19	37	48	25	5	15	12	17	24	14.6	**19.8**
Groucho	9	18	22	31	39	23.8	13	13	14	17	17	14.8	**19.3**
Chunder	12	14	24	28	53	26.2	12	13	21	19	22	17.4	**21.8**
Flouncy	7	11	21	23	45	21.4	12	14	20	21	29	19.2	**20.3**
Mean	**10.2**	**14.5**	**23.3**	**31.8**	**48.4**	**25.64**	**9.3**	**13.4**	**17.0**	**20.1**	**26.8**	**17.32**	**21.48**
$\bar{y}_{ij\cdot}$	$\bar{y}_{11\cdot}$	$\bar{y}_{12\cdot}$	$\bar{y}_{13\cdot}$	$\bar{y}_{14\cdot}$	$\bar{y}_{15\cdot}$		$\bar{y}_{21\cdot}$	$\bar{y}_{22\cdot}$	$\bar{y}_{23\cdot}$	$\bar{y}_{24\cdot}$	$\bar{y}_{25\cdot}$		$\bar{y}_{\cdot\cdot\cdot}$

▶ Hand calculation

① 귀무가설

H_{01} : Treat의 수준에 따른 배달 시간의 차이가 없다.

H_{02} : Dose의 수준에 따른 배달 시간의 차이가 없다.

H_{03} : Treat과 Dose간의 교호작용 효과는 없다.

p=2 (Number of Treat, Sherry/Mince Pies)

q=5 (Number of Dose, 1/2/3/4/5)

k=10 (Number of Elf, 1~10)

② 검정통계량 계산

$\bar{y}_{\cdot 1k}$	9.5	8.5	8	8	14.5	9.5	7	11	12	9.5
$\bar{y}_{\cdot 2k}$	14	16	12	16.5	13.5	12.5	13.5	15.5	13.5	12.5
$\bar{y}_{\cdot 3k}$	15.5	15	26	22.5	24.5	21.5	15.5	18	22.5	20.5
$\bar{y}_{\cdot 4k}$	20	31.5	30.5	32.5	27.5	21	27	24	23.5	22
$\bar{y}_{\cdot 5k}$	29.5	46	45.5	42.5	33	41	36	28	37.5	37

	Mean = $\bar{y}_{i\cdot\cdot}$
1 sherry	10.20
2 sherry	14.50
3 sherry	23.30
4 sherry	31.80
5 sherry	48.40
Mean of sherry	25.64 = $\bar{y}_{1\cdot\cdot}$
1 pies	9.30
2 pies	13.40
3 pies	17.00
4 pies	20.10
5 pies	26.80
Mean of pies	17.32 = $\bar{y}_{2\cdot\cdot}$

	$\bar{y}_{\cdot j\cdot}$
Mean of dose 1	9.75 = $\bar{y}_{\cdot 1\cdot}$
Mean of dose 2	13.95 = $\bar{y}_{\cdot 2\cdot}$
Mean of dose 3	20.15 = $\bar{y}_{\cdot 3\cdot}$
Mean of dose 4	25.95 = $\bar{y}_{\cdot 4\cdot}$
Mean of dose 5	37.6 = $\bar{y}_{\cdot 5\cdot}$

Total mean = $\bar{y}_{\cdot\cdot\cdot}$, mean of sherry = $\bar{y}_{1\cdot\cdot}$, mean of pies = $\bar{y}_{2\cdot\cdot}$, mean of dose = $\bar{y}_{\cdot j\cdot}$

$$SS_{subject} = p \times q \times \Sigma_{k=1}^{n} (\bar{y}_{..k} - \bar{y}_{...})^2$$

$$= 2 \times 5 \times \Sigma_{k=1}^{n} (\bar{y}_{..k} - \bar{y}_{...})^2$$

$$= 2 \times 5 \times [(17.7 - 21.48)^2 + (23.4 - 21.48)^2 + \cdots (21.8-21.48)^2 + (20.3-21.48)^2]$$

$$= 454.96$$

$$SS_{Treat} = q \times n \times \Sigma_{i=1}^{p} (\bar{y}_{1..} - \bar{y}_{...})^2$$

$$= 5 \times 10 \times \Sigma_{i=1}^{2} (\bar{y}_{1..} - \bar{y}_{...})^2$$

$$= 5 \times 10 \ [(25.64 - 21.48)^2 + (17.32 - 21.48)^2] = 1730.56$$

$$SS_{error(Treat)} = q \times \Sigma_{i=1}^{p} \Sigma_{k=1}^{n} (\bar{y}_{1 \cdot k} - \bar{y}_{1..} - \bar{y}_{..k} + \bar{y}_{...})^2$$

$$= 5 \ [(20.4-25.64-17.7+21.48)^2 + (28-25.64-23.4+21.48)^2$$

$$+ (26.6-25.64-24.4+21.48)^2 + \cdots + (14.8-17.32-19.3+21.48)^2$$

$$+ (17.4-17.32-21.8+21.48)^2 + (19.2-17.32-20.3+21.48)^2]$$

$$= 457.04$$

$$SS_{Dose} = p \times n \times \Sigma_{j=1}^{q} (\bar{y}_{.j.} - \bar{y}_{...})^2$$

$$= 2 \times 10 \times \Sigma_{j=1}^{5} (\bar{y}_{.j.} - \bar{y}_{...})^2$$

$$= 2 \times 10 \ [(9.75-21.48)^2 + (13.95-21.48)^2 + (20.15-21.48)^2 + (25.95-21.48)^2$$

$$+ (37.6-21.48)^2]$$

$$= 20 \times 475.898 = 9517.96$$

$$SS_{error(Dose)} = p \times \Sigma_{j=1}^{q} \Sigma_{k=1}^{n} (\bar{y}_{.jk} - \bar{y}_{.j.} - \bar{y}_{..k} + \bar{y}_{...})^2$$

$$= 2 \ [(9.5-9.75-17.7+21.48)^2 + (8.5-9.75-23.4+21.48)^2$$

$$+ (8-9.75-24.4+21.48)^2 + \cdots + (28-37.6-19.3+21.48)^2$$

$$+ (37.5-37.6-21.8+21.48)^2 + (37-37.6-20.3+21.48)^2]$$

$$= 1026.04$$

$$SS_{(Treat \times Dose)} = n \times \Sigma_{i=1}^{p} \Sigma_{j=1}^{q} (\bar{y}_{ij\cdot} - \bar{y}_{i..} - \bar{y}_{.j.} + \bar{y}_{...})^2$$

$$= 10 \times [(10.20-25.64-9.75+21.48)^2 + (14.5-25.64-13.95+21.48)^2$$

$$+ (23.3-25.64-20.15+21.48)^2 + \cdots + (17-17.32-20.15+21.48)^2$$

$$+ (20.1-17.32-25.95+21.48)^2 + (26.8-17.32-37.6+21.48)^2]$$

$$= 10 \times [74.762 + 74.762] = 1495.24$$

$$SS_{error(Treat\times Dose)}=\sum_{i=1}^{p}\sum_{j=1}^{q}\sum_{k=1}^{n}\left\{y_{ijk}-(\bar{y}_{\cdot jk}+\bar{y}_{i\cdot k}+\bar{y}_{ij\cdot})+(\bar{y}_{i\cdot\cdot}+\bar{y}_{\cdot j\cdot}+\bar{y}_{\cdot\cdot k})-\bar{y}_{\cdots}\right\}^2$$

$$= [\{10 - (9.5+20.4+10.2) + (25.64+9.75+17.7) - 21.48\}^2 +$$

$$\{10 - (8.5+28+10.2) + (25.64+9.75+23.4) - 21.48\}^2 + \cdots +$$

$$\{22 - (37.5+17.4+26.8) + (17.32+37.6+21.8) - 21.48\}^2 +$$

$$\{29 - (37+19.2+26.8) + (17.32+37.6+20.3) - 21.48\}^2$$

$$= 649.16$$

변동요인	제곱합	자유도	평균제곱	F_0	F_α
개체 간 요인	454.96	9			
개체 내 요인					
Treat	1730.56	1	1730.56	34.08	$F_{0.05}(1, 9) = 5.12$
Error(Treat)	457.04	9	50.782		
Dose	9517.960	4	2379.49	83.49	$F_{0.05}(4, 36) = 2.63$
Error(Dose)	1026.04	36	28.50		
Treat×Dose	1495.24	4	373.81	20.73	$F_{0.05}(4, 36) = 2.63$
Error (Treat×Dose)	649.16	36	18.03		
Total within	14876	90			
Total	15330.96	99			

따라서 Treat, Dose, Treat x Dose 모두 기각역에 속하므로 유의하다고 할 수 있다.

▶ SPSS

분석 - 일반선형모형 - 반복측정

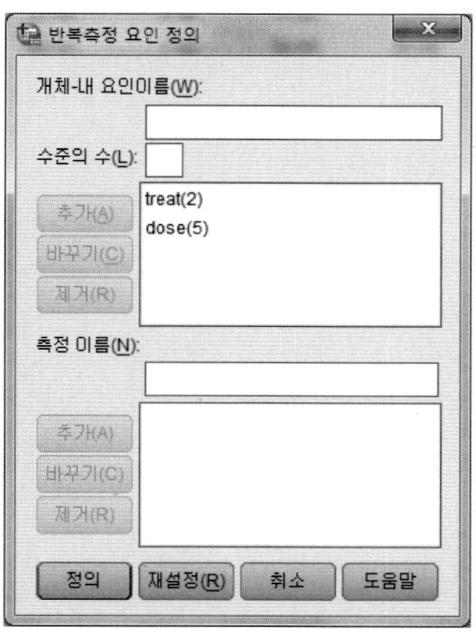

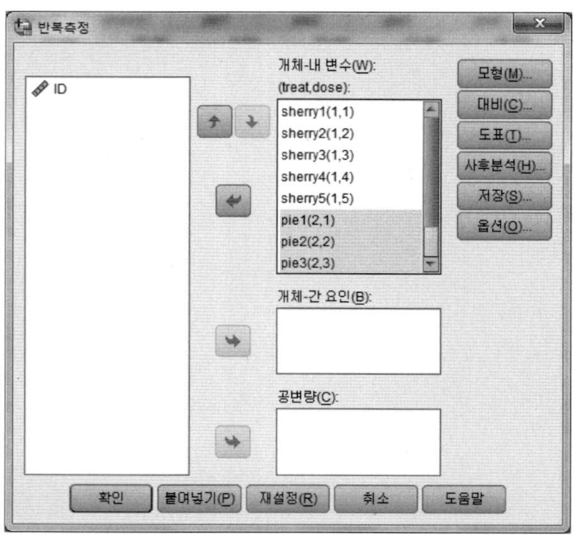

① 구형성 검정

Mauchly의 구형성 검정[b]

측도:MEASURE_1

개체-내 효과	Mauchly의 W	근사 카이제곱	자유도	유의확률	엡실런[a]		
					Greenhouse-Geisser	Huynh-Feldt	하한값
treat	1.000	.000	0	.	1.000	1.000	1.000
dose	.092	17.685	9	.043	.552	.740	.250
treat * dose	.425	6.350	9	.712	.747	1.000	.250

정규화된 변형 종속변수의 오차 공분산행렬이 단위행렬에 비례하는 영가설을 검정합니다.

a. 유의성 평균검정의 자유도를 조절할 때 사용할 수 있습니다. 수정된 검정은 개체내 효과검정 표에 나타납니다.
b. Design: 절편
개체-내 계획: treat + dose + treat * dose

H_0 : 각 집단의 차이에 대한 분산은 동일하다.

Dose의 경우 p=.043이고 <0.05이므로 GG Epsilon값을 확인한다.
GG=0.552이고 <0.75 이므로 다음 페이지에 있는 개체-내 효과 검정 테이블의 dose 변수에서 GG correction의 유의확률을 선택한다.
Treat의 유의확률이 나오지 않은 이유는 treat 변수가 두 개의 그룹을 가지고 있기 때문에 구형성 검정을 할 수 없기 때문이다. 이 경우에는 구형성 검정에 따라 유의확률을 확인한다.

② 개체 내 효과 검정

개체-내 효과 검정

측도: MEASURE_1

소스		제 III 유형 제곱합	자유도	평균제곱	F	유의확률
treat	구형성 가정	1730.560	1	1730.560	34.078	.000
	Greenhouse-Geisser	1730.560	1.000	1730.560	34.078	.000
	Huynh-Feldt	1730.560	1.000	1730.560	34.078	.000
	하한값	1730.560	1.000	1730.560	34.078	.000
오차(treat)	구형성 가정	457.040	9	50.782		
	Greenhouse-Geisser	457.040	9.000	50.782		
	Huynh-Feldt	457.040	9.000	50.782		
	하한값	457.040	9.000	50.782		
dose	구형성 가정	9517.960	4	2379.490	83.488	.000
	Greenhouse-Geisser	9517.960	2.209	4309.021	83.488	.000
	Huynh-Feldt	9517.960	2.958	3217.666	83.488	.000
	하한값	9517.960	1.000	9517.960	83.488	.000
오차(dose)	구형성 가정	1026.040	36	28.501		
	Greenhouse-Geisser	1026.040	19.880	51.613		
	Huynh-Feldt	1026.040	26.622	38.541		
	하한값	1026.040	9.000	114.004		
treat * dose	구형성 가정	1495.240	4	373.810	20.730	.000
	Greenhouse-Geisser	1495.240	2.989	500.205	20.730	.000
	Huynh-Feldt	1495.240	4.000	373.810	20.730	.000
	하한값	1495.240	1.000	1495.240	20.730	.001
오차(treat*dose)	구형성 가정	649.160	36	18.032		
	Greenhouse-Geisser	649.160	26.903	24.129		
	Huynh-Feldt	649.160	36.000	18.032		
	하한값	649.160	9.000	72.129		

Dose의 경우 GG를 사용한 경우 p=0.000이고 <0.05이므로 유의하다.

또한 Treat와 Treat*Dose의 경우 구형성 가정을 만족하였으므로 p=0.000이고 <0.05 이므로 유의하다.

② 사후분석

그렇다면 treat, dose, treat*dose 간에 어떠한 차이점이 있는지 알아보자.

분석 - 일반선형모형 - 반복측정(도표)

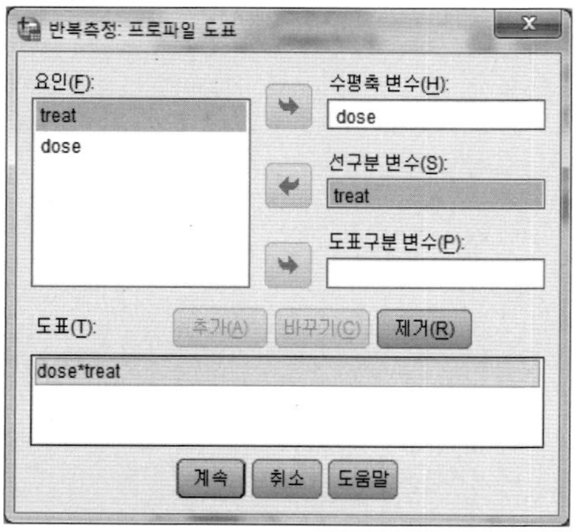

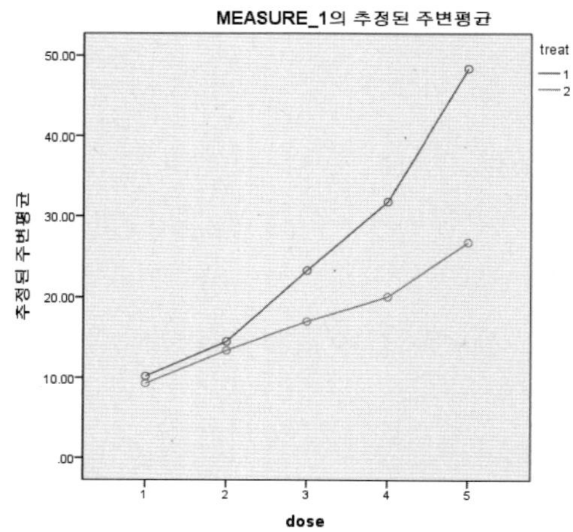

분석 - 일반선형모형 - 반복측정(옵션)

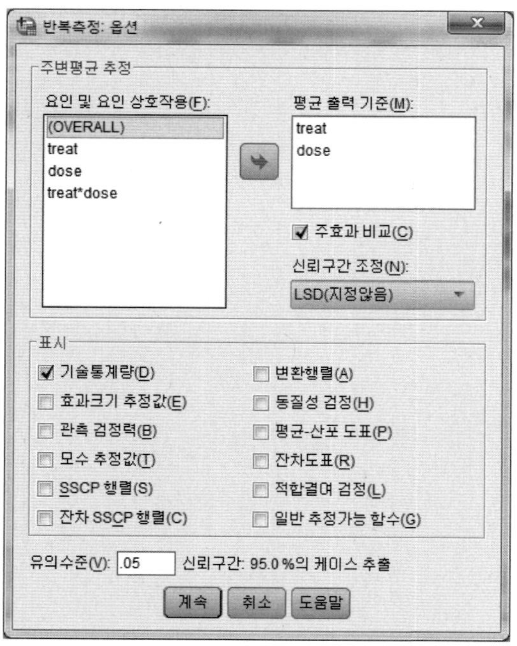

ⅰ) treat

대응별 비교

측도: MEASURE_1

(I) treat	(J) treat	평균차(I-J)	표준오차	유의확률[b]	차이에 대한 95% 신뢰구간[b] 하한값	상한값
1	2	8.320*	1.425	.000	5.096	11.544
2	1	-8.320*	1.425	.000	-11.544	-5.096

추정된 주변평균을 기준으로

*. 평균차는 .05 수준에서 유의합니다.

b. 다중비교에 대한 조정: 최소유의차 (조정하지 않은 상태와 동일합니다.)

treat간에는 서로 유의하다.

ⅱ) dose

대응별 비교

측도: MEASURE_1

(I) dose	(J) dose	평균차(I-J)	표준오차	유의확률[b]	차이에 대한 95% 신뢰구간[b] 하한값	상한값
1	2	-4.200*	.895	.001	-6.225	-2.175
	3	-10.400*	1.190	.000	-13.091	-7.709
	4	-16.200*	1.764	.000	-20.191	-12.209
	5	-27.850*	2.398	.000	-33.275	-22.425
2	1	4.200*	.895	.001	2.175	6.225
	3	-6.200*	1.521	.003	-9.640	-2.760
	4	-12.000*	1.280	.000	-14.896	-9.104
	5	-23.650*	2.045	.000	-28.277	-19.023
3	1	10.400*	1.190	.000	7.709	13.091
	2	6.200*	1.521	.003	2.760	9.640
	4	-5.800*	1.690	.007	-9.623	-1.977
	5	-17.450*	2.006	.000	-21.988	-12.912
4	1	16.200*	1.764	.000	12.209	20.191
	2	12.000*	1.280	.000	9.104	14.896
	3	5.800*	1.690	.007	1.977	9.623
	5	-11.650*	1.551	.000	-15.159	-8.141
5	1	27.850*	2.398	.000	22.425	33.275
	2	23.650*	2.045	.000	19.023	28.277
	3	17.450*	2.006	.000	12.912	21.988
	4	11.650*	1.551	.000	8.141	15.159

추정된 주변평균을 기준으로

*. 평균차는 .05 수준에서 유의합니다.

b. 다중비교에 대한 조정: 최소유의차 (조정하지 않은 상태와 동일합니다.)

Dose 간에도 모두 서로 유의하다.

iii) treat * dose

상호작용에 대한 사후분석의 경우 아래와 같은 방법을 통하여 분석한다.

파일 - 새 파일 - 명령문

SPSS 결과에 나와 있는 아래의 프로그램을 cut and paste하고 동그라미로 그려진 compare(treat)를 아래와 같이 삽입한다.

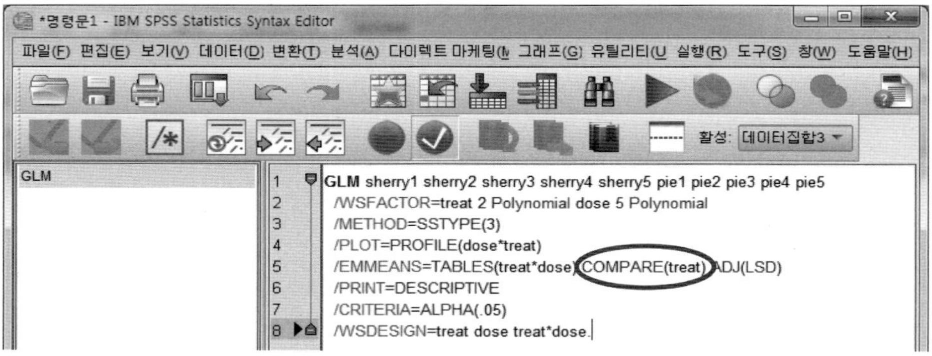

대응별 비교

측도: MEASURE_1

dose	(I) treat	(J) treat	평균차(I-J)	표준오차	유의확률[b]	차이에 대한 95% 신뢰구간[b]	
						하한값	상한값
1	1	2	.900	1.286	.502	-2.010	3.810
	2	1	-.900	1.286	.502	-3.810	2.010
2	1	2	1.100	.960	.281	-1.071	3.271
	2	1	-1.100	.960	.281	-3.271	1.071
3	1	2	6.300	2.902	.058	-.265	12.865
	2	1	-6.300	2.902	.058	-12.865	.265
4	1	2	11.700*	2.616	.002	5.781	17.619
	2	1	-11.700*	2.616	.002	-17.619	-5.781
5	1	2	21.600*	2.596	.000	15.728	27.472
	2	1	-21.600*	2.596	.000	-27.472	-15.728

추정된 주변평균을 기준으로

*. 평균차는 .05 수준에서 유의합니다.

b. 다중비교에 대한 조정: 최소유의차 (조정하지 않은 상태와 동일합니다.)

dose1과 dose2, dose3에서는 treat간에 유의한 차이가 없었고 dose4와 dose5에서는 treat1을 배달한 요정의 선물배달 속도와 treat2를 배달한 요정의 선물배달 속도에 유의한 차이가 있었다. 와인을 4잔 이상 섭취하고 선물을 배달하는 시간은 파이 4개를 먹고 선물을 배달하는 시간보다 유의하게 더 많은 시간이 소요되었음을 알 수 있었다.

HW 3) (Beer-goggles Effect : 술을 많이 마신 후에 심각한 지각의 왜곡(perceptional distortion)) 우리는 어떤 요인들이 Beer-goggles effect를 완화시키는지 알고 싶다. 특히 희미한 불빛을 가지는 클럽에서는 지각의 왜곡이 더 나빠질 수 있다고 생각했다. 그래서 26명의 남자를 대상으로 (이 효과는 남자에서 더 강하기 때문에) 4주에 걸쳐 술의 양을 (0 pints, 2 pints, 4 pints and 6 pints) 그들에게 나누어 주고 마시게 하였고 밝은 불빛과 희미한 불빛에서 모두 파트너를 선택하게 하였다. 데이터는 아래와 같다. 다음의 데이터를 가지고 불빛에 따라 술의 양에 따라 매력있는 파트너를 고르는 정도가 다른지 SPSS를 이용하여 분석하여라. (hand calculation은 너무 복잡하므로 생략)

* first independent variable: alcohol consumption(0, 2, 4, 6 pints)

  술이 취한 상태에서 보통의 희미한 불빛을 가진 클럽에서 파트너를 고르게 하였고 그리고 나서 밝은 불빛을 가진 특별히 세팅된 클럽에서 두번째 파트너를 고르게 하였다.

* Second independent variable: lighting (dim, bright)

* outcome variable(결과변수) 은 독립된 심사자들로 구성된 패널에서 각 파트너의 매력을 평가하였다.

Dim Lighting				Bright Lighting			
0 pints	2 pints	4 pints	6 pints	0 pints	2 pints	4 pints	6pints
58	65	44	5	65	65	50	33
67	64	46	33	53	64	34	33
64	74	40	21	74	72	35	63
63	57	26	17	61	47	56	31
48	67	31	17	57	61	52	30
49	78	59	5	78	66	61	30
64	53	29	21	70	67	46	46
83	64	31	6	63	77	36	45
65	59	46	8	71	51	54	38
64	64	45	29	78	69	58	65
64	56	24	32	61	65	46	57
55	78	53	20	47	63	57	47
81	81	40	29	57	78	45	42
58	55	29	42	71	62	48	31
63	67	35	26	58	58	42	32
49	71	47	33	48	48	67	48
52	67	46	12	58	66	74	43
77	71	14	15	65	32	47	27
74	68	53	15	50	67	47	45
73	64	31	23	58	68	47	46
67	75	40	28	67	69	44	44
58	68	35	13	61	55	66	50
82	68	22	43	66	61	44	44
64	70	44	18	68	51	46	33
67	55	31	13	37	40	49	22
81	43	27	30	59	45	69	35

HW 4) 한 임상 심리학자가 항우울제와 자살 생각에 대한 인지 행동 치료에 대해 관심이 있다.

4명의 우울증 환자가 4조건의 실험에 참가했다.

① 한달 동안 어떤 치료도 하지 않고 위약을 먹게 함

② 한달 동안 인지 행동 치료를 받으면서 위약을 먹게 함

③ 한달 동안 어떤 치료도 하지 않고 항우울제를 먹게 함

④ 한달 동안 인지행동 치료를 받으면서 항우울제를 먹게 함

조건들의 순서는 4명의 참가자 모두 같게 하였고 한 달의 마지막 주 동안에 그들이 자살할 생각을 몇 번 했는지를 기록하게 하였다. 데이터는 아래와 같다. 다음의 데이터를 가지고 약의 종류에 따라 인지행동치료 여부에 따라 자살할 생각의 횟수의 평균에 차이가 있는지 검정하여라. 이 경우 어떤 통계방법을 사용해야 할까?

Drug	Placebo		Antidepressant	
Therapy	none	CBT	None	CBT
Andy	70	60	81	52
Laura	66	52	70	40
Fidelma	56	41	60	31
Becky	68	59	77	49
Mean	65	53	72	43

Two-way Repeated-measures ANOVA including one between factor and one within factor : 두 요인(one within factor와 one between factor)에서 서로 상관이 되어 있는(혹은 반복 측정된) 세 군 이상의 평균비교를 할 때 쓰인다.

예제 1) 아래는 between factor 와 within factor를 모두 포함하는 3×4 RM ANOVA에 대한 데이터 셋이다. 이러한 디자인을 'mixed design'이라고 한다.

세 그룹의 쥐들을 대상으로 네 종류의 장소에서 씨앗을 저장하게 한 후 하루 후의 저장된 씨앗의 %를 조사하였다. (rat.sav)

		Landmark			
Rats		1	2	3	4
1	11	13	14	17	20
	12	10	11	15	14
	13	13	19	18	22
	14	4	12	14	16
2	21	5	13	21	24
	22	8	18	25	27
	23	14	19	26	26
	24	12	24	29	29
3	31	13	24	28	32
	32	9	22	22	24
	33	14	22	28	28
	34	8	18	27	29

▶ SPSS

분석 - 일반선형모형 - 반복측정

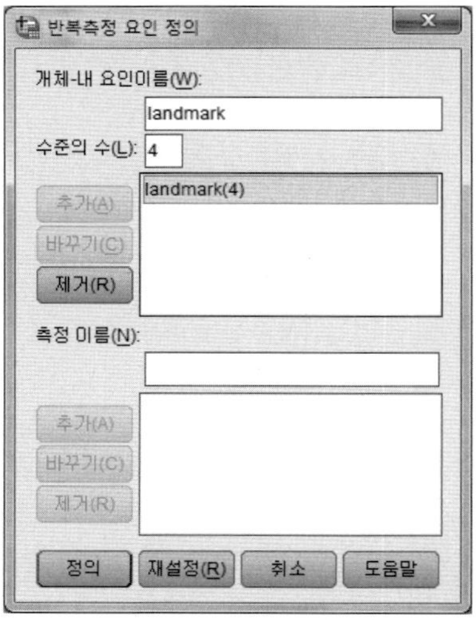

① 구형성 검정

Mauchly의 구형성 검정[b]

측도:MEASURE_1

개체-내 효과	Mauchly의 W	근사 카이제곱	자유도	유의확률	엡실런[a]		
					Greenhouse-Geisser	Huynh-Feldt	하한값
landmark	.561	4.457	5	.489	.790	1.000	.333

정규화된 변형 종속변수의 오차 공분산행렬이 단위행렬에 비례하는 영가설을 검정합니다.

a. 유의성 평균검정의 자유도를 조절할 때 사용할 수 있습니다. 수정된 검정은 개체내 효과검정 표에 나타납니다.
b. Design: 절편 + rats
개체-내 계획: landmark

H_0 : 각 집단의 차이에 대한 분산은 동일하다.

Landmark의 경우 p=0.489이고 >0.05이므로 구형성 가정을 만족한다.

② 개체 내 효과 검정

개체-내 효과 검정

측도:MEASURE_1

소스		제 III 유형 제곱합	자유도	평균 제곱	F	유의확률
landmark	구형성 가정	1405.500	3	468.500	127.773	.000
	Greenhouse-Geisser	1405.500	2.371	592.777	127.773	.000
	Huynh-Feldt	1405.500	3.000	468.500	127.773	.000
	하한값	1405.500	1.000	1405.500	127.773	.000
landmark * rats	구형성 가정	155.500	6	25.917	7.068	.000
	Greenhouse-Geisser	155.500	4.742	32.791	7.068	.001
	Huynh-Feldt	155.500	6.000	25.917	7.068	.000
	하한값	155.500	2.000	77.750	7.068	.014
오차(landmark)	구형성 가정	99.000	27	3.667		
	Greenhouse-Geisser	99.000	21.339	4.639		
	Huynh-Feldt	99.000	27.000	3.667		
	하한값	99.000	9.000	11.000		

H_{02} : 네 종류의 장소에 따른 저장된 씨앗의 퍼센트에 차이가 없다.

H_{03} : 쥐의 종류와 장소간의 교호작용 효과는 없다

Landmark의 경우 구형성 가정을 만족한 경우의 p=0.000이고 <0.05으로 유의하므로 장소에 따른 씨앗의 저장 퍼센트에 차이가 있다고 할 수 있다.

또한 Landmark*rats의 경우에도 구형성 가정을 만족한 경우의 p=0.000이고 <0.05고 유의하므로 교호작용효과가 있다고 할 수 있다.

③ 개체 간 효과 검정

개체-간 효과 검정

측도:MEASURE_1
변환된 변수:평균

소스	제 III 유형 제곱합	자유도	평균 제곱	F	유의확률
절편	16875.000	1	16875.000	504.568	.000
rats	458.000	2	229.000	6.847	.016
오차	301.000	9	33.444		

H_{01} : 세 그룹의 쥐들에 따른 저장된 씨앗의 퍼센트에 차이가 없다.

Rats의 경우 p=0.000이고 <0.05으로 유의하므로 세 그룹의 쥐들에 따른 저장된 씨앗의 퍼센트에 차이가 있다고 할 수 있다.

④ 사후분석

그렇다면 쥐, 장소, 쥐*장소간에 어떠한 차이점이 있는지 알아보자.

분석 - 일반선형모형 - 반복측정(도표-수평축: landmark, 선 구분: rats)

프로파일 도표

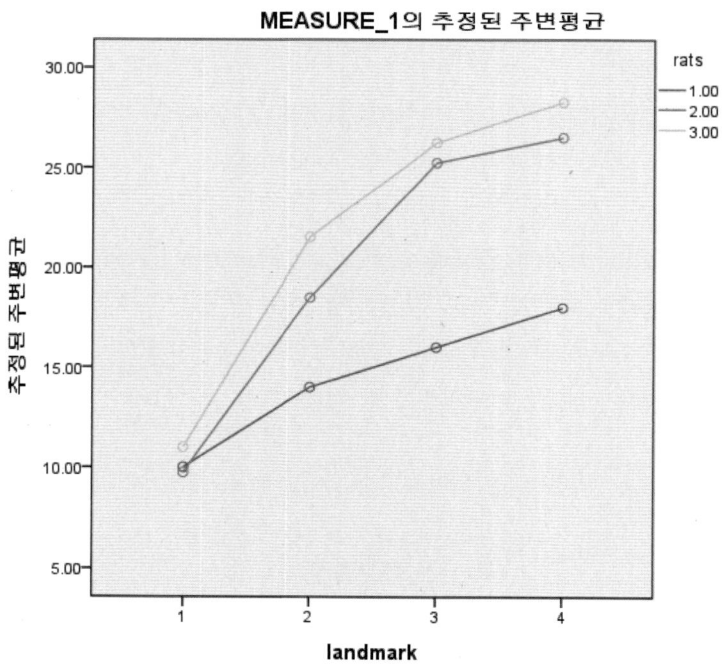

분석 - 일반선형모형 - 반복측정(옵션)

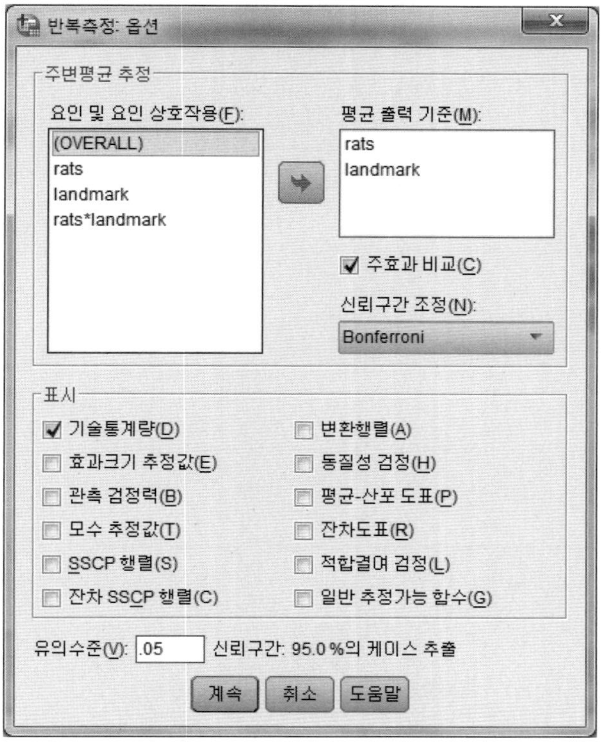

i) rats

대응별 비교

측도:MEASURE_1

(I) rats	(J) rats	평균차(I-J)	표준오차	유의확률[a]	차이에 대한 95% 신뢰구간[a] 하한값	상한값
1.00	2.00	-5.500	2.045	.074	-11.498	.498
	3.00	-7.250*	2.045	.019	-13.248	-1.252
2.00	1.00	5.500	2.045	.074	-.498	11.498
	3.00	-1.750	2.045	1.000	-7.748	4.248
3.00	1.00	7.250*	2.045	.019	1.252	13.248
	2.00	1.750	2.045	1.000	-4.248	7.748

추정된 주변평균을 기준으로

a. 다중비교에 대한 조정: Bonferroni
*. 평균차는 .05 수준에서 유의합니다.

첫 번째 그룹의 쥐와 세 번째 그룹 쥐들 간의 씨앗 저장 퍼센트에 차이가 있지만 나머지 그룹 간에는 유의한 차이가 없었다.

ii) landmark

대응별 비교

측도:MEASURE_1

(I) landmark	(J) landmark	평균차(I-J)	표준오차	유의확률ª	차이에 대한 95% 신뢰구간ª 하한값	상한값
1	2	-7.750*	.848	.000	-10.604	-4.896
	3	-12.250*	.744	.000	-14.752	-9.748
	4	-14.000*	.960	.000	-17.229	-10.771
2	1	7.750*	.848	.000	4.896	10.604
	3	-4.500*	.755	.001	-7.039	-1.961
	4	-6.250*	.798	.000	-8.934	-3.566
3	1	12.250*	.744	.000	9.748	14.752
	2	4.500*	.755	.001	1.961	7.039
	4	-1.750*	.516	.048	-3.486	-.014
4	1	14.000*	.960	.000	10.771	17.229
	2	6.250*	.798	.000	3.566	8.934
	3	1.750*	.516	.048	.014	3.486

추정된 주변평균을 기준으로

*. 평균차는 .05 수준에서 유의합니다.
a. 다중비교에 대한 조정: Bonferroni

모든 장소간의 씨앗 저장 퍼센트에는 유의한 차이가 있다고 할 수 있다.

iii) rats * landmark

상호작용에 대한 사후분석의 경우 아래와 같은 방법을 통하여 분석한다.

파일 - 새 파일 - 명령문

– compare(rats)

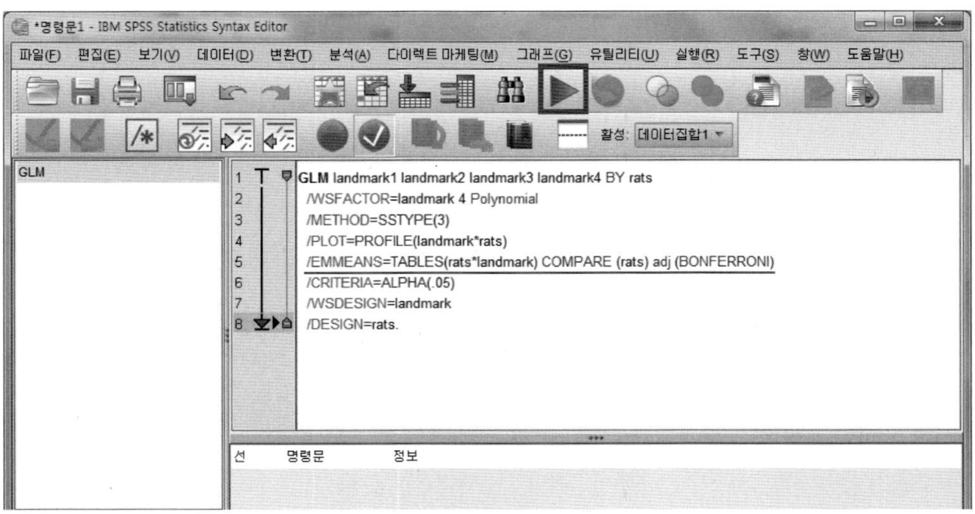

대응별 비교

측도:MEASURE_1

landmark	(I) rats	(J) rats	평균차(I-J)	표준오차	유의확률a	차이에 대한 95% 신뢰구간[a]	
						하한값	상한값
1	1.00	2.00	.250	2.674	1.000	-7.595	8.095
		3.00	-1.000	2.674	1.000	-8.845	6.845
	2.00	1.00	-.250	2.674	1.000	-8.095	7.595
		3.00	-1.250	2.674	1.000	-9.095	6.595
	3.00	1.00	1.000	2.674	1.000	-6.845	8.845
		2.00	1.250	2.674	1.000	-6.595	9.095
2	1.00	2.00	-4.500	2.560	.338	-12.010	3.010
		3.00	-7.500	2.560	.050	-15.010	.010
	2.00	1.00	4.500	2.560	.338	-3.010	12.010
		3.00	-3.000	2.560	.814	-10.510	4.510
	3.00	1.00	7.500	2.560	.050	-.010	15.010
		2.00	3.000	2.560	.814	-4.510	10.510
3	1.00	2.00	-9.250*	1.936	.003	-14.930	-3.570
		3.00	-10.250*	1.936	.001	-15.930	-4.570
	2.00	1.00	9.250*	1.936	.003	3.570	14.930
		3.00	-1.000	1.936	1.000	-6.680	4.680
	3.00	1.00	10.250*	1.936	.001	4.570	15.930
		2.00	1.000	1.936	1.000	-4.680	6.680
4	1.00	2.00	-8.500*	2.183	.011	-14.902	-2.098
		3.00	-10.250*	2.183	.003	-16.652	-3.848
	2.00	1.00	8.500*	2.183	.011	2.098	14.902
		3.00	-1.750	2.183	1.000	-8.152	4.652
	3.00	1.00	10.250*	2.183	.003	3.848	16.652
		2.00	1.750	2.183	1.000	-4.652	8.152

추정된 주변평균을 기준으로

a. 다중비교에 대한 조정: Bonferroni

*. 평균차는 .05 수준에서 유의합니다.

landmark1에서는 쥐 그룹간에 유의한 차이가 없었고 landmark2에서는 그룹1에 속한 쥐와 그룹3에 속한 쥐의 저장된 씨앗의 %에 유의한 차이가 있었다.

landmark3에서는 그룹1과 그룹2, 그룹1과 그룹3간에 유의한 차이가 있었고 landmark4에서는 landmark3과 같은 결과가 나왔다.

– compare(landmark)

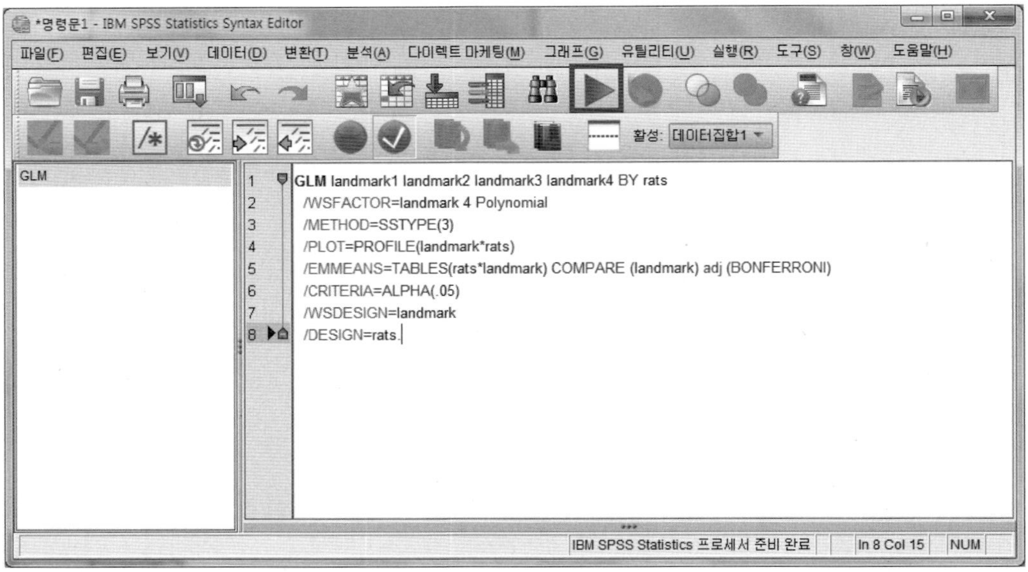

대응별 비교

측도:MEASURE_1

rats	(I) landmark	(J) landmark	평균차(I-J)	표준오차	유의확률[a]	차이에 대한 95% 신뢰구간[a]	
						하한값	상한값
1.00	1	2	-4.000	1.470	.141	-8.944	.944
		3	-6.000*	1.288	.007	-10.334	-1.666
		4	-8.000*	1.662	.006	-13.593	-2.407
	2	1	4.000	1.470	.141	-.944	8.944
		3	-2.000	1.307	.962	-6.397	2.397
		4	-4.000	1.382	.107	-8.649	.649
	3	1	6.000*	1.288	.007	1.666	10.334
		2	2.000	1.307	.962	-2.397	6.397
		4	-2.000	.894	.312	-5.006	1.006
	4	1	8.000*	1.662	.006	2.407	13.593
		2	4.000	1.382	.107	-.649	8.649
		3	2.000	.894	.312	-1.006	5.006
2.00	1	2	-8.750*	1.470	.001	-13.694	-3.806
		3	-15.500*	1.288	.000	-19.834	-11.166
		4	-16.750*	1.662	.000	-22.343	-11.157

rats	(I) landmark	(J) landmark	평균차(I-J)	표준오차	유의확률[a]	차이에 대한 95% 신뢰구간[a]	
						하한값	상한값
2.00	2	1	8.750*	1.470	.001	3.806	13.694
		3	-6.750*	1.307	.004	-11.147	-2.353
		4	-8.000*	1.382	.002	-12.649	-3.351
	3	1	15.500*	1.288	.000	11.166	19.834
		2	6.750*	1.307	.004	2.353	11.147
		4	-1.250	.894	1.000	-4.256	1.756
	4	1	16.750*	1.662	.000	11.157	22.343
		2	8.000*	1.382	.002	3.351	12.649
		3	1.250	.894	1.000	-1.756	4.256
3.00	1	2	-10.500*	1.470	.000	-15.444	-5.556
		3	-15.250*	1.288	.000	-19.584	-10.916
		4	-17.250*	1.662	.000	-22.843	-11.657
	2	1	10.500*	1.470	.000	5.556	15.444
		3	-4.750*	1.307	.033	-9.147	-.353
		4	-6.750*	1.382	.005	-11.399	-2.101
	3	1	15.250*	1.288	.000	10.916	19.584
		2	4.750*	1.307	.033	.353	9.147
		4	-2.000	.894	.312	-5.006	1.006
	4	1	17.250*	1.662	.000	11.657	22.843
		2	6.750*	1.382	.005	2.101	11.399
		3	2.000	.894	.312	-1.006	5.006

추정된 주변평균을 기준으로
a. 다중비교에 대한 조정: Bonferroni
*. 평균차는 .05 수준에서 유의합니다.

쥐그룹1에서는 landmark1과 landmark3, landmark1과 landmark4에 유의한 차이가 있었고 쥐그룹2에서는 landmark1과 landmark2, landmark1과 landmark3, landmark1과 landmark4, landmark2와 landmark3, landmark2와 landmark4간에 유의한 차이가 있었다.

쥐그룹3에서는 쥐그룹2와 같은 결과가 나왔다.

Friedman test

: 표본크기가 작거나 분포를 모를 경우 한 요인(within factor)에서 서로 상관이 되어 있는(혹은 반복 측정된) 세 군 이상의 평균비교를 할 때 쓰인다.

(1) 귀무가설 수립

H_0 : k 개의 그룹은 차이가 없다. H_a : 적어도 하나의 그룹은 차이가 있다.

(2) 검정통계량

$$T = \frac{(k-1)[bB_2 - b^2k(k+1)^2/4]}{A_2 - bk(k+1)^2/4}$$

$$A_2 = \sum_{i=1}^{b}\sum_{j=1}^{k}[R(X_{ij})]^2 \quad B_2 = \frac{1}{b}\sum_{i=1}^{k}R_i^2$$

$k=3$ (group의 수), $b=9$ (군내 sample 수)

(3) 기각역

$$T > \mathrm{X}^2{}_{k-1}(0.95)$$

(4) 사후검정 (reject H_0 인 경우)

다음 조건을 만족하면 그룹 i 와 그룹 j는 다르다

$$|R_i - R_j| > t_{1-\frac{\alpha}{2}}[(b-1)(k-1)] \times [\frac{2b(A_2 - B_2)}{(b-1)(k-1)})]^{1/2}$$

예제 1) 췌장염 환자의 혈청 아밀라아제(serum amylase)를 측정하는 A, B, C 세 가지 방법을 비교하려고 한다. 아래표의 데이터는 9명의 환자에 대하여 혈청 100ml 당 효소단위의 측정값과 각 블록(환자)에서의 순위를 나타낸다. 측정방법에 따라 측정값에 심각한 차이가 있다고 할 수 있는지를 조사하여 보자.(아래의 결과가 유의 하다면 사후검정을 하시오.) (amylase.sav)

표 1. 혈청아밀라아제의 수치 (혈청 100ml당 효소단위)

번호 \ 측정방법	A	B	C
1	4000 (2)	3210 (1)	6120 (3)
2	1600 (2)	1040 (1)	2410 (3)
3	1600 (2)	647 (1)	2210 (3)
4	1200 (2)	570 (1)	2060 (3)
5	840 (2)	445 (1)	1400 (3)
6	352 (3)	156 (1)	249 (2)
7	224 (2.5)	155 (1)	224 (2.5)
8	200 (2)	99 (1)	208 (3)
9	184 (2)	70 (1)	227 (3)
R_i	19.5	9	25.5

▶ Hand calculation

① 귀무가설

H_0 : 측정방법에 따른 혈청 아밀라아제의 수치의 분포에 차이가 없다.

② 검정통계량

K=3 (gp), b=9 (군내 sample 수)

$$A_2 = \sum_{i=1}^{9}\sum_{i=1}^{3}[R(X_{ij})]^2$$

$$= (2^2+1^2+3^2+...+2^2+1^2+3^2)$$

$$= 125.5$$

$$B^2 = \frac{1}{9}\sum_{i=1}^{3}R_i^2$$

$$= \frac{1}{9}(19.5^2 + 9^2 + 25.5^2)$$

$$= 123.5$$

$$T_3 = \frac{(3-1)[9 \times 123.5 - 9^2 \times 3(3+1)^2/4]}{125.5 - 9 \times 3 \times (3+1)^2/4}$$

$$= 15.943$$

③ 결론

$15.943 \quad > \chi^2_{0.95}(2) = 5.991$ 이므로 *reject* H_0

④ Multiple comparisons

$$|R_i - R_j| \quad > \quad t_{0.975}(9-1)(3-1) \times \left(\frac{2 \times 9(125.5 - 123.5)}{8 \times 2}\right)^{\frac{1}{2}}$$

$$> \quad 2.12 \times 1.5 = 3.18$$

$|R_1 - R_2| \; = \; 10.5 \; > \; 3.18$

$|R_2 - R_3| \; = \; 16.5 \; > \; 3.18$

$|R_1 - R_3| \; = \; 6 \; > \; 3.18$

이므로 모든 측정방법에는 차이가 있다.

▶ SPSS

분석 - 비모수검정 - 레거시 대화상자 - 대응 K표본

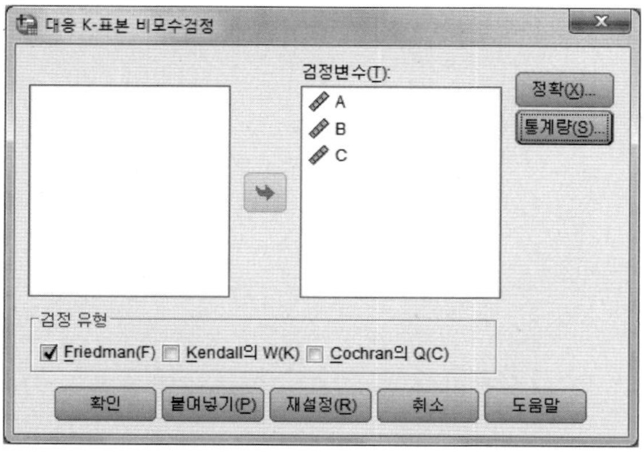

Friedman 검정

순위

	평균순위
A	2.17
B	1.00
C	2.83

검정 통계량[a]

N	9
카이제곱	15.943
자유도	2
근사 유의확률	.000

a. Friedman 검정

χ^2=15.942, df=2 일 때 p=0.000이고 <0.05이므로 귀무가설을 기각한다.

따라서 측정방법에 따른 혈청 아밀라아제 수치의 분포에 차이가 있다.

② Friedman test의 사후검정- 두 집단씩 Wilcoxon signed-rank test

분석 - 비모수 검정-레거시 대화상자 - 대응 2-표본

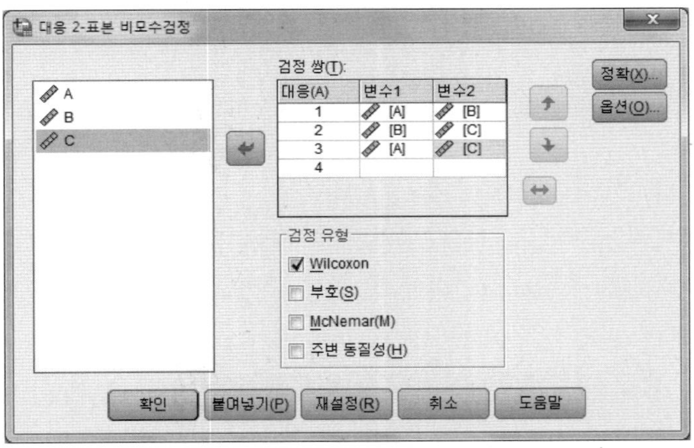

검정 통계량[c]

	B - A	C - B	C - A
Z	-2.666[a]	-2.666[b]	-2.100[b]
근사 유의확률(양측)	.008	.008	.036

a. 양의 순위를 기준으로.
b. 음의 순위를 기준으로.
c. Wilcoxon 부호순위 검정

By Holm's sequential Bonferroni procedure

If # of levels exceeds 3, two of three comparisons were significant at the 0.05 alpha level.

그러므로 α= 0.05와 비교한다.

A-B : p=0.008<0.05 이므로 측정방법 A-B에는 유의한 차이가 있다.

B-C : p=0.008<0.05 이므로 측정방법 B-C에는 유의한 차이가 있다.

A-C : p=0.036<0.05 이므로 측정방법 A-C에는 유의한 차이가 있다.

HW 5) A, B, C 세 식이요법에 대한 이론적 연구 결과로는 A, B, C의 순서로 효과가 큰 것으로 기대된다. 이를 확인하기 위하여 15마리의 흰쥐를 랜덤하게 세 그룹으로 나누어 7주 동안의 체중 증가를 조사한 결과가 다음 표와 같다. 실험결과는 이론적인 결과와 일치한다고 할 수 있는가? 어떤 통계방법을 사용해야 하나? (모집단의 분포를 모른다고 가정할 때)

식이요법	체중증가량				
A	99	114	116	127	146
B	111	125	143	148	157
C	133	139	149	160	184

HW 6) 최면상태 하에서 생리적 영향을 조사하기 위하여, 평온, 공포, 행복, 우울의 4가지 정서 조건 하에서 skin potential(피부 전위)을 측정하였다. 8명의 실험대상자에게서 4 조건하에 관측된 전위데이터가 아래와 같다. 어느 조건에서 전위에 심각한 차이가 있는가? 모집단의 분포를 모른다고 가정할 때 어떤 통계방법을 사용해야 하나?

ID	평온	공포	행복	우울
1	22.6	23.1	22.7	22.5
2	53.1	57.6	53.2	53.7
3	3.3	10.5	9.7	10.8
4	21.6	23.6	19.6	21.2
5	13.3	11.9	13.8	13.7
6	37.0	54.6	47.1	39.2
7	14.8	21	13.2	13.7
8	14.8	20.3	23.6	16.3

Workbook 5.

χ^2 – test

Fisher's exact test

범주형 자료 분석

χ^2 - test

: 범주형 데이터와 범주형 데이터의 관련성을 비교할 때 쓰인다.

- 적합도 검정 : 몇 개의 범주로 분류된 한 표본에 대해 제시하는 가설에 대한 검정
- 독립성 검정 : 한 표본을 두 가지 특성에 따라 분류한 경우 두 가지 특성의 독립성에 대한 검정
- 동질성 검정 : 몇 개의 범주로 분류된 두 개의 독립 표본에 대해 집단 간의 차이에 대한 검정

1) 일변량 χ^2 - test

① 귀무가설 수립

H_0 : $p_1 = p_{10}$, $p_2 = p_{20}$, ⋯ , $p_k = p_{k0}$, $\Sigma_{i=1}^{k} p_{io} = 1$

$H\alpha$: not H_0

② $\alpha = 0.05$

③ 검정통계량

$$\chi^2 = \Sigma_{i=1}^{k} \frac{(O_i - E_i)^2}{E_i} = \frac{(O_i - np_{io})^2}{np_{io}}$$

④ 기각역

$\chi^2 > \chi^2(k\text{-}1,\ \alpha)$

예제 1) 어떤 대학의 학생을 대상으로 공부 방법에 대하여 설문조사를 실시하여 회답 결과를 집계했더니 각 학년의 회답자 수는 아래와 같았다. (grade.sav)

1학년	2학년	3학년	4학년	계
77	59	42	22	200

▶ Hand calculation

① 귀무가설

H_0 : $p_1 = p_2 = p_3 = p_4 = 0.25$

H_a : at least one $p_i \neq p_j$

② 검정통계량 계산

	1학년	2학년	3학년	4학년	계
관측도수 O_i	77(38.5%)	59(29.5%)	42(21%)	22(11%)	200(100%)
기대도수 E_i	50(25%)	50(25%)	50(25%)	50(25%)	200(100%)

$$\chi^2 = \Sigma_{i=1}^{k} \frac{(O_i - E_i)^2}{E_i} = \frac{(77-50)^2}{50} + \frac{(59-50)^2}{50} + \frac{(42-50)^2}{50} + \frac{(22-50)^2}{50} = 33.16$$

③ 결론

$\chi^2 = 33.16$이고 > $\chi^2_{0.05}(3) = 7.815$(엑셀(=CHISQ.INV(0.95,3) ⇒ 7.815)) 이므로 귀무가설을 기각한다. 따라서 각 학년의 회답자 수는 차이가 있다는 결론을 내릴 수 있다.

▶ SPSS

분석 - 비모수검정 - 레거시 대화상자 - 카이제곱검정

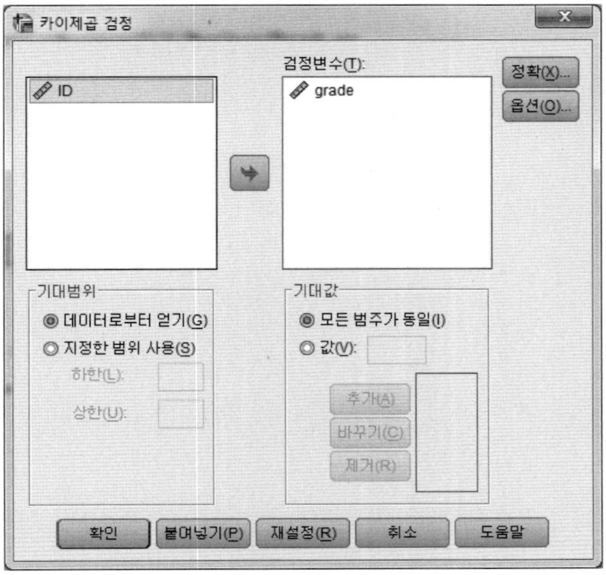

위의 예제에는 귀무가설에서 각각의 학년이 모두 동일한 비율로 가정되었기 때문에 기대값에서 모든 범주가 동일하다는 것에 체크하였다. 그러나 다른 비율로 가정되었다면 값을 체크하여 아래에 비율을 적고 추가를 누르면 된다.

카이제곱 검정

빈도 분석

grade

	관측수	기대빈도	잔차
1.00	77	50.0	27.0
2.00	59	50.0	9.0
3.00	42	50.0	-8.0
4.00	22	50.0	-28.0
합계	200		

검정 통계량

	grade
카이제곱	33.160[a]
자유도	3
근사 유의확률	.000

a. 0 셀 (0.0%)은(는) 5보다 작은 기대빈도를 가집니다. 최소 셀 기대빈도는 50.0입니다.

① H_0 : 공부방법에 대한 설문조사를 실시한 결과 각 학년의 회답자 수는 동일하다.

② 카이제곱 검정통계량 값 = 33.16일 때 p=0.000이고 <0.05 이므로 귀무가설을 기각한다. 따라서 공부방법에 대한 설문조사를 실시한 결과 각 학년의 회답자 수는 차이가 있다고 할 수 있다.

HW 1) 한 결혼식장에서 결혼식을 올린 부부의 수를 석 달 간격으로 분기별로 기록한 결과이다. 4-6월동안 탄생된 부부의 수가 다른 한 결혼식장에서 결혼식을 올린 부부의 수를 석 달 간격으로 분기별로 기록한 결과이다. 4-6월 동안 탄생된 부부의 수가 다른 3분기 중 각각에서 탄생된 부부의 수의 두 배라는 주장이 있다. 아래의 자료가 앞의 주장에 모순이 되는지를 검정하시오. (month.sav)

분기	1-3월	4-6월	7-9월	10-12월	계
O_i	60	109	57	74	300
E_i	60	120	60	60	300

HW 2) 재료 선호도 : 한 연구자가 환자들의 치아우식증(dental caries, 충치)치료에 쓰이는 재료의 선호도를 조사하려 한다. 최근 200명의 환자들의 치아우식증 치료에 쓰인 재료를 무작위로 선택하였다. 아래의 네 가지 재료가 똑같이 인기가 있다는 가설을 검정하시오. (치아우식증.sav)

표. 치아우식증 치료에 쓰인 네 가지 재료에 대한 선호도 자료

레진	복합레진	금	아말감	계
20	40	65	75	200

2) 이변량 χ^2-test

(1) 2×2 table

① 귀무가설 수립

H_0 : 두 가지 특성 A와 B는 서로 독립이다. (독립성 검정)

H_a : 두 가지 특성 A와 B는 종속이다.

② 검정통계량 (n이 충분히 클 때)

$$\chi^2 = \Sigma_{i=1}^{n} \Sigma_{j=1}^{c} \frac{(O_{ij} - E_{ij})^2}{E_{ij}}, \quad \text{where } E_{ij} = \frac{n_i \times n_j}{n}$$

③ $\alpha = 0.05$

④ 기각역

$\chi^2 > \chi^2((r-1)(c-1),\ \alpha)$

예제 1) 한 연구자가 컴퓨터 모니터를 매일 일정시간 보는 직업을 가진 남성은 남아보다 여아를 가질 확률이 높다고 주장한다. 400쌍의 신혼부부를 랜덤표본으로 택해 다음 자료를 얻었다. 이 자료가 컴퓨터 전자파에 대한 노출이 남 여아의 출생비율과 연관이 있다는 것을 입증하는가? (baby.sav)

	남아	여아	
컴퓨터 관련 종사자	45	85	130
컴퓨터 관련 비종사자	157	113	270
	202	198	400

▶ Hand calculation

① 귀무가설

H_0 : 컴퓨터 전자파에 대한 노출과 남 여아의 출생비율은 서로 독립이다.

H_a : 컴퓨터 전자파에 대한 노출과 남 여아의 출생비율은 종속이다.

② 검정통계량 계산

$$\chi^2 = \Sigma_{i=1}^{n} \Sigma_{j=1}^{c} \frac{(O_{ij} - E_{ij})^2}{E_{ij}}$$

$$= \frac{(45-65.65)^2}{65.65} + \frac{(85-64.35)^2}{64.35} + \frac{(157-136.35)^2}{136.35} + \frac{(113-133.65)^2}{133.65} = 19.44$$

$$E_{11} = \frac{202 \times 130}{400} = 65.65, \quad E_{12} = \frac{198 \times 130}{400} = 64.35$$

$$E_{21} = \frac{202 \times 270}{400} = 136.35, \quad E_{22} = \frac{198 \times 270}{400} = 133.65$$

③ 결론

$\chi^2 = 19.44$ 이고 > $\chi^2_{0.05}((2-1)(2-1)) = 3.84$(엑셀(=CHISQ.INV(0.95,1)⇒3.84)) 이므로 귀무가설을 기각한다. 따라서 컴퓨터 전자파에 대한 노출과 남 여아의 출생비율은 서로 연관성이 있다고 말할 수 있다.

▶ SPSS

분석 - 기술통계량 - 교차분석(2×2테이블 이상에서)

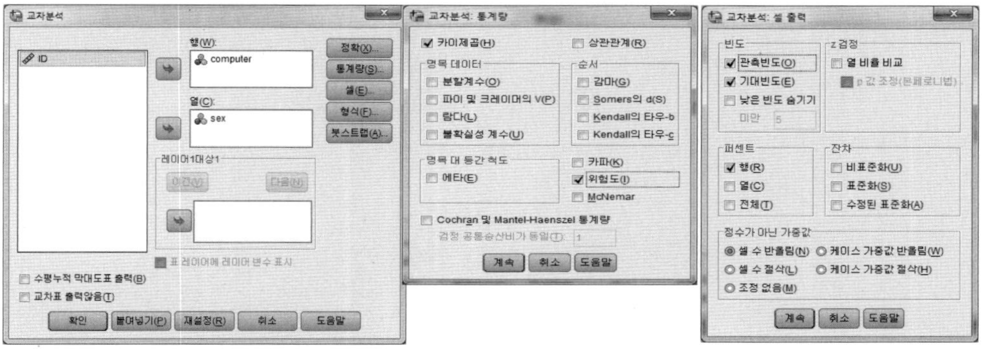

computer * sex 교차표

			sex 1.00	sex 2.00	전체
computer	1.00	빈도	45	85	130
		기대빈도	65.7	64.4	130.0
		computer 중 %	34.6%	65.4%	100.0%
	2.00	빈도	157	113	270
		기대빈도	136.4	133.7	270.0
		computer 중 %	58.1%	41.9%	100.0%
전체		빈도	202	198	400
		기대빈도	202.0	198.0	400.0
		computer 중 %	50.5%	49.5%	100.0%

OR=0.381

카이제곱 검정

	값	자유도	점근 유의확률 (양측검정)	정확한 유의확률 (양측검정)	정확한 유의확률 (단측검정)
Pearson 카이제곱	19.440[a]	1	.000		
연속수정[b]	18.510	1	.000		
우도비	19.672	1	.000		
Fisher의 정확한 검정				.000	.000
선형 대 선형결합	19.391	1	.000		
유효 케이스 수	400				

a. 0 셀 (0.0%)은(는) 5보다 작은 기대 빈도를 가지는 셀입니다. 최소 기대빈도는 64.35입니다.

b. 2x2 표에 대해서만 계산됨

① H_0 : 컴퓨터 전자파에 대한 노출과 남 여아의 출생비율은 서로 독립이다.

② 카이제곱 검정통계량 값=19.44일 때 p=0.000이고 <0.05 이므로 귀무가설 기각한다. 따라서 컴퓨터 전자파에 대한 노출과 남 여아의 출생비율은 서로 연관성이 있다고 말할 수 있다.

위험도 추정값

	값	95% 신뢰구간 하한	95% 신뢰구간 상한
computer (1.00 / 2.00)에 대한 승산비	.381	.247	.589
코호트 sex = 1.00	.595	.460	.770
코호트 sex = 2.00	1.562	1.294	1.886
유효 케이스 수	400		

		sex=2	sex=1
		여아	남아
computer=1	관 련	85	45
computer=2	비관련	113	157

OR=2.61

③ 어떤 연관성이 있는 지를 알아보기 위해 위험도 추정값을 살펴보면 위험도(odds ratio)는 0.381로 컴퓨터 전자파에 대한 노출에 대한 승산비의 값이다. 컴퓨터 관련 종사자가 남아를 출생할 확률이 여아를 출생할 확률보다 비관련 종사자에

비해 0.38배 높다는 것을 의미한다. 하지만 0.38배 높다는 것은 결국은 낮다는 것을 의미하고 1/0.381=2.62(=(85/45)/(113/157)=1.889/0.72)로 계산하여 해석한다. 따라서 컴퓨터 관련 종사자가 여아를 출생할 확률이 남아를 출생할 확률보다 비관련종사자에 비해 2.62배 더 높다는 것을 알 수 있다.

※ Odds Ratio (OR, 대응 위험도)

		Disease	
		Yes	No
Exposure	Yes	a	b
	No	c	d

$$\text{Odds Ratio} = \text{OR} = \frac{a/c}{b/d} = \frac{ad}{bc}$$

OR : 위험요인을 가진 그룹이 위험요인을 가지지 않는 그룹에 비해 질병에 걸릴 위험이 질병에 걸리지 않을 위험보다 OR(=2:예)배 만큼 존재한다.

HW 3) 미국의 한 Children's Center에서 330명의 4살짜리 어린이들을 대상으로 부정교합과 손가락 빠는 습관을 조사한 결과 다음의 분할표를 얻었다. 이 때 부정교합과 손가락 빠는 습관은 서로 관련이 있다고 결론 내릴 수 있는가? (nursery school.sav)

	Sucking	No Sucking	계
정상교합	19	87	106
부정교합	145	79	224
계	164	166	330

HW 4) 제약회사에서 퇴행성 관절염에 좋은 약을 개발하여 이 약이 얼마나 환자들에게 반응이 좋은지 결정하고 싶어 한다. 아래의 데이터를 이용하여 위의 귀무가설을 검정하여라. (drug.sav)

Treatment	Favorable	Unfavorable	Total
Placebo	16	48	64
Test	40	20	60
Total	56	68	124

(2) 동질성 검정

예제 1) 다른 직업을 가진 집단에서 알코올 중독자의 비율을 비교하기 위한 조사가 착수되어 성직자, 교육자, 회사중역, 상인들 집단에서 랜덤 표본을 택해 조사한 결과 다음의 표를 얻었다. 알코올 중독자의 비율이 직업에 따라 차이가 있다고 결론지을 수 있는가? (job.sav)

	알코올 중독	정상	계
성직자	32	268	300
교육자	51	199	250
중 역	67	233	300
상 인	83	267	350
계	233	967	1200

▶ Hand calculation

① 귀무가설

H_0 : 알코올 중독자의 비율이 직업에 따라 차이가 없다. (동질성 검정)

H_a : 알코올 중독자의 비율이 직업에 따라 차이가 있다.

② 검정통계량 계산

$$\chi^2 = \Sigma_{i=1}^{n} \Sigma_{j=1}^{c} \frac{(O_{ij}-E_{ij})^2}{E_{ij}}$$

$$= \frac{(32-58.25)^2}{58.25} + \frac{(51-48.54)^2}{48.54} + \frac{(67-58.25)^2}{58.25} + \frac{(83-67.96)^2}{67.96} +$$

$$\frac{(268-241.75)^2}{241.75} + \frac{(199-201.46)^2}{201.46} + \frac{(233-241.75)^2}{241.75} + \frac{(267-282.04)^2}{282.04}$$

$$= 20.596$$

$$E_{11} = \frac{233\times 300}{1200} = 58.25, \qquad E_{12} = \frac{967\times 250}{1200} = 241.75$$

$$E_{21} = \frac{233\times 250}{1200} = 48.54, \qquad E_{22} = \frac{967\times 250}{1200} = 201.46$$

$$E_{31} = \frac{233\times 300}{1200} = 58.25, \qquad E_{32} = \frac{967\times 250}{1200} = 241.75$$

$$E_{41} = \frac{233 \times 350}{1200} = 67.96,\ \ E_{42} = \frac{967 \times 350}{1200} = 282.04$$

③ 결론

$\chi^2 = 20.596$이고 $> \chi^2_{0.05}((4-1)(2-1)) = 7.82$ 이므로 귀무가설을 기각한다. 따라서 알코올 중독자의 비율이 직업에 따라 차이가 있다고 할 수 있다.

▶ SPSS

분석 - 기술통계량 - 교차분석(2×2테이블 이상에서)

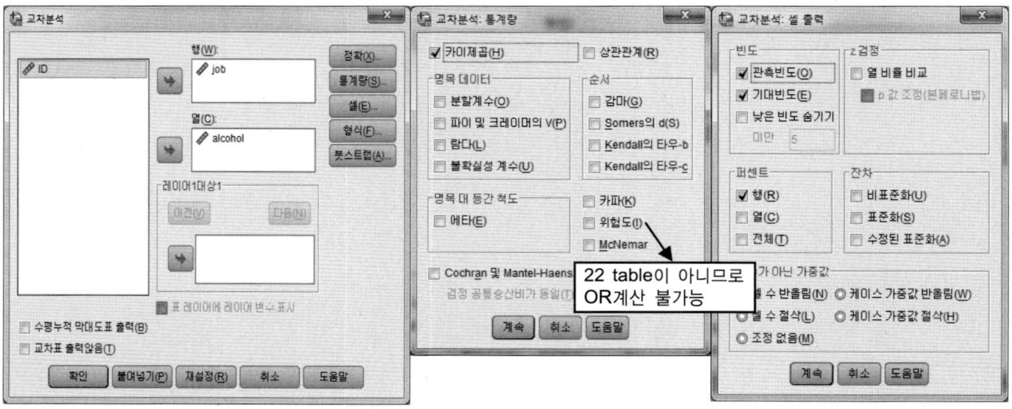

job * alcohol 교차표

			alcohol 1.00	alcohol 2.00	전체
job	1.00	빈도	32	268	300
		기대빈도	58.3	241.8	300.0
		job 중 %	10.7%	89.3%	100.0%
	2.00	빈도	51	199	250
		기대빈도	48.5	201.5	250.0
		job 중 %	20.4%	79.6%	100.0%
	3.00	빈도	67	233	300
		기대빈도	58.3	241.8	300.0
		job 중 %	22.3%	77.7%	100.0%
	4.00	빈도	83	267	350
		기대빈도	68.0	282.0	350.0
		job 중 %	23.7%	76.3%	100.0%
전체		빈도	233	967	1200
		기대빈도	233.0	967.0	1200.0
		job 중 %	19.4%	80.6%	100.0%

카이제곱 검정

	값	자유도	점근 유의확률 (양측검정)
Pearson 카이제곱	20.597[a]	3	.000
우도비	22.567	3	.000
선형 대 선형결합	16.994	1	.000
유효 케이스 수	1200		

a. 0 셀 (0.0%)은(는) 5보다 작은 기대 빈도를 가지는 셀입니다. 최소 기대빈도는 48.54입니다.

① H_0 : 알코올 중독자의 비율이 직업에 따라 차이가 없다

② 카이제곱 검정통계량 값= 20.597일 때 p=0.000이고 <0.05 이므로 귀무가설을 기각한다. 따라서 알코올 중독자의 비율이 직업에 따라 차이가 있다는 결론을 내릴 수 있다.

(3) 2XR table

- unordered category 에서의 분석으로 만약 유의한 차이가 발견되면 2×R의 테이블을 2×2 테이블로 나누어 유의성을 확인하여 더 자세한 정보를 얻어낼 수 있다.
- ordered category의 경우에는 다음장의 χ^2 - test for trend 방법으로 분석한다.

예제 1) 미얀마의 파다웅 부족의 여인들은 목이 길수록 미인으로 간주되는데 황동구리를 이용하여 5세 때부터 목을 늘린다고 한다. 이 지역의 여인들 중 86명의 Brass Neck Coil(BNC)를 착용한 집단과 43명의 BNC를 착용하지 않은 집단으로 나누어 Angle의 부정교합 분류를 조사하였다. 아래의 데이터를 사용하여 BNC를 착용한 집단과 착용하지 않은 집단간에 부정교합의 종류에서 차이가 있다고 말할 수 있는가? (부정교합.xls)

	정상	주걱턱	상악전돌	계
BNC	22	56	8	88
No BNC	25	11	7	43
	47	67	15	129

▶ SPSS

분석 - 기술통계량 - 교차분석

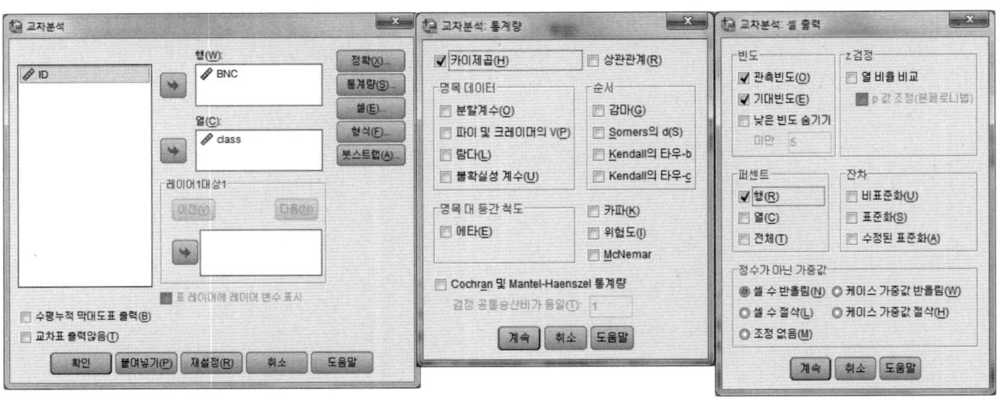

BNC * class 교차표

			class			전체
			1.00	2.00	3.00	
BNC	1.00	빈도	22	56	8	86
		기대빈도	31.3	44.7	10.0	86.0
		BNC 중 %	25.6%	65.1%	9.3%	100.0%
	2.00	빈도	25	11	7	43
		기대빈도	15.7	22.3	5.0	43.0
		BNC 중 %	58.1%	25.6%	16.3%	100.0%
전체		빈도	47	67	15	129
		기대빈도	47.0	67.0	15.0	129.0
		BNC 중 %	36.4%	51.9%	11.6%	100.0%

카이제곱 검정

	값	자유도	점근 유의확률 (양측검정)
Pearson 카이제곱	18.167[a]	2	.000
우도비	18.693	2	.000
선형 대 선형결합	4.442	1	.035
유효 케이스 수	129		

a. 0 셀 (.0%)은(는) 5보다 작은 기대 빈도를 가지는 셀입니다. 최소 기대빈도는 5.00입니다.

① H_0 : BNC를 착용한 집단과 착용하지 않은 집단간에 부정교합 종류에 따른 비율에는 차이가 없다.

② 카이제곱 검정통계량 값 = 18.17 일 때 p=0.000이고 <0.05 이므로 귀무가설을 기각한다. 따라서 BNC를 착용한 집단과 착용하지 않은 집단 간에 부정교합 분류에서 차이가 난다고 할 수 있다.

* 어떤 부정교합의 종류에서 BNC를 착용한 집단과 착용하지 않은 집단간에 더 높은 비율을 차지하는지를 알아 보기 위해 3×2 테이블을 3개의 2×2테이블로 만들어 분석해본다.

데이터 - 케이스 선택

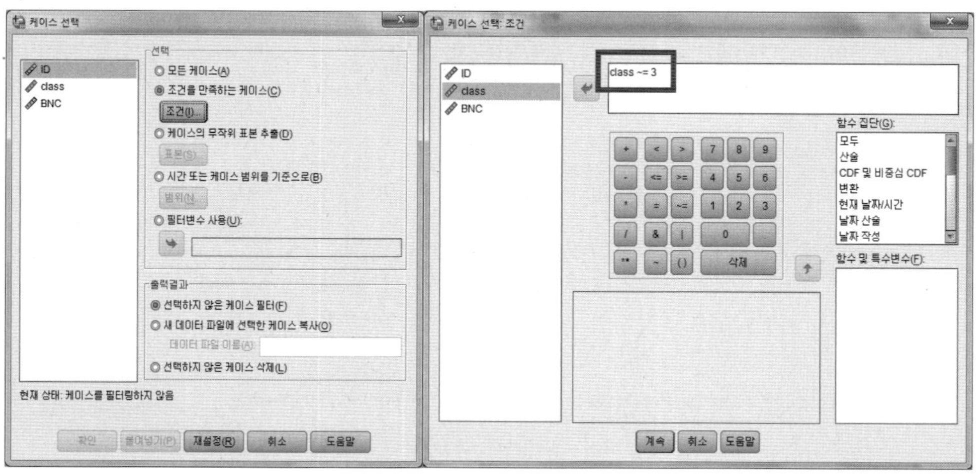

Class3 인 경우가 지워진다.

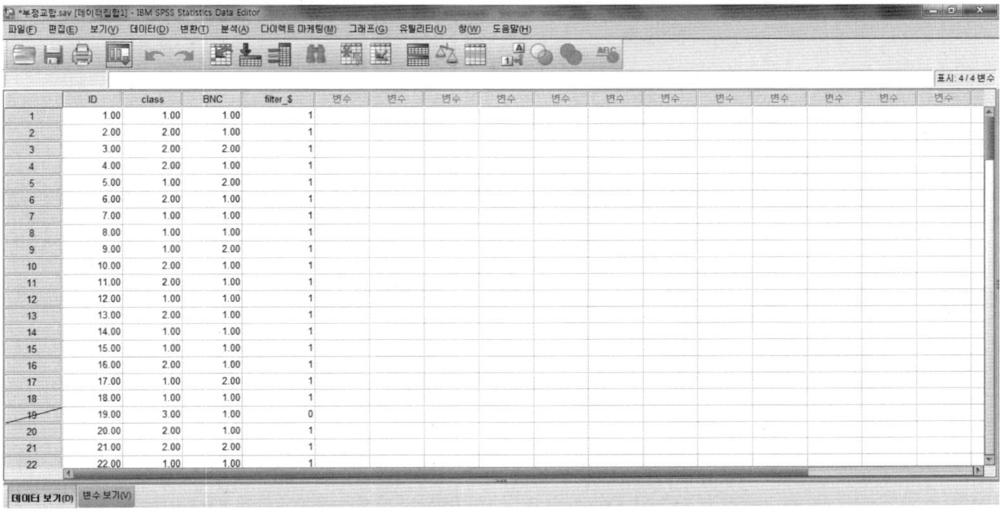

다시, 분석 - 기술통계량 - 교차분석

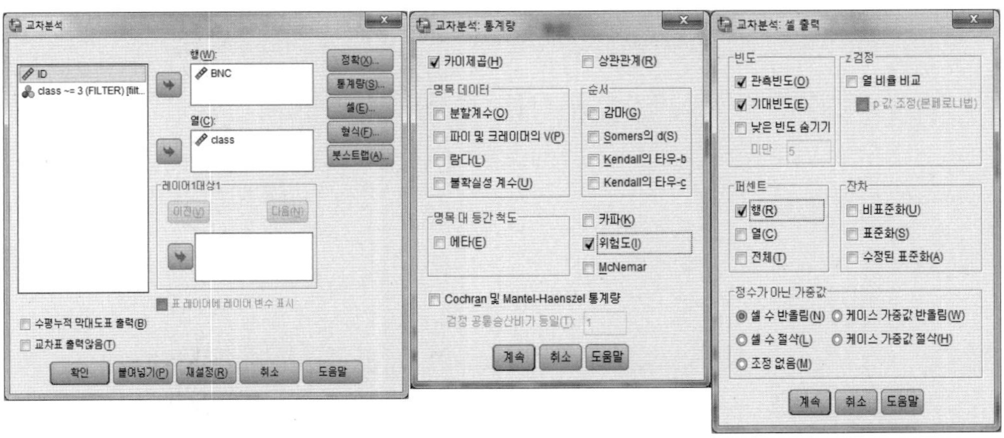

BNC * class 교차표

			class 1.00	class 2.00	전체
BNC	1.00	빈도	22	56	78
		기대빈도	32.2	45.8	78.0
		BNC 중 %	28.2%	71.8%	100.0%
	2.00	빈도	25	11	36
		기대빈도	14.8	21.2	36.0
		BNC 중 %	69.4%	30.6%	100.0%
전체		빈도	47	67	114
		기대빈도	47.0	67.0	114.0
		BNC 중 %	41.2%	58.8%	100.0%

위험도 추정값

	값	95% 신뢰구간 하한	95% 신뢰구간 상한
BNC (1.00 / 2.00)에 대한 승산비	.173	.073	.410
코호트 class = 1.00	.406	.268	.615
코호트 class = 2.00	2.350	1.409	3.920
유효 케이스 수	114		

카이제곱 검정

	값	자유도	점근 유의확률 (양측검정)	정확한 유의확률 (양측검정)	정확한 유의확률 (단측검정)
Pearson 카이제곱	17.288[a]	1	.000		
연속수정[b]	15.628	1	.000		
우도비	17.393	1	.000		
Fisher의 정확한 검정				.000	.000
선형 대 선형결합	17.137	1	.000		
유효 케이스 수	114				

a. 0 셀 (.0%)은(는) 5보다 작은 기대 빈도를 가지는 셀입니다. 최소 기대빈도는 14.84입니다.
b. 2x2 표에 대해서만 계산됨

① H_0 : BNC를 착용한 집단과 착용하지 않은 집단간에 정상인 경우와 주걱턱인 경우간의 비율에는 차이가 없다.

② 카이제곱 검정통계량 값 = 17.29일 때 p=0.000이고 <0.05 이므로 귀무가설을 기각한다.

③ 위험도(OR)= 0.173, 95% Confidence Interval(CI)= (0.073, 0.410)*
(*: 유의함(significant)을 의미)

BNC를 착용한 집단에서 착용하지 않은 집단에 비해 정상 교합일 확률이 주걱턱일 확률보다 0.173배(=(22/56)/(25/11)) 높다. 그러나 1보다 작은 값은 해석이 어렵기 때문에 1/0.173=5.78로 계산하여 BNC를 착용한 집단에서 착용하지 않은 집단에 비해 주걱턱일 확률이 정상 교합일 확률보다 5.78배(=(56/22)/(11/25)) 높다고 해석할 수 있다.

나머지의 경우에도 위와 같은 방법으로 분석을 하여 유용한 결론을 얻을 수 있다.

HW 5) 백인계 미국인에서 다른 나이를 가진 두 집단, 8~11세인 어린이와 12~17세인 청소년을 대상으로 랜덤표본을 택해 IOTN(index of Treatment Need)을 조사한 결과 다음의 표를 얻었다. 미국 어린이와 청소년에서 교정치료가 필요한 사람의 비율이 IOTN에 따라 차이가 있다고 결론지을 수 있는가? (미국어린이와 청소년 중에서 교정치료가 필요한 등급) (IOTN.sav)

	Child(8-11)	Youth(12-17)	계
No need	68	90	158
Minimal	40	38	78
Moderate	76	50	126
Definite	16	22	38
계	200	200	400

Fisher's exact test

- 범주형 자료에서 표본의 크기가 작은 경우($n<20$)
- 적어도 하나의 테이블 셀의 값이 10 미만인 경우가 존재하는 경우
- 불균형 테이블(unbalanced data)과 테이블의 한 개의 셀 혹은 두 개의 셀이 0인 경우
- 2×2 테이블에서 두 개의 변수 사이의 관련성을 검정하는데 사용
- 초기하 분포에 의하여 직접 확률을 계산하여 검정하는 방법

① 귀무가설 수립

H_0 : 각 부차 모집단 $i = 1,2, \cdots, c$ 와 $j = 1,2, \cdots, r$에 대해

$$p_{i1} = p_{i2} = \quad = p_{ir}$$

H_a : not H_0

② $\alpha=0.05$

③ 표본 크기가 작은 경우 카이제곱 분포에 의한 접근은 오차가 크므로 Fisher's exact test로 확률을 계산해야 한다. 초기하 분포(hypergeometric)에 의하여 확률을 계산하여 검정한다.

a	b	a+b
c	d	c+d
a+c	b+d	N

$$p_{ij} = \frac{(a+b)!\ (a+c)!\ (b+d)!\ (c+d)!}{N!\ a!\ b!\ c!\ d!}$$

양측검정에서의 p값 = 양쪽 tail에서 관측된 분할표의 p값과 그보다 작은 p값의 합

단측검정에서의 p값 = 한쪽 tail에서의 관측된 분할표의 p값과 그보다 작은 p값의 합

④ $p >$ 유의수준(0.05) : 귀무가설 기각실패

$p <$ 유의수준(0.05) : 귀무가설 기각

예제 1) 비행청소년이 다른 정상군의 청소년에 비해 자신의 나쁜 시력을 인지하고 안경을 쓰고 있을까? (delinq.sav)

	Juvenile delinquents	Non-delinquents	Total
Spectacle wears	1	5	6
No wears	8	2	10
Total	9	7	16

Spec * delinquent 교차표

			delinquent 1.00	delinquent 2.00	전체
Spec	1.00	빈도	1	5	6
		기대빈도	3.4	2.6	6.0
	2.00	빈도	8	2	10
		기대빈도	5.6	4.4	10.0
전체		빈도	9	7	16
		기대빈도	9.0	7.0	16.0

4개의 셀 중 3개의 기대빈도가 5이하이므로 Fisher's Exact test를 사용한다.

① 귀무가설 : 비행청소년과 정상군의 청소년이 자신의 나쁜 시력을 인지하고 안경을 쓰고 있는 비율은 같다.

② 일정한 조건 하에서 7가지의 도수분포가 가능하다.

0	6
9	1

1	5
8	2

2	4
7	3

3	2
6	4

4	2
5	5

5	1
4	6

6	0
3	7

③ 초기하 분포 이용 p 계산

	a	b	c	d	P
(1)	0	6	9	1	0.00087
(2)	1	5	8	2	0.02360
(3)	2	4	7	3	0.15734
(4)	3	3	6	4	0.36713
(5)	4	2	5	5	0.33042
(6)	5	1	4	6	0.11014
(7)	6	0	3	7	0.01049
Total					0.99999

$$= \frac{(0+6)!\ (0+9)!\ (9+1)!\ (6+1)!}{16!\ 9!\ 6!\ 1!\ 0!}$$

$$= \frac{10!\ 7!}{16!} = 0.000874$$

(엑셀에서 $= \frac{FACT(10)\ FACT(7)}{FACT(16)}$)

④

P = 0.00087 + 0.02360 = 0.024 (단측검정)

P = 0.00087 + 0.02360 + 0.01049 = 0.035 (양측검정)

(Add up P <= 0.02360)

▶ SPSS

분석 - 기술통계량 - 교차분석

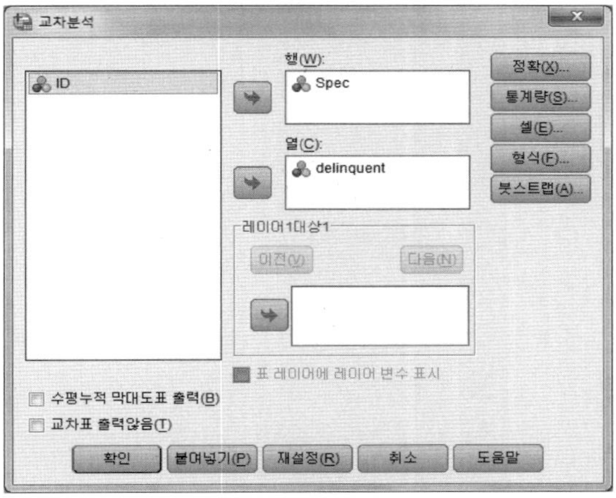

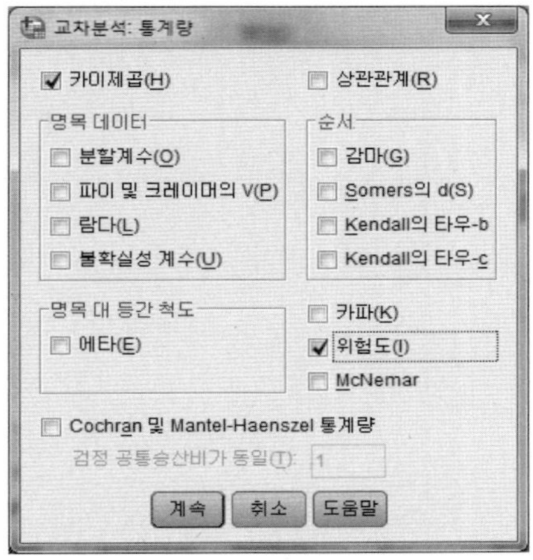

카이제곱 검정

	값	자유도	점근 유의확률 (양측검정)	정확한 유의확률 (양측검정)	정확한 유의확률 (단측검정)
Pearson 카이제곱	6.112[a]	1	.013		
연속수정[b]	3.810	1	.051		
우도비	6.515	1	.011		
Fisher의 정확한 검정				.035	.024
선형 대 선형결합	5.730	1	.017		
유효 케이스 수	16				

a. 3 셀 (75.0%)은(는) 5보다 작은 기대 빈도를 가지는 셀입니다. 최소 기대빈도는 2.63입니다.
b. 2x2 표에 대해서만 계산됨

P = 0.035 (양측검정) 로 < 0.05 이므로 귀무가설을 기각한다.

따라서 비행청소년이 다른 정상군의 청소년에 비해 자신의 나쁜 시력을 인지하고 안경을 쓰고 있는 비율은 같지 않다고 할 수 있다.

위험도 추정값

	값	95% 신뢰구간	
		하한	상한
Spec (1.00 / 2.00)에 대한 승산비	.050	.004	.706
코호트 delinquent = 1.00	.156	.023	1.047
코호트 delinquent = 2.00	3.111	.943	10.266
유효 케이스 수	16		

비행 청소년 군에서는 대조 군에 비해 자신의 나쁜 시력을 인지하고 안경을 쓸 확률이 쓰지 않을 확률보다 0.05배(=(1/8)/(5/2))로, 자신의 나쁜 시력을 인지하지 못하고 안경을 쓰지 않을 확률은 쓸 확률보다 20(1/0.05=(8/1)/(2/5))배 더 높다고 할 수 있다.

	안경○	안경×
비행	1	8
정상	5	2

OR=0.05

	안경×	안경○
비행	8	1
정상	2	5

OR=20

HW 6) 40명의 교정치료를 하고 있는 청소년들 중 두 그룹으로 나누어 한 그룹은 Labial fixed appliance를 또 다른 그룹은 Lingual fixed appliance를 장착하였을 때 뺨의 불편함(Check discomfort)을 조사한 결과 다음의 분할표를 얻었다. 이때 두 그룹간의 뺨의 불편함에 차이가 있다고 결론을 내릴 수 있을까? (discomfort.sav)

	Yes	No	계
LA	17	3	20
LI	7	13	20
계	24	16	40

HW 7) 서울 시내의 대학에 다니는 학생들 중 무작위로 남녀 50명씩 추출하여 성별과 집에서 애완동물을 기르고 있는지에 대한 설문조사를 실시하였다. 이 회답결과를 크로스 집계했더니 다음과 같은 2×2분할표가 얻어졌다. (pet.sav)

성별에 따라 애완동물을 기르는지의 여부에 차이가 있다고 할 수 있는가?

	남	여
기르고 있다	3	9
기르고 있지 않다	47	41

χ^2 - test for trend
(2 × k for table for ordered category)

① 귀무가설 수립

H_0 : No trend in the population

H_a : Trend in the population

② α = 0.05

③ 검정통계량

$$\chi^2_{\text{trend}} = \frac{[\Sigma_{i=1}^{k} r_i v_i - R\mu]^2}{p(1-p)[\Sigma_{i=1}^{k} n_i v_i^2 - N\mu^2]}$$

(k = gps

r_i success out of total n_i with score v_i assigned

R = sum of all r_i

N = sum of all n_i

$$p = \frac{R}{N}$$

$$\mu = \Sigma_{i=1}^{k} \frac{n_i v_i}{N}$$

v_i = exposure level(폭로수준), own score을 주는 것으로 일반적으로 ID로 0,1,2~/1.2,3~을 사용하며 차이가 극심한 경우에는 1,2,5~ 이런 식으로 부여하여 계산하기도 한다.)

④ 기각역

$\chi^2_{\text{trend}} > \chi^2(1, \alpha)$

※ β = 0의 검정 같이 선형관계의 검정과 의미가 같기 때문에 자유도가 1인 경우를 기각값으로 사용한다.

예제 1) 신발사이즈와 제왕절개와의 관계 (shoe.sav)

		Shoe size (k=6)						
(v_i)		<4(0)	4(1)	4.5(2)	5(3)	5.5(4)	6+(5)	
Caesarean Section	Yes (r_i)	5	7	6	7	8	10	R=43
	No	17	28	36	41	46	140	
	n_i	22	35	42	48	54	150	N=351

▶ Hand calculation

① 귀무가설 : 신발 사이즈와 제왕절개에 의해 아이를 낳는 여성의 비율은 강한 선형 경향(linear trend)이 없다.

② 대립가설 : 신발 사이즈와 제왕절개에 의해 아이를 낳는 여성의 비율은 강한 선형 경향(linear trend)이 있다.

③ 검정통계량

($k = 6$

r_i success out of total n_i with score v_i assigned

R = sum of all r_i

N = sum of all n_i

$$p = \frac{43}{351} = 0.1225$$

$$\mu = \Sigma_{i=1}^{6} \frac{n_i v_i}{N} = \frac{22\times0+35\times1+42\times2+...+54\times4+150\times5}{351} = 3.5014$$)

$$\therefore \chi^2_{\text{trend}} = \frac{[(5\times0+7\times1+6\times2+...+8\times4+10\times5)-43\times3.5014]^2}{0.1225(1-0.1225)[(22\times0^2+35\times1^2+42\times2^2+...+54\times4^2+150\times5^2)-351\times3.5014^2]}$$

$$= \frac{815.685}{101.6686} = 8.023$$

③ 결론

$\chi^2_{\text{trend}} = 8.023$으로 > $\chi^2_{0.05}(1) = 3.841$ 이므로 귀무가설을 기각한다.

따라서 신발 사이즈와 제왕절개에 의해 아이를 낳는 여성의 비율은 강한 선형경향성이 있다고 할 수 있다.

▶ SPSS

이미 빈도수로 계산된 자료이기 때문에 숫자의 의미가 빈도라는 것을 나타내기 위해 가중케이스를 지정한다.

데이터 - 가중케이스

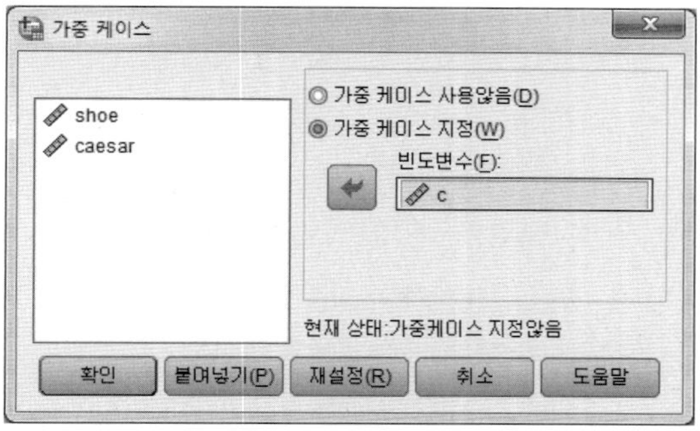

분석 - 기술통계량 - 교차분석

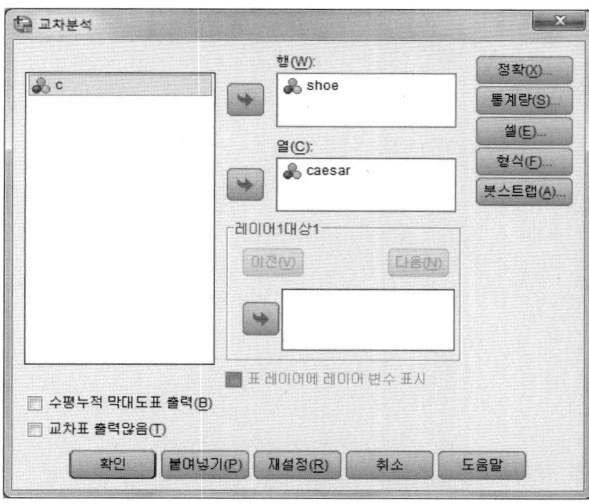

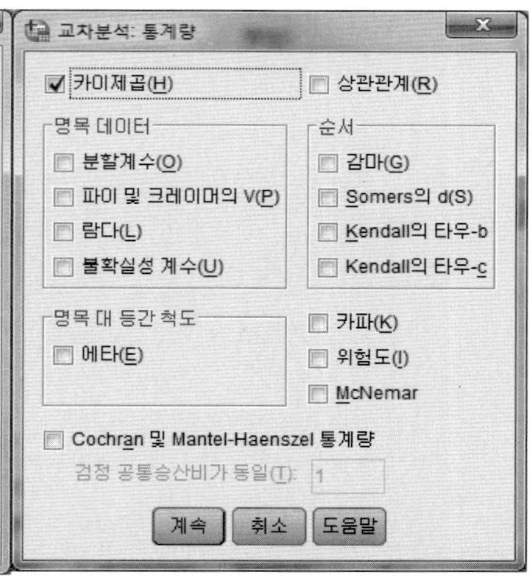

① 귀무가설 : 신발 사이즈와 제왕절개에 의해 아이를 낳는 여성의 비율은 강한 선형 경향(linear trend)이 없다.

② 결과해석

카이제곱 검정

	값	자유도	점근 유의확률 (양측검정)
Pearson 카이제곱	9.287ª	5	.098
우도비	9.344	5	.096
<u>선형 대 선형결합</u>	<u>8.001</u>	<u>1</u>	<u>.005</u>
유효 케이스 수	351		

a. 2 셀 (16.7%)은(는) 5보다 작은 기대 빈도를 가지는 셀입니다. 최소 기대빈도는 2.70입니다.

선형 대 선형결합

⇒ χ^2 - test for trend

χ^2= 8.001일 때 p=0.005이고 < 0.05이므로 귀무가설을 기각한다.

따라서 신발 사이즈와 제왕절개에 의해 아이를 낳는 여성의 비율은 강한 선형 경향성이 있다고 할 수 있다.

그러나 이것은 직접적인 causal relationship(인과관계)를 의미하지 않는다.

HW 8) 영국의 Ellensmere Port에 사는 6세 미만의 어린이들을 대상으로 General Dentist Service (GDS) 치과의사에 등록된 어린이들 2173명, 등록되지 않은 어린이들 2900명을 대상으로 경제상태(1-5)를 조사하였다. 풍요롭게 사는 어린이는 1점, 가난하게 살고 있는 어린이는 5점을 부여하여 Super Profiles Socioeconomic status에 의해 측정되었다. 데이터가 아래와 같을 때 GDS 치과의사에 등록된 어린이들과 등록되지 않은 어린이들 사이에 경제 상태에 차이가 있는지 알아보고 차이가 있다면 어떤 경향성이 있는지 알아보아라. (status.sav)

	1	2	3	4	5	Total
GDS	301	834	120	184	734	2173
Unregistered	264	794	125	269	1448	2900

HW 9) 다음 데이터는 14세 소년과 소녀가 침대에서 보낸 시간을 보여주는 테이블이다. (Macgregor and Balding, 1988) (timeinbed.sav)

① 남녀간의 distribution을 비교하기 위해 어떤 통계방법이 적절한가?

② 남녀간에 침대에서 보내는 시간은 유의한 차이를 가지는가?

	Time spent in bed (hours)								
	≤7.0	7.5	8.0	8.5	9.0	9.5	10.0	>10.0	Total
Boys	88	109	210	324	359	313	182	85	1670
Girls	92	108	217	349	436	334	198	65	1799
Total	180	217	427	673	795	647	380	150	3469

Mc-Nemar's test

- 동일한 대상에 대하여 사전 사후 검정 시에 사용되며 짝지어진 쌍(pair)들의 연속변수일 경우에는 paired t-test가 사용되지만 명칭척도(+/-, 0/1)일 경우에는 Mc-Nemar test가 사용되어진다.
- 2×2 table 검정 시에 사용한다.

	Test 2 positive	Test 2 negative	Row total
Test 1 positive	n_{11}	n_{12}	n_{1+}
Test 1 negative	n_{21}	n_{22}	n_{2+}
Column total	n_{+1}	n_{+2}	n

연구자는 Test 1과 Test 2에서 반응률이 서로 같은지를 알아보는데 있다.

① 귀무가설 수립

H_0 : b=c vs. H_a : b≠c

(b, c : discordant cells : pairs with a difference)

a, d : concordant cells)

② 검정통계량

$$\chi^2 = \frac{(n_{12}-n_{21})^2}{(n_{12}+n_{21})}$$

그러나 기대빈도가 작을 때에는($n_{12}+n_{21}<25$) 수정된 공식을 사용하거나 binomial distribution(이항분포)를 사용한다.

$$-\ \chi^2 = \frac{(|n_{12}-n_{21}|-1)^2}{(n_{12}+n_{21})}$$

– Mc Nemar's test using binomial distribution

a	b
c	d

$n = b+c$, x = number of one of these two cases

$p = 2\times[\mathrm{P}(X \leq x \mid n,p) = \Sigma_{X=0}^{x}\binom{n}{x}(0.5)^x(1-0.5)^{n-x}]$

③ 기각역

$\chi^2 > \chi^2(1, \alpha)$

예제 1) 다음 데이터를 마리화나 유저들과 matched controls(대조군)들 간에 수면장애 (sleeping difficulties)를 가지는 혹은 가지지 않는 사람들의 숫자를 2×2 테이블 (paired sample)에 나타내고 있다. 다음과 같은 데이터를 가질 때 어떤 통계방법을 사용해야 하는가? (sleeping.xls)

		Marijuana gp		
		+	-	
Control gp	+	4	9	13
	-	3	16	19
		7	25	32

▶ Hand calculation

① 귀무가설 수립

H_0 : 마리화나 유저들과 그렇지 않은 사람들 간의 수면장애 여부에 차이가 없다.

H_a : 마리화나 유저들과 그렇지 않은 사람들 간의 수면장애 여부에 차이가 있다.

② $\alpha=0.05$

③ 검정결과

기대빈도가 25보다 작기 때문에 수정된 공식이나 이항분포를 이용하여 검정할 수 있다.

$$- \chi^2 = \frac{(|n_{12} - n_{21}| - 1)^2}{(n_{12} + n_{21})} = \frac{(|9-3|-1)^2}{9+3} = \frac{25}{12} = 2.08$$

$\chi^2 = 2.08 < \chi^2(1, 0.05) = 3.841$이므로 귀무가설을 기각할 수 없다.

– Mc Nemar's test using binomial distribution

4	9
3	16

n= 9+3= 12, x= 3 (or 9), p=0.5 일 때

표 (cumulative Binomial Probability Distribution)을 이용하여 찾아보면 p = 0.0730×2 (two-tailed) = 0.146이다.

p=0.146으로 >0.05이므로 귀무가설을 기각할 수 없다.

따라서 마리화나 유저들과 그렇지 않은 사람들 간의 수면장애 여부에 차이가 없다고 할 수 있다.

▶ SPSS

분석 - 기술통계량 - 교차분석

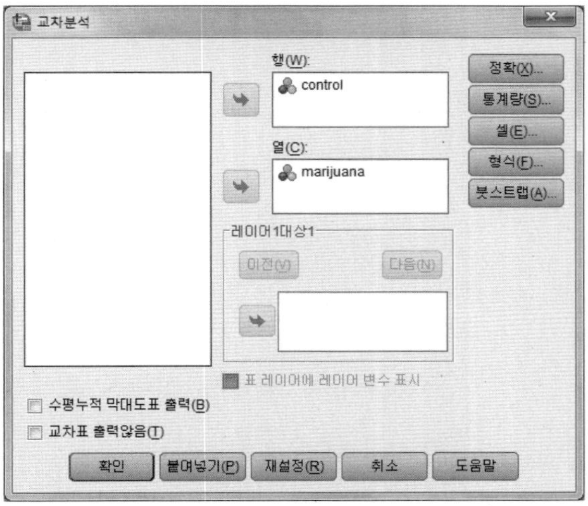

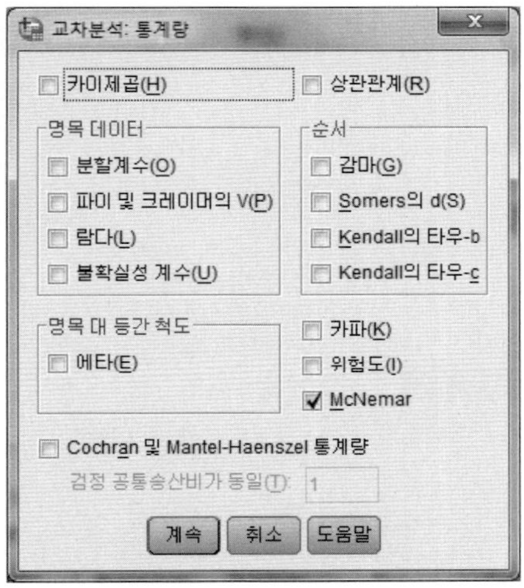

control * marijuana 교차표

빈도

		marijuana		전체
		1.00	2.00	
control	1.00	4	9	13
	2.00	3	16	19
전체		7	25	32

카이제곱 검정

	값	정확한 유의확률 (양측검정)
McNemar 검정		.146[a]
유효 케이스 수	32	

a. 이항분포를 사용함.

p=0.146으로 > 유의수준 0.05이므로 귀무가설을 기각한다.

따라서 마리화나 유저들과 그렇지 않은 사람들 간의 수면장애 여부에 차이가 없다고 할 수 있다.

SPSS의 경우에는 도수에 관계없이 이항분포를 이용하여 검정을 실시하고 있다.

HW 10) 결혼한 지 3년 된 남성60명을 대상으로 결혼 전후의 경제생활의 만족도를 조사한 자료이다. 이 자료에 대해 결혼 전과 결혼 후의 경제생활의 만족도에 있어서 차이가 있는지 알아보자. (satisfy.xls)

결혼전 \ 결혼후	만족	불만족	합
만족	23	7	30
불만족	18	12	30
합	41	19	60

HW 11) 구강암의 재발 검사를 위해 CT와 PET CT를 시행하고 효과를 검정하였다. 이 자료에 대해 CT와 PET CT 시행의 효과에 차이가 있는지 알아보자. (oral.xls)

		CT로 진단		
		재발(-)	재발(+)	
PET CT로 진단	재발(-)	10	20	30
	재발(+)	5	30	35
		15	50	65

Cochran-Mantel-Haenszel (CMH) χ^2-test for stratified data

– 층화된 자료를 분석하고자 할 때 적절하게 사용된다.
즉 여러 개의 그룹이 있을 때 두 처리 간 반응률의 차이가 있는지를 검정하는 것이다.

[첫번째 층에서의 처리와 반응간의 관계]

처리 \ 반응여부	반응	반응 안함	합계
1	n_{111}	n_{121}	n_{1+1}
2	n_{211}	n_{221}	n_{2+1}
합계	n_{+11}	n_{+21}	n_{++1}

[두번째 층에서의 처리와 반응간의 관계]

처리 \ 반응여부	반응	반응 안함	합계
1	n_{112}	n_{122}	n_{1+2}
2	n_{212}	n_{222}	n_{2+2}
합계	n_{+12}	n_{+22}	n_{++2}

① 귀무가설 수립

H_0 : $OR_1 = OR_2 = \ldots = OR_k = 1$ or $p_1 = p_2$

H_a : 적어도 하나의 $OR_k \neq 1$ or $p_1 \neq p_2$

② 검정통계량

$$Q_{CMH} = \frac{(\Sigma_{k=1}^{K}(n_{11k} - E(n_{11k})))^2}{\Sigma_{k=1}^{K} Var(n_{11k})}$$

$$E(n_{11k}) = \frac{n_{1+k} \cdot n_{+1k}}{n_{++k}} , \quad Var(n_{11k}) = \frac{n_{1+k} \cdot n_{2+k} \cdot n_{+1k} \cdot n_{+2k}}{{n_{++k}}^2 (n_{++k} - 1)}$$

③ 기각역

$\chi^2 > \chi^2(1, \alpha)$

예제 1) 미국에서 치아 총생(dental crowding)의 원인이 되는 제 3대구치의 역할에 관한 교정과 의사와 구강외과 의사의 의견을 조사하는 연구가 시행되었다.

"Do erupting third molars exert anterior force?"

	Yes	No	
Orthodontists			
-Maxilla	112	266	378
-Mandible	218	160	378
	330	426	756
Surgeons			
-Maxilla	255	177	432
-Mandible	338	94	432
	593	271	864

"제3대구치의 맹출이 앞쪽으로 몰리는 힘을 발생시키는가?"라고 교정과 의사와 구강외과 의사에게 질문했을 때 상악과 하악에 대하여 Yes와 No로 위와 같이 답변하였다. (crowding.sav)

▶ Hand calculation

① 귀무가설 수립

H_0 : 상악과 하악의 앞쪽으로 몰리는 힘에는 차이가 없다.

H_a : 상악과 하악의 앞쪽으로 몰리는 힘에는 차이가 있다.

② 검정통계량 (K=2)

$$E(n_{111}) = \frac{n_{1+1} \cdot n_{+11}}{n_{++1}} = \frac{330 \times 378}{756} = 165$$

$$E(n_{112}) = \frac{n_{1+2} \cdot n_{+12}}{n_{++2}} = \frac{593 \times 432}{864} = 296.5$$

$$Var(n_{111}) = \frac{n_{1+1} \cdot n_{2+1} \cdot n_{+11} \cdot n_{+21}}{n_{++1}^2 (n_{++1} - 1)} = \frac{330 \times 426 \times 378 \times 378}{756^2 (756 - 1)} = 46.54967$$

$$Var(n_{112}) = \frac{n_{1+2} \cdot n_{2+2} \cdot n_{+12} \cdot n_{+22}}{n_{++2}^{2}(n_{++2}-1)} = \frac{593 \times 271 \times 432 \times 432}{864^2(864-1)} = 46.55359$$

$$Q_{CMH} = \frac{(\Sigma_{k=1}^{K}(n_{11k} - E(n_{11k})))^2}{\Sigma_{k=1}^{K} Var(n_{11k})} = \frac{((112-165)+(255-296.5))^2}{(46.54967+46.55359)} = 95.92$$

③ $Q_{CMH} = 95.92 > \chi^2(1,\ 0.05) = 3.841$이므로 귀무가설을 기각한다. 따라서 상악과 하악의 앞쪽으로 몰리는 힘에는 차이가 있다.

▶ SPSS

이미 빈도수로 계산된 자료이기 때문에 숫자의 의미가 빈도라는 것을 나타내기 위해 가중케이스를 지정한다.

데이터 - 가중케이스

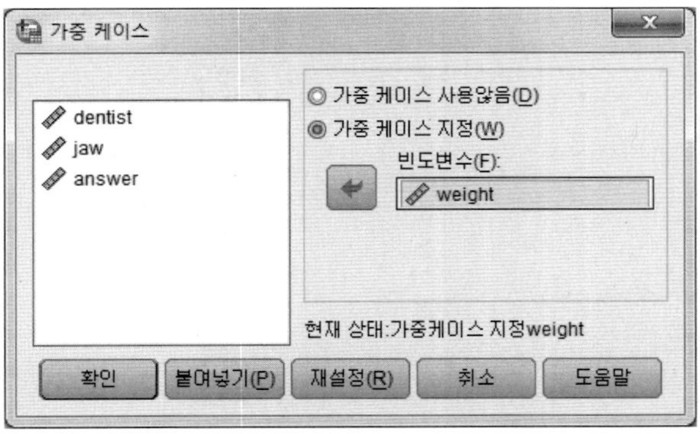

분석 - 기술통계량 - 교차분석

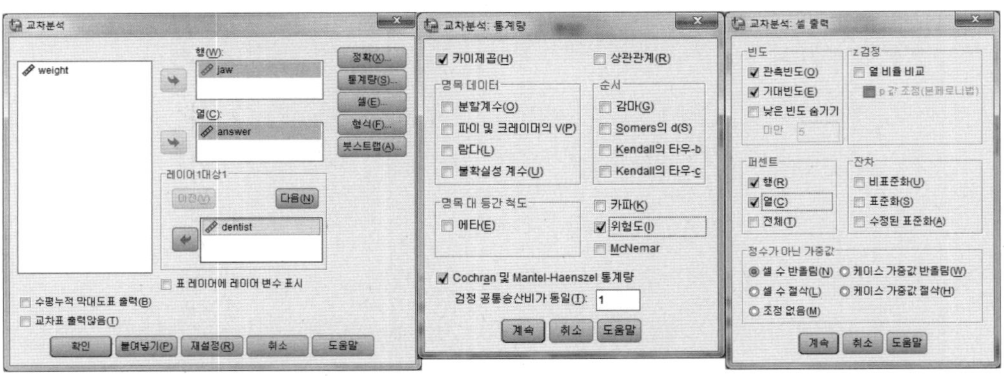

1) 승산비의 동질성 검정

승산비의 동질성 검정

	카이제곱	자유도	근사 유의확률 (양측검정)
Breslow-Day	1.445	1	.229
Tarone의	1.445	1	.229

① Breslow and Day's test for homogeneity of Odds Ratio

H_0 : OR_{ortho} = OR_{surg} (각 층마다 존재하는 OR들은 서로 동질하다.)

② 결과해석

P=0.229로 >0.05이므로 귀무가설을 채택할 수 있으므로 이들 각 층은 서로 동질적인 OR을 가지므로 교정과 의사와 구강외과 의사의 판단에는 차이가 없다는 결론을 내릴 수 있다.

따라서 동질적이기 때문에 OR for pooled (CMH)를 구할 수 있다.

동질적이지 않다면 가정에 위배되므로 다른 방법(로지스틱 회귀분석)으로 OR을 구해야 할 것이다.

2) 조건부 독립성 검정

조건부 독립성 검정

	카이제곱	자유도	근사 유의확률 (양측검정)
Cochran의	96.037	1	.000
Mantel-Haenzel	94.905	1	.000

조건부 독립성 가정하에서 Mantel-Haenszel 통계량은 자유도 1인 카이제곱 분포를 항상 근사적으로 따르는 반면, Cochran의 통계량은 계층 수가 고정되어 있을 경우에만 자유도 1인 카이제곱 분포를 근사적으로 따릅니다. 관측값과 예측값 차이의 합이 0일 때 Mantel-Haenszel 통계량에서 연속수정이 제거됩니다.

① 귀무가설

H_0 : 상악과 하악의 앞쪽으로 몰리는 힘에는 차이가 없다.

② 결과해석

두 방법의 통계량에 대해 p=0.000로 <0.05이므로 귀무가설을 기각하므로 상악과 하악의 앞쪽으로 몰리는 힘에는 차이가 있다고 할 수 있다.

③ Mantel-Haenzel 공통 승산비

Mantel-Haenszel 공통승산비

추정값			.353
자연로그(추정값)			-1.043
자연로그(추정값)의 표준오차			.108
근사 유의확률 (양측검정)			.000
95% 근사 신뢰구간	공통승산비	하한	.285
		상한	.436
	자연로그(공통승산비)	하한	-1.254
		상한	-.831

Mantel-Haenszel 공통승산비 추정값은 공통승산비가 1.000이라는 가정하에서 근사적으로 정규분포를 따르므로 추정값의 자연로그도 근사적으로 정규분포를 따릅니다.

Adjusted OR for pooled (CMH) = 0.353

95% Confidence Interval (CI) = (0.285, 0.436)*

교정과 의사 혹은 구강외과 의사라는 교란변수의 영향을 보정한 후에도 상악에 비해 하악에서 제 3대구치의 맹출이 1/0.353=2.83배 앞쪽으로 몰리는 힘을 발생시켜 치아의 총생을 발생 시킬 수 있다고 대답하였다.

④ 위험도 추정값

위험도 추정값

dentist		값	95% 신뢰구간 하한	95% 신뢰구간 상한
1.00	jaw (1.00 / 2.00)에 대한 승산비	.309	.229	.417
	코호트 answer = 1.00	.514	.430	.614
	코호트 answer = 2.00	1.663	1.453	1.902
	유효 케이스 수	756		
2.00	jaw (1.00 / 2.00)에 대한 승산비	.401	.297	.540
	코호트 answer = 1.00	.754	.687	.828
	코호트 answer = 2.00	1.883	1.524	2.327
	유효 케이스 수	864		
전체	jaw (1.00 / 2.00)에 대한 승산비	.378	.309	.464
	코호트 answer = 1.00	.660	.604	.721
	코호트 answer = 2.00	1.744	1.547	1.966
	유효 케이스 수	1620		

제3대구치의 맹출에 의해 교정과 의사는 하악에서 1/0.309=3.236배 더 상악보다 앞쪽으로 몰리는 힘이 있다고 대답했으며, 구강외과 의사도 하악에서 1/0.401=2.496배 더 상악보다 앞쪽으로 몰리는 힘이 있다고 대답하였다.

즉, 교정과, 구강외과 의사 모두 하악에서 더 제3대구치의 맹출이 앞쪽으로 몰리는 힘을 발생시켜 치아의 총생을 발생 시킬 수 있다고 생각했다.

OR for Orthodentists = 0.309 95% CI = (0.229, 0.417)*
OR for Surgeons = 0.401 95% CI = (0.297, 0.540)*

HW 12) 다음의 표는 4개의 병원의 호흡이 곤란한 환자들을 기존 치료제와 새로운 치료제에 랜덤하게 할당한 후 치료제로 치료받게 한 후 호전의 유무를 조사한 자료이다. 연구자가 알고 싶은 것은 치료제에 따라 호전도의 차이가 있는 가 이며, 병원의 효과를 제어하고 싶어 한다. (breath.sav)

병원	치료제	호전	호전되지 않음	합계
A	기존 치료제	9	5	14
	새로운 치료제	11	6	17
합계		20	11	31
B	기존 치료제	7	5	12
	새로운 치료제	8	3	11
합계		15	8	23
C	기존 치료제	4	6	10
	새로운 치료제	7	3	12
합계		11	11	22
D	기존 치료제	18	11	29
	새로운 치료제	26	4	30
합계		44	15	59
전체 합계		90	45	135

HW 13) Charig et al.(1986)은 kidney stones 사이즈(large/small)에 따라 2개의 치료 방법의 성공률을 비교하였다. 사이즈에 따라 2개의 치료 방법의 성공률에 차이가 있을까? (stonesize.sav)

(A: open procedures/ B: percutaneous nephrolithotomy)

Stone size	Outcome	Treatment A	Treatment B
Small	Success	81	239
	Failure	6	36
Large	Success	192	55
	Failure	71	25

Workbook 6.

Sample size and Power

Sample size and power

- 적절하지 않은 샘플수로 연구를 디자인 하는 것은 연구에 대한 잘못된 결론을 내릴 수 있고 심지어 환자에게 부적절한 치료로 이어질 수 있다.

- 너무 적은 표본으로 연구를 한다면 낮은 통계적인 검정력을 가질 수 있고 결론을 내릴 수 없는 경우가 생긴다. 혹은 정확하지 않은 결론을 얻을 수 있고 이와 같은 결론은 저널에서 받아들여지기 어렵다.

- 너무 많은 표본으로 연구를 한다면 자원(시간, 돈등)을 낭비할 수 있고 추적관찰되는 기간 중의 도중탈락(Follow-up loss)이 발생할 수 있으며 비윤리적인 문제이다.

- 가설검정은 표본정보를 바탕으로 이루어지기 때문에 오류가 발생할 확률이 항상 존재한다.

1) 오류의 정의

- 제1종 오류(α)= P(Reject H_0 | H_0 : True): 맞았는데 틀렸다고 할 확률
- 제2종 오류(β)= P(Reject H_1 | H_1 : True): 틀렸는데 맞았다고 할 확률

검정결과	H_0 accept	H_1 accept
H_0(True)	correct	제1종 오류()
H_1(True)	제2종 오류()	correct

2) α : 유의수준 (Significance level)

ex) α = 0.01, 0.05, 0.1

$1-\beta$: 검정력 (Power), 잘못된 귀무가설을 기각하는 능력

ex) $1-\beta$ = 0.80

- **검정력**이란 시험약이 실제로 약효가 있을 때, 가설검정 결과도 역시 시험약의 약효가 있다고 결론을 낼 확률을 말한다.

  - 표본의 크기가 클수록 검정력은 커진다.
  - 시험약의 약효의 크기가 커질수록 검정력은 커진다.

  ※ 약효의 크기(effect size)[1)]

  임상시험의 목표는 약효의 크기를 알고자 하는 것이다, 그러나 약효의 크기는 모집단에 해당하는 개념이기 때문에 모르는 값이며 표본크기를 계산하기 위해서는 약효의 크기의 추정값을 알아야 한다.

  약효의 크기가 크다는 것은 시험약이 위약에 비해 충분히 효과가 있다는 것을 의미하므로 표본크기를 작게 해도 선명한 약효차이가 드러날 것이다.

  따라서 약효의 크기가 작다면 표본의 크기는 커야 한다.

- 특히 표본의 크기를 결정하는 일은 매우 중요한 일이다. 표본의 크기를 크게 하면 검정력은 커지지만 그만큼 시간과 비용이 많이 든다. 그러나 이러한 상충되는 문제에 대하여 ICH E9은 임상시험에서 믿을 만한 답을 제공하기 위하여 표본의 크기를 충분히 크게 잡을 것을 권하고 있다.

  - 통계적 검정 방법에 따라 표본크기를 구하는 식이 달라진다.
  - 검정력이 클수록 더 많은 표본크기 필요하다.
  - 시험약의 약효의 크기가 커지면 표본크기가 적게 필요하다.
  - 모분산 값이 커지면 더 많은 표본크기가 필요하다.
  - 중도 탈락률이 높으면 더 많은 표본 크기가 요구된다.

- 표본크기의 계산을 위해서 사용된 약효의 크기, 모분산, 중도 탈락률의 값들은 모두 추정값이기 때문에 이 추정값들에 의해 얻어지는 표본의 크기도 확실한 값이 아니다.

  따라서 **민감도 분석**을 통해 이러한 추정치들이 변화함에 따라 표본크기가 얼마나 달라지는 지를 검토해볼 필요가 있다.

---

1) 강승호, 『신약개발에 필요한 의학통계학』, 자유아카데미, 2010

Q) 임상시험이 실패했다면 그 이유는 무엇인가?

(1) 임상시험이 제대로 관리되고 수행되지 않았기 때문이다.

예 1) 시험약의 제조공정이 잘못되어 약효를 일으키는 성분이 포함되지 않은 경우

예 2) 피험자들이 실제로는 시험약을 복용하지 않고서 복용했다고 거짓말을 하는 경우

(2) 검정력이 부족하기 때문이다.

예) 검정력이 80%인 임상시험은 시험약의 효과가 존재해도 그 효과를 찾아내지 못할 가능성이 20%나 되며 실제 임상시험이 실패할 가능성은 20%보다 더 커질 수 있다.

(3) 그 시험약이 실제로 약효가 없기 때문이다.

1) Independent t-test를 이용한 sample size determination

예제 1) 정상인 25명 (GR=1)과 만성 위축성 위염 환자 20명 (GR=2)에서 위점막 조직 내 히스타민 농도를 각각 측정하였다. 두 집단의 히스타민 농도가 차이가 있는가를 알아보는 연구이다. (양측 검정이며 유의수준은 0.05이다.) (hist.sav)

평균1=7.284　　표준편차1=3.26　　N=25

평균2=10.56　　표준편차2=5.67　　N=20

집단통계량

	group	N	평균	표준편차	평균의 표준오차
hist	1.00	25	7.2840	3.25803	.65161
	2.00	20	10.5600	5.66535	1.26681

독립표본 검정

		Levene의 등분산 검정		평균의 동일성에 대한 t-검정						
									차이의 95% 신뢰구간	
		F	유의확률	t	자유도	유의확률 (양쪽)	평균차	차이의 표준오차	하한	상한
hist	등분산이 가정됨	5.196	.028	-2.435	43	.019	-3.27600	1.34521	-5.98887	-.56313
	등분산이 가정되지 않음			-2.300	28.788	.029	-3.27600	1.42457	-6.19050	-.36150

▶ G power

– Post hoc : power 계산

– Priori : sample size 계산

① Post hoc 이용한 power 계산

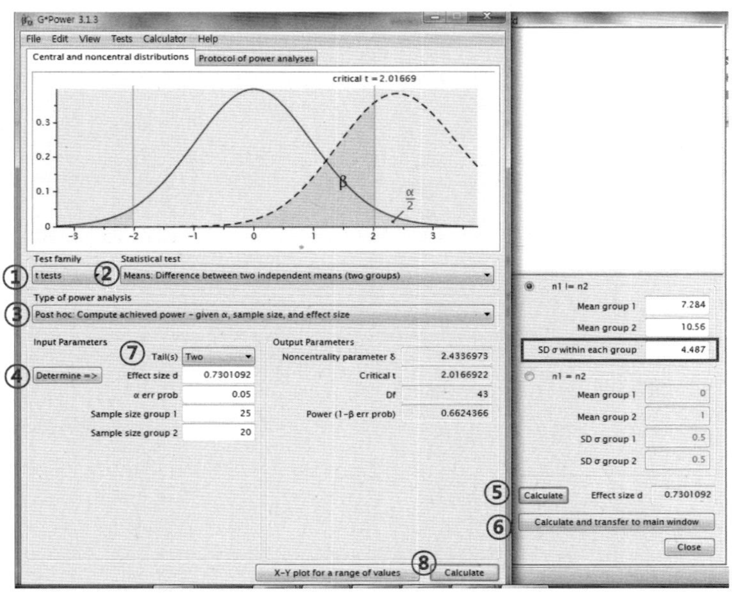

$n_1 \neq n_2$이므로 Use Pooled Standard Deviation

$$Sd_{pooled} = \text{sqrt}\left(\frac{(n_1-1)s_1^2+(n_2-1)s_2^2}{n_1+n_2-2}\right)$$

$$= \text{sqrt}\left(\frac{24(3.26)^2+19(5.67)^2}{25+20-2}\right)$$

$$= 4.487$$

통계적 검정력이 0.66으로 낮다.

검정력이 80%(0.8)이상일 때 우리는 보통 통계결과가 믿을만한 연구라고 한다. 따라서 power를 0.8로 가정하였을 때의 sample size를 계산해본다.
(검정력이 높다는 것은 결과가 잘못 될 확률이 매우 작다는 것을 의미한다.)

② Priori 이용한 sample size 계산

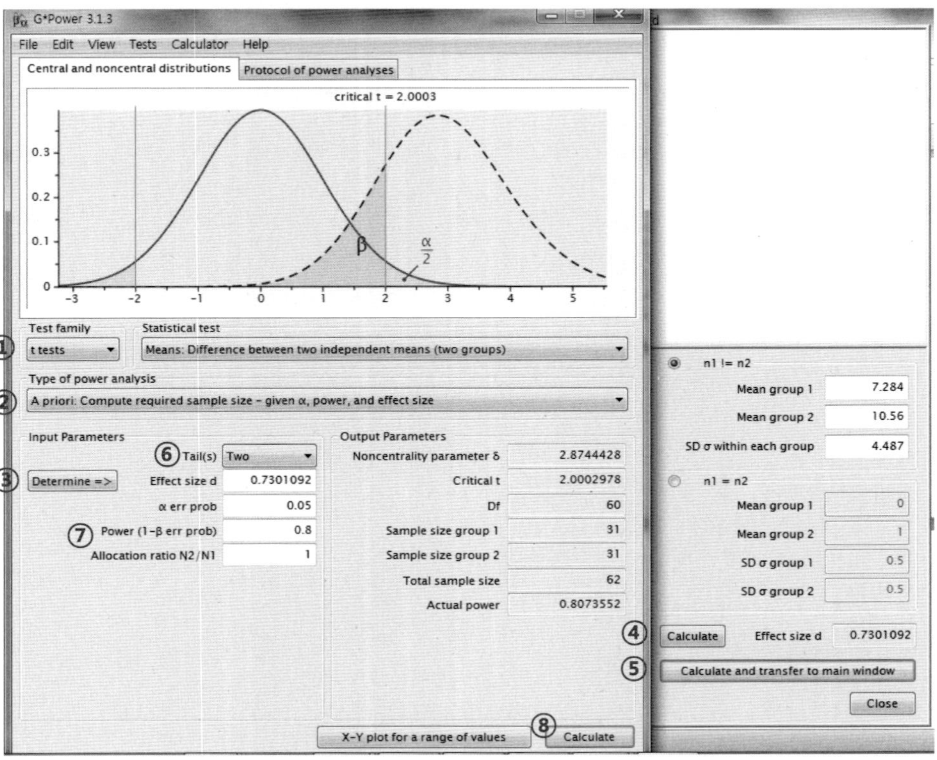

80%의 power로 계산하였을 때 각 그룹당 sample size가 31명이 나왔다.
여기서 effect size는 평균과 표준편차로 계산되는데 식은 아래와 같다.

$$\text{Effect size d} = \frac{|\overline{x}_1 - \overline{x}_2|}{Sd_{pooled}}$$

$$= \frac{|7.284 - 10.56|}{4.487}$$

$$= 0.7301$$

위에 계산된 Effect size d와 같음을 알 수 있다.

▶ Hand calculation

Two group independent sample t-test를 이용하여 양측검정을 한 경우

$\alpha = 0.05, \quad \beta = 0.2$

$$n = \frac{2\sigma^2 (Z_{\alpha/2} + Z_\beta)^2}{(\mu_1 - \mu_2)^2}$$

$$= \frac{2(4.487)^2 (1.96 + 0.84)^2}{(7.284 - 10.56)^2}$$

$$= 29.34 \approx 30$$

따라서 10%의 drop rate를 고려하여 $n = \frac{30}{(1-0.1)} = 33.33$으로 각 그룹 당 34명이 필요하다.

2) Paired t-test를 이용한 sample size determination

예제 1) 다음은 어떤 다이어트 프로그램에 참여한 사람들의 체중 데이터이다. 다이어트 전과 후의 체중이 동일하다고 볼 수 있는지를 알아보고자 하는 연구이다.

	1	2	3	4	5	6
전	60	70	82	55	66	90
후	53	57	85	53	62	78

차이의 평균=5.83　　차이의 표준편차=6.11

대응표본 통계량

		평균	N	표준편차	평균의 표준오차
대응 1	전	70.5000	6	13.29286	5.42679
	후	64.6667	6	13.63329	5.56577

대응표본 검정

		대응차					t	자유도	유의확률 (양쪽)
					차이의 95% 신뢰구간				
		평균	표준편차	평균의 표준오차	하한	상한			
대응 1	전 - 후	5.83333	6.11283	2.49555	-.58169	12.24835	2.337	5	.067

▶ G power

① Post hoc 이용한 power 계산

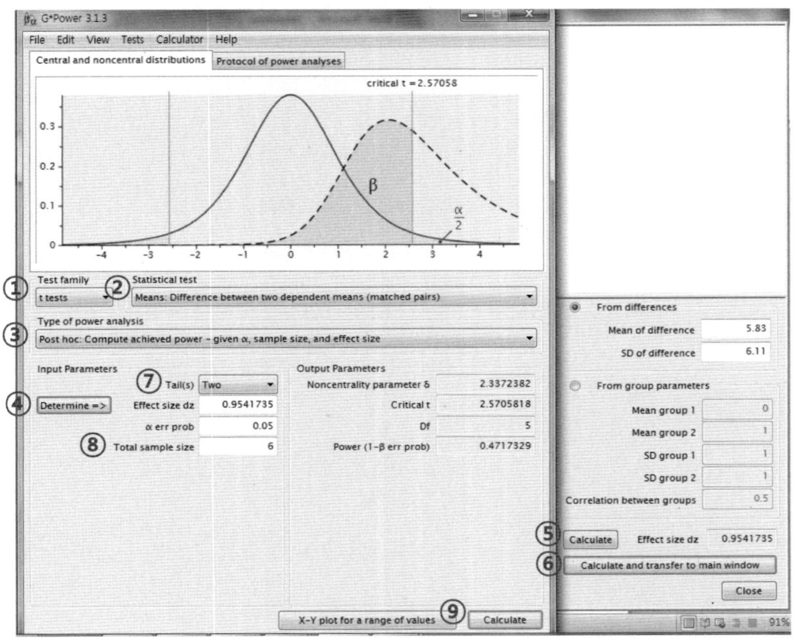

통계적 검정력이 0.47로 낮다.

검정력이 80%(0.8)이상일 때 우리는 보통 통계결과가 믿을만한 연구라고 한다. 따라서 power를 0.8로 가정하였을 때의 sample size를 계산해본다.
(검정력이 높다는 것은 결과가 잘못 될 확률이 매우 작다는 것을 의미한다.)

② Priori 이용한 sample size 계산

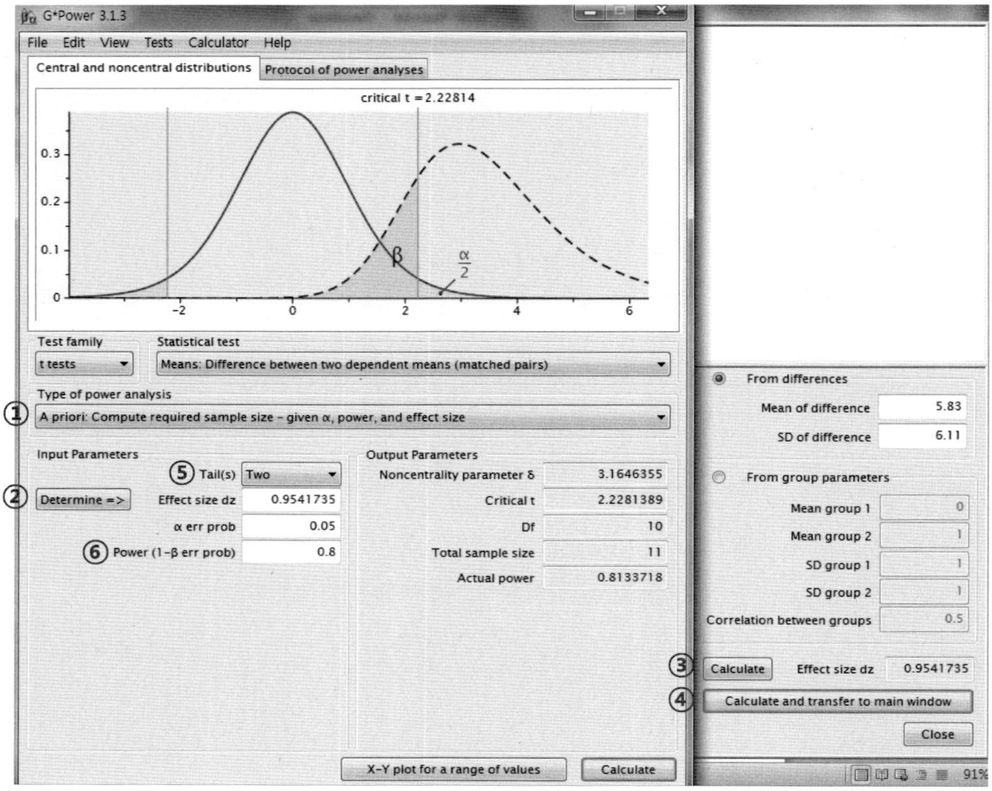

$$\text{Effect size d} = \frac{|x_D|}{Sd_D} = \frac{5.83}{6.11} = 0.9541$$

따라서 10%의 drop rate를 고려하여 $n = \frac{11}{(1-0.1)} = 12.22$으로 13명의 전 후 데이터가 필요하다.

▶ Hand calculation

Paired t-test 를 이용하여 양측검정을 한 경우

$$n = \frac{\sigma^2 (Z_{\alpha/2} + Z_\beta)^2}{(\mu D)^2}$$

$$= \frac{(6.11)^2 (1.96 + 0.84)^2}{(5.83)^2}$$

$$= 8.61 \approx 9$$

HW 1) A 요법이 콜레스테롤 수준에 미치는 영향을 알고 싶다. A 요법은 기존의 요법과 20mg/dl 정도의 차이가 있음을 보이고자 하며, 기존 문헌 보고로 표준편차는 50mg/dl 로 추정되었다. 이때 80%의 검정력을 가지는 표본 크기를 구하여라. A 요법과 기존 요법에 같은 수의 표본크기를 배분하고자 한다.

HW 2) B 제약회사는 A 약으로 인해 평균 수축기 혈압을 15mmHg 정도 줄일 수 있는지 아닌지를 알아보기 위해 한 집단에게 A약을 투여하기 전과 후의 평균수축기 혈압을 관찰연구를 실시한다. 예비 연구에서 표준편차가 30mmHg 정도임을 보고하고 있다. 이때 80%의 검정력을 가지는 표본 크기를 구하여라.

3) One-way ANOVA를 이용한 sample size determination

예제 1) 연구자가 학습방법 4가지에 효율성을 비교하기 위해서 각 학습방법에 따라 학습을 시킨 후 시험성적을 비교하는 실험을 하였다. 반응값은 시험성적이다.

							평균
방법 1	64	72	68	77	56	95	72
방법 2	78	91	97	82	85	77	85
방법 3	75	93	78	71	63	76	76
방법 4	55	66	49	64	70	68	62
							73.75

기술통계

시험점수

	N	평균	표준편차	표준오차	평균에 대한 95% 신뢰구간		최소값	최대값
					하한값	상한값		
1.00	6	72.0000	13.34166	5.44671	57.9988	86.0012	56.00	95.00
2.00	6	85.0000	7.77174	3.17280	76.8441	93.1559	77.00	97.00
3.00	6	76.0000	9.87927	4.03320	65.6323	86.3677	63.00	93.00
4.00	6	62.0000	8.22192	3.35659	53.3716	70.6284	49.00	70.00
합계	24	73.7500	12.60521	2.57303	68.4273	79.0727	49.00	97.00

분산분석

시험점수

	제곱합	df	평균 제곱	F	유의확률
집단-간	1636.500	3	545.500	5.406	.007
집단-내	2018.000	20	100.900		
합계	3654.500	23			

▶ G power

①- i) Post hoc 이용한 power 계산

⇒ Effect size from means 이용

SD σ within each group = MSE = $\sqrt{100.9}$ = 10.045을 계산하여 입력한다.

(k = the number of group, N= total n)

또는 $s_p = \sqrt{\dfrac{(n_1-1)s_1^2+(n_2-1)s_2^2+...+(n_k-1)s_k^2}{N-k}}$ (Pooled estimate)

$$= \sqrt{\frac{(6-1)13.341^2+(6-1)7.771^2+(6-1)9.879^2+(6-1)8.221^2}{24-4}} = 10.044$$

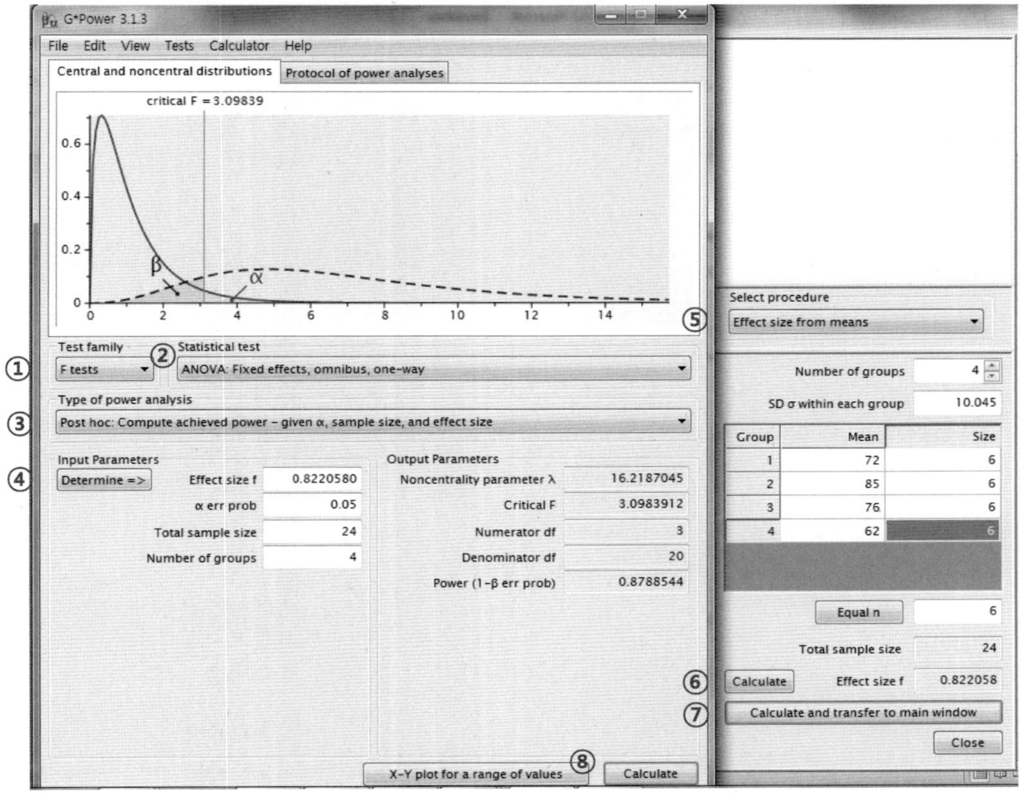

통계적 검정력이 0.879로 매우 높다. 이는 보통 위의 표본수로 연구를 하는 경우 통계결과가 믿을 만하다고 할 수 있다.

하지만 검정력이 낮게 나오는 경우를 대비하여 power를 0.8로 가정하였을 때의 sample size를 계산해본다.

②- i) Priori 이용한 sample size 계산

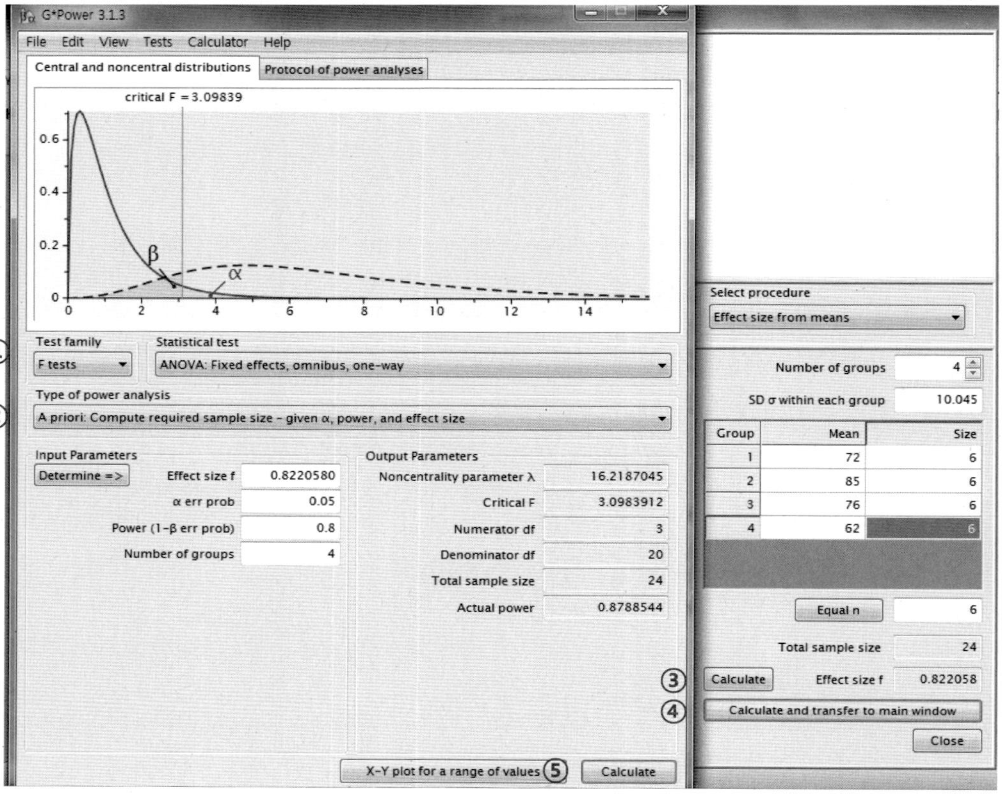

$$\text{Effect size } f = \frac{\sigma_\mu}{\sigma} \qquad \left(\sigma_\mu = \sqrt{\frac{\sum_{i=1}^{k} n_i(\mu_i - \mu)^2}{N}}\right)$$

$$= \frac{8.2575}{10.045} \quad \left(\sigma_\mu = \sqrt{\frac{6(72-73.75)^2 + 6(85-73.75)^2 + 6(76-73.75)^2 + 6(62-73.75)^2}{24}}\right)$$

$$= 0.822$$

따라서 10%의 drop rate를 고려하여 $n = \dfrac{24}{(1-0.1)} = 26.66$으로 27명의 sample size가 필요하다.

①- ii) Post hoc 이용한 power 계산

⇒ Effect size from variance 이용

Variance explained by special effect = SSR

Variance within group = SSE

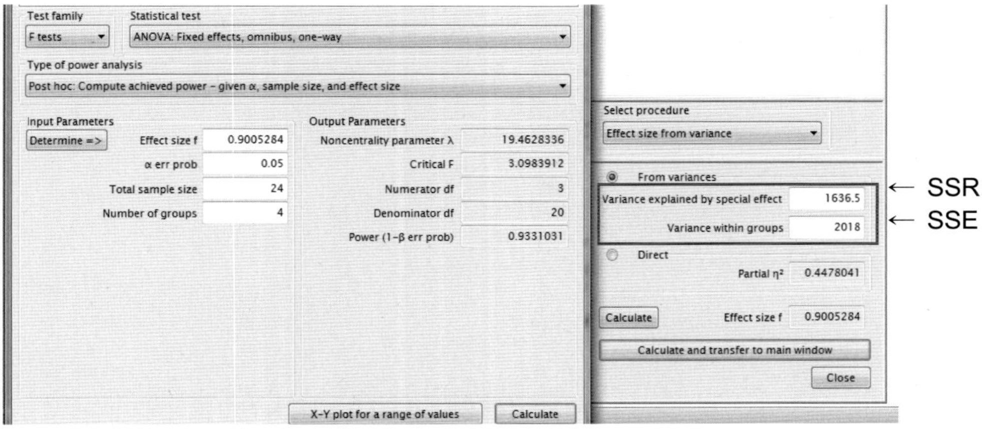

Partial η^2 = SSR/SST = 1636.5/3654.5 = 0.4478을 계산하여 입력한다.

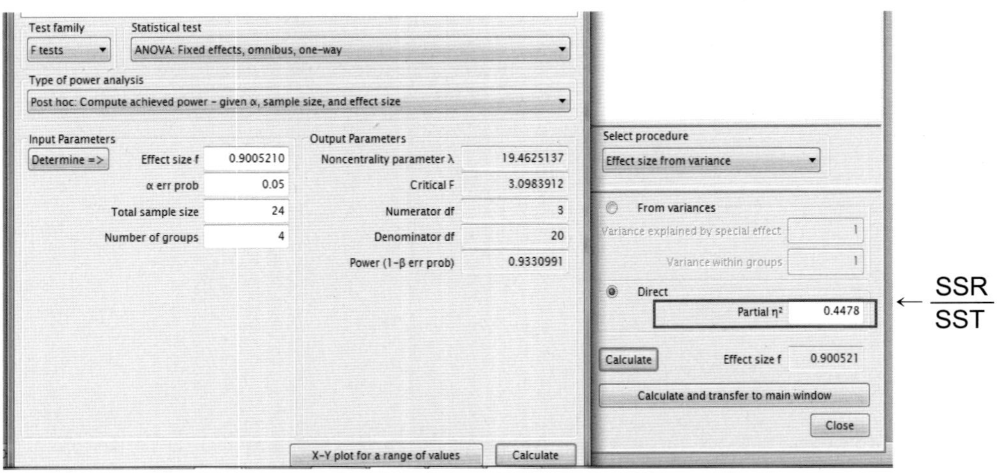

통계적 검정력이 0.933으로 매우 높다. 이는 보통 위의 표본수로 연구를 하는 경우 통계결과가 믿을 만하다고 할 수 있다.

하지만 검정력이 낮게 나오는 경우를 대비하여 power를 0.8로 가정하였을 때의 sample size를 계산해본다.

②- ii) Priori 이용한 sample size 계산

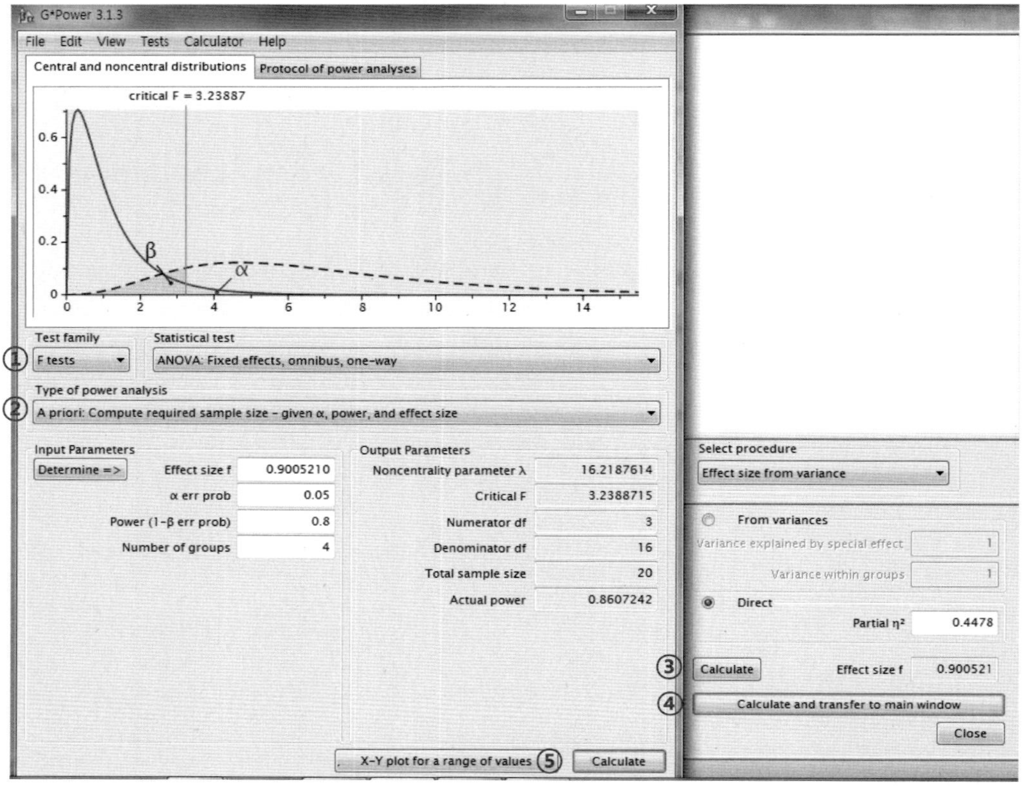

Effect size $f = \sqrt{\dfrac{\eta^2}{1-\eta^2}}$

$$= \sqrt{\frac{0.4478}{1-0.4478}}$$

$$= 0.900521$$

따라서 10%의 drop rate를 고려하여 $n = \dfrac{20}{(1-0.1)} = 22.22$ 으로 23명의 sample size가 필요하다.

▶ Hand calculation

g = the number of groups

μ_i = the mean of the i th group

σ = the anticipated standard deviation within each group

$$\lambda = \frac{\Sigma(\mu_i - \bar{\mu})^2}{(g-1)\sigma^2}$$

아래의 고차방정식을 풀어 sample size를 계산해야 하므로 생략한다.

$$Z_\beta = \left\{ \frac{\sqrt{g(n-1)[2(g-1)(1+n\lambda)^2 - (1+2n\lambda) - f(g-1)(1+n\lambda)[(2g(n-1)-1]}}{\sqrt{(g-1)(1+n\lambda)F + g(n-1)(1+2n\lambda)}} \right\}$$

HW 3) 16명의 환자가 4명씩 그룹을 지어 4개의 치료제 그룹에 랜덤하게 할당되었다. 치료한 후에 혈압의 변화량이 아래와 같다. 치료제 종류에 따라 혈압의 변화량이 같은지 검정한 연구 결과이다. SPSS를 이용해 기술통계량 및 분산분석표를 구하고 Effect size from means 혹은 Effect size from variance의 procedure로 effect size를 구해 표본 크기를 구하여라.

(단, 치료제 A~D의 네 개의 모집단의 분포는 정규분포를 따른다고 해도 무방하다.)

치료제 A	10	8	7	11
치료제 B	12	14	13	15
치료제 C	9	13	10	14
치료제 D	17	14	15	16

HW 4) 어린이들의 영웅인 스파이더 맨, 슈퍼맨, 헐크, 닌자 거북이의 커스튬을 입고 상해를 입은 응급실에 보고된 어린이들의 상해 정도 (0: no injury, 100: death)에 관한 데이터가 아래와 같이 보고되고 있다. 네 개의 모집단의 분포는 정규성을 따른다고 가정할 때 SPSS를 이용해 기술통계량 및 분산분석표를 구하고 Effect size from means 혹은 Effect size from variance의 procedure로 effect size를 구해 표본 크기를 구하여라.

Costume	Injury
Spiderman (n=8)	51
	31
	58
	20
	47
	37
	49
	40
Superman (n=6)	69
	32
	85
	66
	58
	52
Hulk (n=8)	26
	43
	10
	45
	30
	35
	53
	41
Ninja Tultle (n=8)	18
	18
	30
	30
	30
	41
	18
	25

4) Two independent proportions을 이용한 sample size determination

예제 1) 특정한 피부병변이 치료하지 않은 채 놔둔다면 환자의 30%가 암으로 발전할 것이라고 알려져 있다(대조군). 한 제약회사에서 피부 병변을 더 효과적으로 치료하기 위한 새로운 약을 개발 중에 있다. 만약 이 약이 개발된다면(실험군) 암의 발병률을 15% 또는 그 이상의 감소효과를 얻을 수 있다고 한다. 이 제약회사에서 랜덤하게 두 집단의 환자를 할당하여 실험군과 대조군으로 연구하고자 한다. 이 회사는 80%의 검정력을 가지고 암의 발병률 간에 15% 차이를 검정하기 위하여 몇 명의 환자가 필요한지 알고자 한다.

▶ G power

① Priori 이용한 sample size 계산

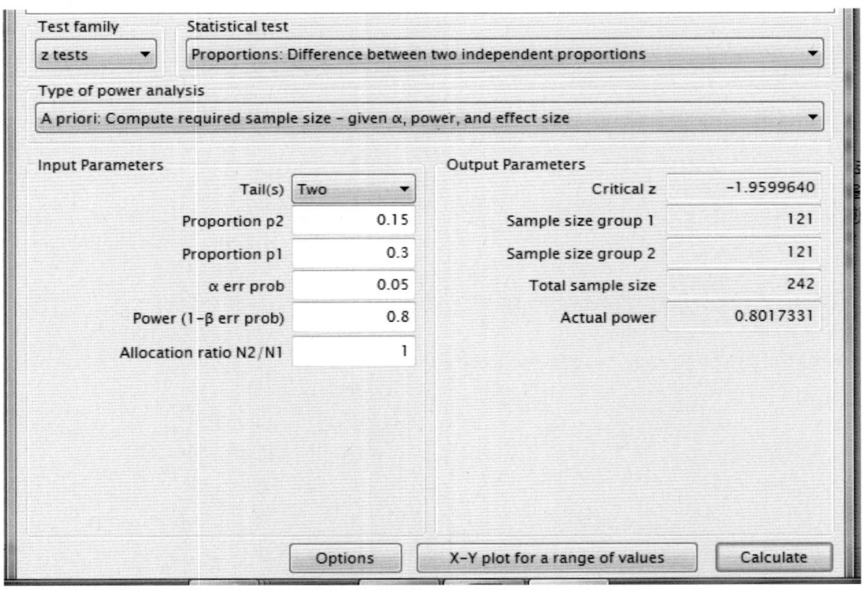

각 그룹에는 121명의 환자가 필요하다.
그런데 약의 효과를 검정하는 대개의 경우에는 비 열등성을 검정하기 때문에 양측 검정보다는 단측검정이 더 적절하다.

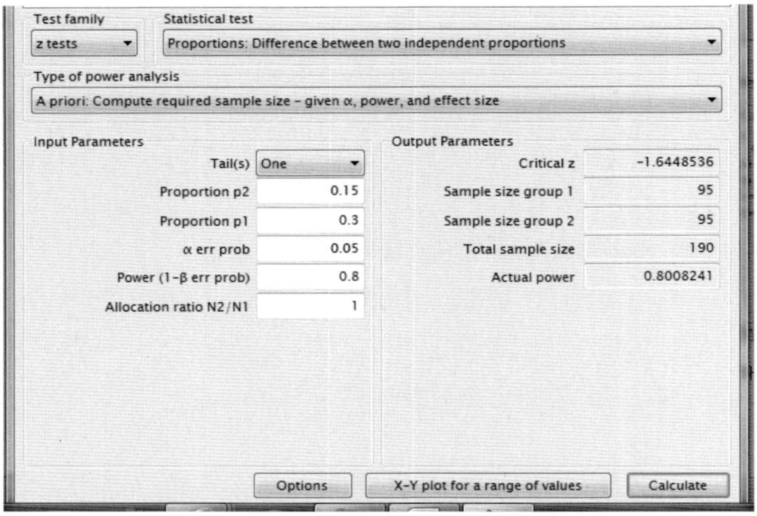

단측검정을 시행한 경우 두 그룹에는 각각 95명의 환자가 필요하다.

drop rate를 고려하여 $n = \dfrac{95}{(1-0.1)} = 105.5$ 이므로 두 그룹 각각 106명의 환자가 필요하다.

② Post hoc 이용한 power 계산

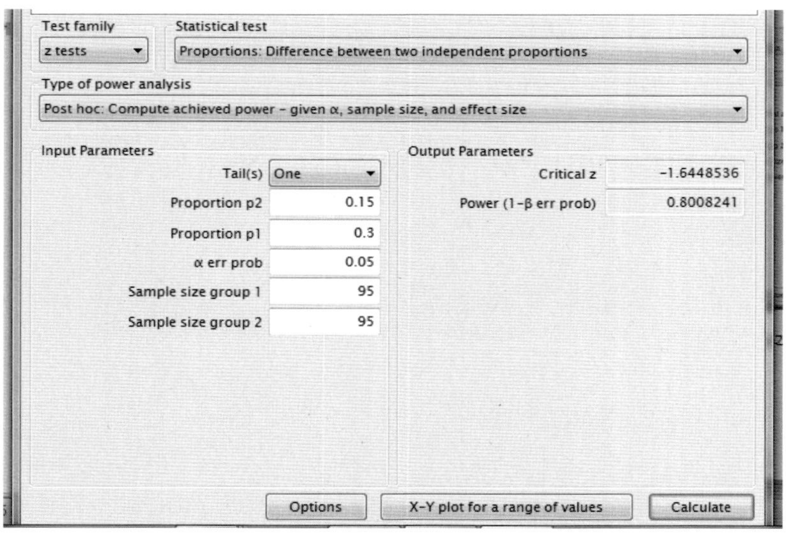

Priori 를 통하여 우리는 80%의 검정력으로 연구를 하기 위해 두 그룹 각각에 95명의 환자가 필요하다는 것을 알았다.

만약 어떤 연구 후에 검정력을 알아보고자 한다면 post hoc을 이용하여 구할 수 있다. 위의 예제를 이용하여 두 그룹에 각각 95명의 환자를 대상으로 연구를 한다면 통계적 검정력이 0.8이 나온다는 것을 확인 할 수 있다.

▶ Hand calculation

① 양측검정을 한 경우

$$\bar{p} = \frac{0.3+0.15}{2} = 0.225, \quad \bar{q} = 1-0.225 = 0.775$$

$$p_c = 0.3, \quad q_c = 1-0.3 = 0.7$$

$$p_t = 0.15, \quad q_t = 1-0.15 = 0.85$$

$$Z_{\alpha/2} = Z_{0.025} = 1.96, \quad Z_\beta = Z_{0.02} = 0.845, \quad Z_\alpha = Z_{0.05} = 1.645$$

$$n = \frac{\left(Z_{\frac{\alpha}{2}}\sqrt{2\bar{p}\bar{q}} + Z_\beta\sqrt{p_c q_c + p_t q_t}\right)^2}{(p_c - p_t)^2}$$

$$= \frac{(1.96\sqrt{2(0.225)(0.775)} + 0.845\sqrt{0.3\times0.7+0.15\times0.85})^2}{(0.3-0.15)^2}$$

$$= \frac{(1.64838)^2}{(0.15)^2}$$

$$= 120.7625 \approx 121$$

② 단측검정을 한 경우

$$n = \frac{\left(Z_\alpha\sqrt{2\bar{p}\bar{q}} + Z_\beta\sqrt{p_c q_c + p_t q_t}\right)^2}{(p_c - p_t)^2}$$

$$= \frac{(1.645\sqrt{2(0.225)(0.775)} + 0.845\sqrt{0.3\times0.7+0.15\times0.85})^2}{(0.3-0.15)^2}$$

$$= \frac{(1.462356)^2}{(0.15)^2}$$

$$= 95.04 \approx 96$$

예제 2) 두 집단의 sample size를 다르게 하는 경우

기존 약의 치료 반응율은 25%이며, 신약의 치료 반응율은 40%로 두 약의 치료 반응율 차이가 15% 인지 아닌지를 밝히고자 유의수준 0.05, 검정력 0.8로 임상연구를 실시하고자 한다. 두 집단의 할당비를 $2(\lambda = \frac{n_2}{n_1} = \frac{n_{control}}{n_{case}})$로 한다.

1) 양측검정을 한 경우

▶ G power

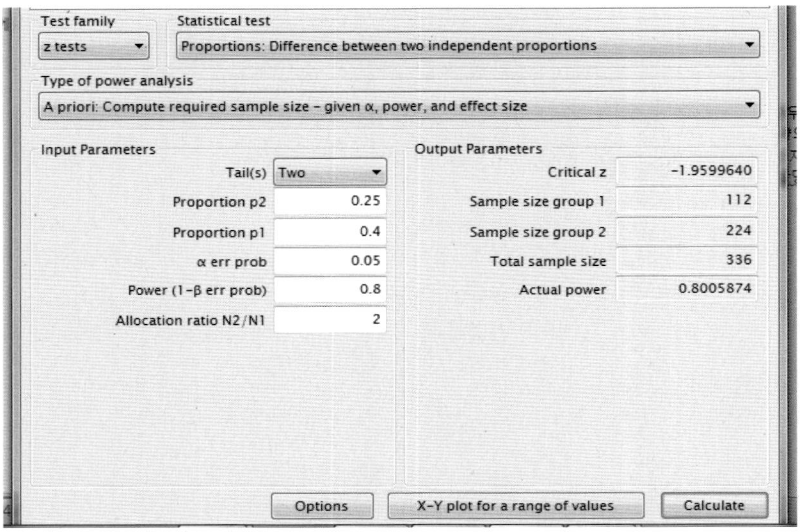

두 집단의 할당비를 2로 한 경우 실험군은 112명, 대조군은 224명이 필요하다.

Drop rate를 고려하면 실험군은 $n_1 = \frac{112}{(1-0.1)} = 124.44$으로 125명,

대조군은 $n_2 = \frac{224}{(1-0.1)} = 248.88$로 249명이 필요하다.

2) 단측검정을 한 경우

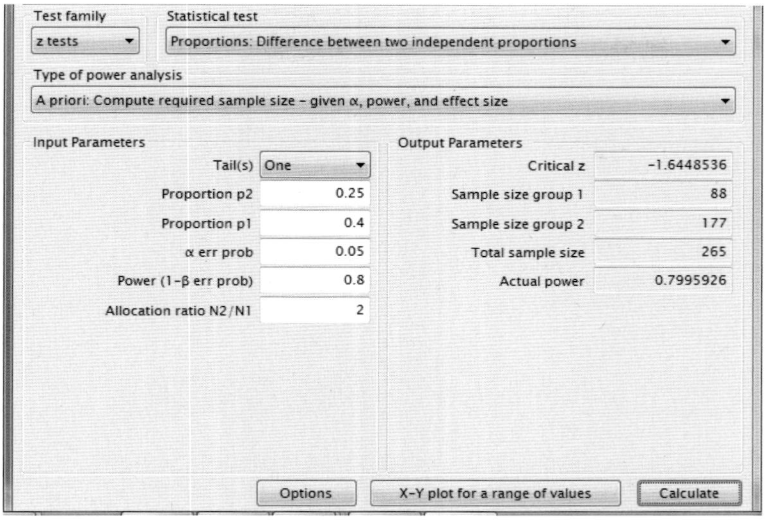

두 집단의 할당비를 2로 한 경우 실험군은 88명 대조군은 177명이 필요하다.

Drop rate를 고려하면 실험군은 $n_1 = \frac{88}{(1-0.1)} = 97.77$으로 98명,

대조군은 $n_2 = \frac{177}{(1-0.1)} = 196.66$로 197명이 필요하다.

▶ Hand calculation

① 양측검정을 한 경우

$$p_c = 0.25, \quad p_t = 0.4$$

$$p = \frac{0.25+0.4}{2} = \frac{0.65}{2} = 0.325, \quad q = 1-0.325 = 0.675$$

$$Z_{\alpha/2} = Z_{0.025} = 1.96, \quad Z_\beta = Z_{0.02} = 0.845$$

$$\lambda = 2 = \frac{n_1}{n_2} = \frac{n_{control}}{n_{case}}$$

$$n_1 = \frac{\left(Z_{\frac{\alpha}{2}}\sqrt{(\lambda+1)pq} + Z_\beta\sqrt{\lambda p_1 q_1 + p_2 q_2}\right)^2}{\lambda(p_1-p_2)^2}$$

$$= \frac{(1.96\sqrt{3(0.325)(0.675)} + 0.845\sqrt{2(0.25)(0.75)+(0.4)(0.6)})^2}{2(0.25-0.4)^2}$$

$$= \frac{5.074718}{0.045}$$

$$= 112.7715 \approx 113$$

$$n_2 = 113 \times 2 = 226$$

② 단측검정을 한 경우

$$n_1 = \frac{\left(Z_\alpha \sqrt{3pq} + Z_\beta \sqrt{2p_1q_1 + p_2q_2}\right)^2}{2(p_1 - p_2)^2}$$

$$= \frac{(1.645\sqrt{3(0.325)(0.675)} + 0.845\sqrt{2(0.25)(0.75) + (0.4)(0.6)})^2}{2(0.25 - 0.4)^2}$$

$$= \frac{(1.3345 + 0.662665)^2}{(0.045)}$$

$$= 88.63755 \approx 89$$

$$n_2 = 89 \times 2 = 178$$

HW 5) 기존 약의 치료 반응율은 35%이며, 신약의 치료 반응률은 40%로 두 약의 치료 반응율 차이가 5% 인지 아닌지를 밝히고자 임상연구를 실시하고자 한다. 이 경우에 필요한 표본 크기를 구하여라.

HW 6) 기존 약의 치료 반응율은 35%이며, 신약의 치료 반응률은 40% 보다 높아 두 약의 치료 반응율 차이가 5% 보다 큰지를 밝히고자 임상연구를 실시하였다. 이 경우에 필요한 표본 크기를 구하여라.

5) One-way RM ANOVA를 이용한 sample size determination

예제 1) 크리스마스를 반대하는 한 학자 집단에서 크리스마스 행사를 방해하기 위하여 산타클로스를 연구실에 숨기고 그 위에 책 더미들을 덮어 놓았다. 크리스마스 행사를 진행해야 하는 6명의 요정들이 산타클로스를 찾기 위해 연구실에 방문하였다. 쌓여있는 책들을 치우자 3명의 산타클로스가 나타났다. 어떤 산타클로스가 진짜인지 알기 위해 요정들이 각 산타클로스마다 점수를 매겼다. 진짜 산타라고 생각할수록 높은 점수를 주었다. (0 = definitely not the real santa, 10 = definitely the real santa) 그들은 세 산타 중 어떤 산타가 진짜 산타라고 결론을 내릴 수 있을까? SPSS를 이용해 구형성 검정 결과와 RM ANOVA 테이블을 구하여 power를 구하고 80% power를 가정할 때 sample size를 계산해 보자. (santa.xls)

elf	Santa 1	Santa 2	Santa 3
1	1	3	1
2	2	5	3
3	4	6	6
4	5	7	4
5	5	9	1
6	6	10	3

Mauchly의 구형성 검정[b]

측도:MEASURE_1

개체-내 효과	Mauchly의 W	근사 카이제곱	자유도	유의확률	엡실런[a]		
					Greenhouse-Geisser	Huynh-Feldt	하한값
santa	.094	9.437	2	.009	.525	.544	.500

정규화된 변형 종속변수의 오차 공분산행렬이 단위행렬에 비례하는 영가설을 검정합니다.

개체-내 효과 검정

측도:MEASURE_1

소스		제 III 유형 제곱합	자유도	평균 제곱	F	유의확률
santa	구형성 가정	44.333	2	22.167	8.210	.008
	Greenhouse-Geisser	44.333	1.050	42.239	8.210	.033
	Huynh-Feldt	44.333	1.088	40.752	8.210	.031
	하한값	44.333	1.000	44.333	8.210	.035
오차(santa)	구형성 가정	27.000	10	2.700		
	Greenhouse-Geisser	27.000	5.248	5.145		
	Huynh-Feldt	27.000	5.439	4.964		
	하한값	27.000	5.000	5.400		

변동요인	제곱합	자유도	평균제곱	F_0	F_α
Santa	44.33	2	MSTR=44.33/2=22.17	**22.17/2.7=8.21**	$F_{0.05}(2,10)$
elf	43.17	5	MSS=43.17/5=21.57	**21.57/2.7=7.99**	$F_{0.05}(5,10)$
Error	27	10	MSE=27/10=2.7		
합	114.5	17			

▶ G power

① Post hoc 이용한 power 계산

⇒ Direct

Partial η^2을 계산하여 입력한다.

$$\eta^2_{\text{partial}} = \frac{ss_{santa}}{ss_{santa}+ss_{error}} = \frac{44.33}{44.33+27} = 0.6214776$$

Nonsphericity correlation ε = Greenhouse-Geisser의 엡실런 값 = 0.525

(if 구형성을 만족하면 Nonsphericity correlation ε=1,

GG Epsilon < 0.75 이면 GG correction값을

GG Epsilon ≥ 0.75 라면 H-F correction을 입력한다.)

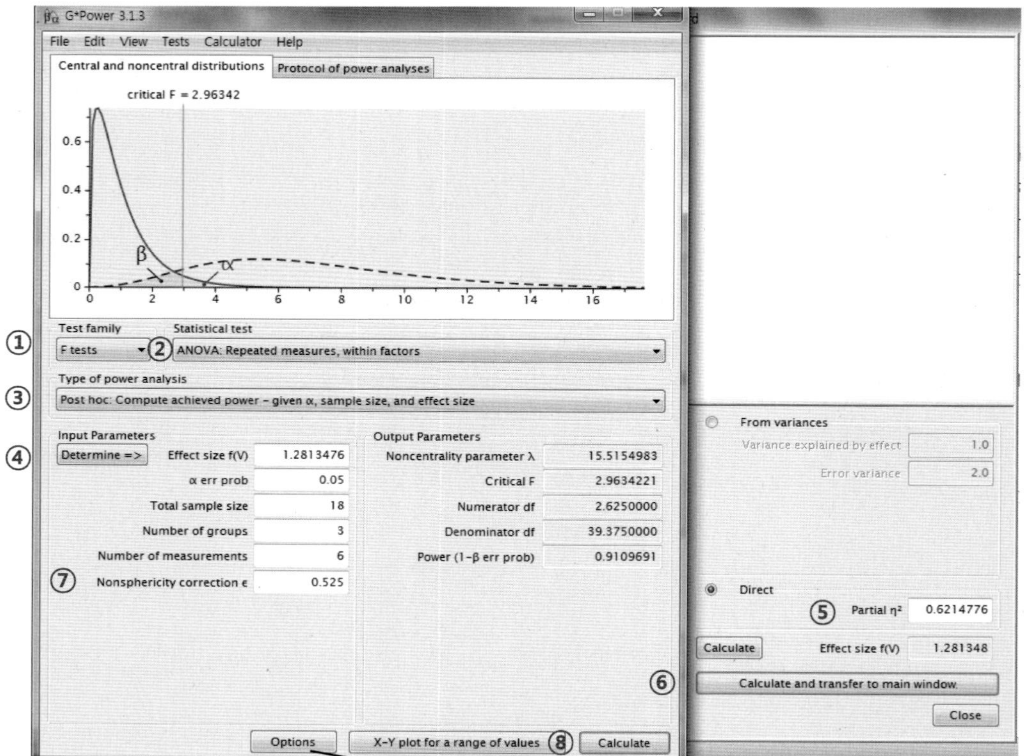

Effect size

$$f = \sqrt{\frac{\eta^2}{1-\eta^2}}$$

$$= \sqrt{\frac{0.6214776}{1-0.6214776}}$$

$$= 1.2813476$$

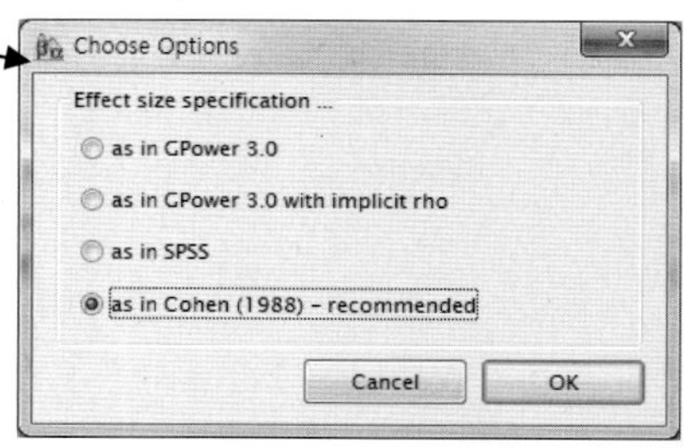

통계적 검정력이 0.910으로 매우 높다. 이는 보통 위의 표본수로 연구를 하는 경우 통계결과가 믿을 만하다고 할 수 있다.

하지만 검정력이 낮게 나오는 경우를 대비하여 power를 0.8로 가정하였을 때의 sample size를 계산해보자.

② Priori 이용한 sample size 계산

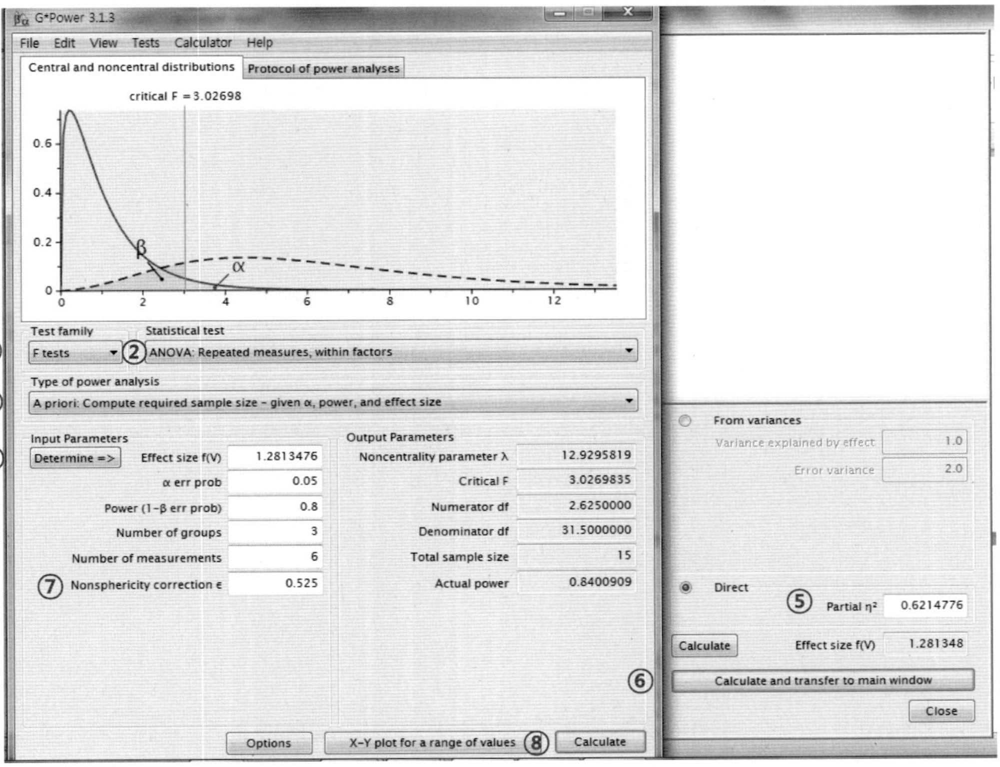

따라서 10%의 drop rate를 고려하여 $n = \frac{15}{(1-0.1)} = 16.66$으로 17명의 sample size가 필요하지만 이 예제의 경우 세 군의 sample size가 같아야 하므로 각각 6명씩 18명으로 하는 것이 적절할 것이다.

HW 7) 5명의 실험개체 각각에 4종의 약(처리)을 임의 순서로 처치하고 반응을 측정한 경우이다. 자료분석의 목표는 과연 처리에 따라 약의 효과가 다른가를 알아보는데 있다. SPSS를 이용하여 구형성 검정 결과와 반복측정 분산분석표를 구하고 power를 구하여라.

개체	처리1	처리2	처리3	처리4
1	30	28	16	31
2	14	18	13	22
3	24	20	18	30
4	38	34	28	44
5	26	28	20	30

HW 8) Essay 점수를 매기는 데 선생님마다 점수를 다르게 주는 것에 대해 학생들은 걱정을 많이 한다. 어떤 선생님은 점수를 잘 주기로 유명하고 또 어떤 선생님은 점수를 낮게 주기로 유명하다. 그래서 8명의 학생들이 4명의 선생님에 대해 같은 essay를 점수 매기게 하여 얼마나 차이가 있는지 조사해 보고자 한다. 선생님마다 주는 점수의 표준화를 위하여 같은 essay의 점수를 매기게 하는 것은 매우 중요하다. SPSS를 이용하여 구형성 검정 결과와 반복측정 분산분석표를 구하고 power를 구하여라.

Essay	Tutor1 (Dr. Field)	Tutor2 (Dr. smith)	Tutor3 (Dr. Scrote)	Tutor4 (Dr. Death)
1	62	58	63	64
2	63	60	68	65
3	65	61	72	65
4	68	64	58	61
5	69	65	54	59
6	71	67	65	50
7	78	66	67	50
8	75	73	75	45

Workbook 7.

Analysis of Covariance (ANCOVA)

Analysis of Covariance (ANCOVA)

분산분석과 마찬가지로 집단간 차이를 검증하는 것이나 직접 통제하기 어려운 교란변인의 효과를 제거 한 후 실시하는 분석방법

1. 정규분포와 등분산 가정 검토.

2. 집단간 기울기 동질성 (Homogeneity of Regression Slopes) 가정 검정
   확인 방법: 종속변수와 공변량이 집단에 따라 같은지 통계적으로 검정.
   즉, 공변량과 집단간의 교호작용을 검정하여 유의하지 않으면
   (p 〉 0.05) 동질한 것임.

   1) 기울기가 동일하면 4로 가시오.

   2) 기울기가 동일하지 않으면 5로 가시오.

3. 가정: 종속변수와 공변량은 선형성을 만족한다.
   공변량의 유의성을 확인 ($p<0.05$)

   1) 공변량이 유의하면 ANCOVA를 계속해서 실행한다. 4번으로 가시오.

   2) 공변량이 유의하지 않으면 ANCOVA를 할 수 없다.
      (다른 방법 모색, RM ANOVA등)

4. **교호작용을 제거하고** 주 효과의 유의성 확인, 유의하면 사후검정

5. 각 집단에 따라 종속변수와 공변량의 관련성을 각각 추정해야 함.
   각 집단의 기울기에 따라 조정된 종속변수로 집단 간 평균차이 검정

※ 공분산 분석에서 공변량(covariate)이란 반응변수에 영향을 주는 연속형 독립변수를 말한다.

(1) 귀무가설 수립

H_{01} : 처리효과를 제어한 반응 변수에 공변량이 미치는 효과가 없다.

H_{02} : 공변량의 효과를 제어한 상태에서 처리간 반응변수의 차이가 없다.

(2) 검정통계량

변동요인	제곱합	자유도	평균제곱	F_0	F_α
X	SSX	1	MSX=SSX/1	MSX/MSE	F_α(1, (N-I-1))
Trt	SST	I-1	MST=SST/(I-1)	MST/MSE	F_α(I-1, (N-I-1))
Error	SSE	N-I-1	MSE=SSE/(N-I-1)		
total	SSTO	N-1			

$$\sum_{i=1}^{I} S_{xx(i)} = \sum_{i=1}^{I}\sum_{j=1}^{n_i}(x_{ij} - \overline{x_{i\cdot}})^2, \qquad S_{xx} = \sum_{i=1}^{I}\sum_{j=1}^{n_i}(x_{ij} - \overline{x})^2$$

$$\sum_{i=1}^{I} S_{yy(i)} = \sum_{i=1}^{I}\sum_{j=1}^{n_i}(y_{ij} - \overline{y_{i\cdot}})^2, \qquad S_{yy} = \sum_{i=1}^{I}\sum_{j=1}^{n_i}(y_{ij} - \overline{y})^2$$

$$\sum_{i=1}^{I} S_{xy(i)} = \sum_{i=1}^{I}\sum_{j=1}^{n_i}(x_{ij} - \overline{x_{i\cdot}})(y_{ij} - \overline{y_{i\cdot}}), \quad S_{xy} = \sum_{i=1}^{I}\sum_{j=1}^{n_i}(x_{ij} - \overline{x})(y_{ij} - \overline{y})$$

$$SSTO = \sum_{i=1}^{I}\sum_{j=1}^{n_i}(y_{ij} - \overline{y_{i\cdot}})^2, \qquad SS_{trt} = \frac{(S_{xx})(S_{yy}) - (S_{xy})^2}{S_{xx}} - SSE$$

$$SSX = \sum_{i=1}^{I} S_{yy(i)} - SSE, \qquad SSE = \frac{(\sum_{i=1}^{I} S_{xx(i)})(\sum_{i=1}^{I} S_{yy(i)}) - (\sum_{i=1}^{I} S_{xy(i)})^2}{(\sum_{i=1}^{I} S_{xx(i)})}$$

(3) 기각역

$F > F_{0.05}$ (df1, df2)

1) 공변량이 하나인 경우

예제 1) 아래는 15명의 성인을 대상으로 하루 저녁 술을 마시게 한 후 술에 취한 정도를 (Drunk : 0 = 술에 취하지 않음 ~ 10 = 구토할 정도)로 측정하고 두 시간 후에 세 가지 종류의 음료(Drink : water, lucozade, cola)를 마시도록 하였다. 음료를 마신 후 그들이 어떻게 느끼는지를 (Well : 0 = 죽을 것 같음 ~ 10 = 건강하고 혈기왕성함)으로 측정하였다. (hangovercure.sav)

Water		Lucozade		Cola	
Well	Drunk	Well	Drunk	Well	Drunk
5	5	5	6	5	2
5	3	4	6	6	3
6	2	6	4	6	2
6	1	8	2	6	3
3	7	6	3	6	2
$\overline{y}_{1\cdot}$	$\overline{x}_{1\cdot}$	$\overline{y}_{2\cdot}$	$\overline{x}_{2\cdot}$	$\overline{y}_{3\cdot}$	$\overline{x}_{3\cdot}$
5	3.6	5.8	4.2	5.8	2.4

$\overline{x}=3.4,\quad \overline{y}=5.53$

▶ SPSS

분석 - 일반선형모형 - 일변량

① The assumption of homogeneity of regression slopes (집단간 기울기 동질성)

– 옵션

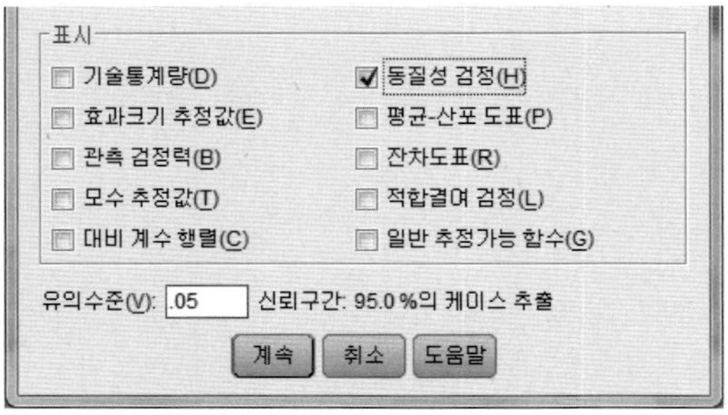

오차 분산의 동일성에 대한 Levene의 검정[a]

종속 변수:well

F	df1	df2	유의확률
.774	2	12	.483

여러 집단에서 종속변수의 오차 분산이 동일한 영가설을 검정합니다.

a. Design: 절편 + drink + drunk + drink * drunk

등분산 검정 결과 P=0.483으로 >0.05이므로 등분산 가정을 만족한다.

개체-간 효과 검정

종속 변수:well

소스	제 III 유형 제곱합	자유도	평균 제곱	F	유의확률
수정 모형	14.985[a]	5	2.997	9.816	.002
절편	58.530	1	58.530	191.692	.000
drink	3.376	2	1.688	5.528	.027
drunk	.861	1	.861	2.819	.127
drink * drunk	1.665	2	.832	2.726	.119
오차	2.748	9	.305		
합계	477.000	15			
수정 합계	17.733	14			

a. R 제곱 = .845 (수정된 R 제곱 = .759)

Drink와 drunk의 상호작용의 경우 p=0.119로 >0.05로 유의하지 않으므로 집단간 기울기가 동질함을 입증한다.

② 공분산 분석

분석 - 일반선형모형 - 일변량

오차 분산의 동일성에 대한 Levene의 검정[a]

종속 변수:well

F	df1	df2	유의확률
.220	2	12	.806

여러 집단에서 종속변수의 오차 분산이 동일한 영가설을 검정합니다.

a. Design: 절편 + drink + drunk

개체-간 효과 검정

종속 변수:well

소스	제 III 유형 제곱합	자유도	평균 제곱	F	유의확률
수정 모형	13.320[a]	3	4.440	11.068	.001
절편	145.006	1	145.006	361.456	.000
drink	3.464	2	1.732	4.318	.041
drunk	11.187	1	11.187	27.886	.000
오차	4.413	11	.401		
합계	477.000	15			
수정 합계	17.733	14			

a. R 제곱 = .751 (수정된 R 제곱 = .683)

Drunk(음료를 마시기 전의 술에 취한 정도)가 $p=0.000$이고 <0.05으로 유의하므로 공변량이라고 할 수 있으며 이 공변량을 보정했을 때 drink의 경우 $p=0.041$이고 <0.05로 유의하므로 음료의 종류에 따라 숙취해소의 정도에는 차이가 있다고 할 수 있다.

▶ Hand calculation (Table)

x : Drunk, y : Well

$$\sum_{i=1}^{I} S_{xx(i)} = \sum_{i=1}^{I}\sum_{j=1}^{n_i}(x_{ij}-\bar{x}_{i\cdot})^2$$

$$= (5-3.6)^2+(3-3.6)^2+(2-3.6)^2+...+(3-2.4)^2+(2-2.4)^2 = 37.2$$

$$\sum_{i=1}^{I} S_{yy(i)} = \sum_{i=1}^{I}\sum_{j=1}^{n_i}(y_{ij}-\bar{y}_{i\cdot})^2$$

$$= (5-5)^2+(5-5)^2+(6-5)^2+...+(6-5.8)^2+(6-5.8)^2 = 15.6$$

$$\sum_{i=1}^{I} S_{xy(i)} = \sum_{i=1}^{I}\sum_{j=1}^{n_i}(x_{ij}-\bar{x}_{i\cdot})(y_{ij}-\bar{y}_{i\cdot})$$

$$= (5-3.6)(5-5)+(3-3.6)(5-5)+...+(3-2.4)(6-5.8)+(2-2.4)(6-5.8)$$

$$= -20.4$$

$$SSE = \frac{(\sum_{i=1}^{I} S_{xx(i)}\sum_{i=1}^{I} S_{yy(i)})-(\sum_{i=1}^{I} S_{xy(i)})^2}{(\sum_{i=1}^{I} S_{xx(i)})} = \frac{37.2\times 15.6-(-20.4)^2}{37.2} = 4.412903$$

$$S_{xx} = \sum_{i=1}^{I}\sum_{j=1}^{n_i}(x_{ij}-\bar{x})^2 = (5-3.4)^2+(3-3.4)^2+...+(2-3.4)^2 = 45.6$$

$$S_{yy} = \sum_{i=1}^{I}\sum_{j=1}^{n_i}(y_{ij}-\bar{y})^2 = (5-5.5333)^2+(5-5.5333)^2+...+(6-5.5333)^2 = 17.73333$$

$$S_{xy} = \sum_{i=1}^{I}\sum_{j=1}^{n_i}(x_{ij}-\bar{x})(y_{ij}-\bar{y})$$

$$= (5-3.4)(5-5.5333)+(3-3.4)(5-5.5333)+...+(3-3.4)(6-5.5333)$$

$$+(2-3.4)(6-5.5333) = -21.2$$

$$SSTO = \sum_{i=1}^{I}\sum_{j=1}^{n_i}(y_{ij}-\bar{y})^2 = 17.73333$$

$$SS_{trt} = \frac{(S_{xx})(S_{yy})-(S_{xy})^2}{S_{xx}} - SSE = \frac{45.6\times 17.73333-(-21.2)^2}{45.6} - 4.412903$$

$$= 7.877-4.413 = 3.46429$$

$$SSX = \sum_{i=1}^{I} S_{yy(i)} - SSE = 15.6-4.412903 = 11.1871$$

	제곱합	자유도	평균제곱	F	F0
Drink	3.464	2	1.732	4.318	$F_{0.05}(2,11)=3.98$
Drunk	11.187	1	11.187	27.866	$F_{0.05}(1,11)=4.84$
Error	4.413	11	0.401		

어떤 음료를 마시는 경우 숙취해소의 효과가 알아보자.

분석 - 일반선형모형 - 일변량 - 도표, 옵션

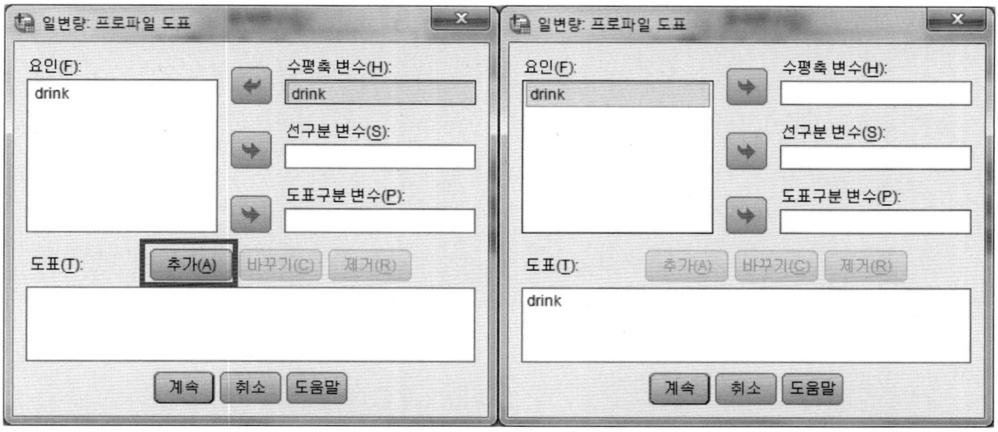

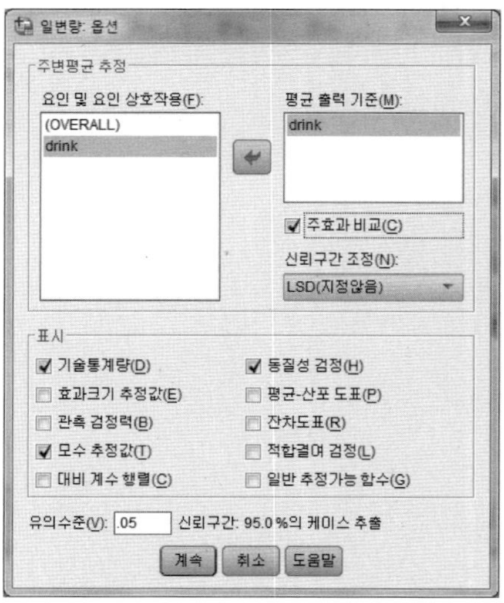

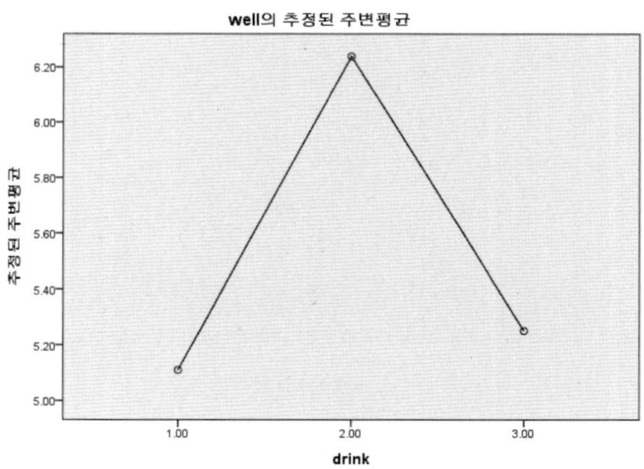

Drunk(음료를 마시기 전의 술에 취한 정도)를 공변량으로 보정한 경우 Lucozade가 숙취해소에 가장 좋은 효과를 준다는 것을 알 수 있다.

대응별 비교

종속 변수:well

(I) drink	(J) drink	평균차(I-J)	표준오차	유의확률[a]	차이에 대한 95% 신뢰구간[a]	
					하한값	상한값
1.00	2.00	-1.129*	.405	.018	-2.021	-.237
	3.00	-.142	.420	.741	-1.065	.781
2.00	1.00	1.129*	.405	.018	.237	2.021
	3.00	.987*	.442	.047	.014	1.960
3.00	1.00	.142	.420	.741	-.781	1.065
	2.00	-.987*	.442	.047	-1.960	-.014

추정된 주변평균을 기준으로

*. 평균차는 .05 수준에서 유의합니다.
a. 다중비교에 대한 조정: 최소유의차 (조정하지 않은 상태와 동일합니다.)

사후 분석 결과 water(drink=1)와 cola(drink=3)간에는 유의한 차이가 없었으나 water(drink=1)와 lucozade(drink=2), cola(drink=3)와 lucozade(drink=2)간에는 유의한 차이가 보였다. 평균값이 lucozade가 6.239로 가장 높으므로 숙취해소에는 lucozade가 가장 효과가 높다는 것을 알 수 있었다.

※ 만약 공변량의 효과를 보정하지 않는다면?

분석 - 평균비교 - 일원배치 분산분석

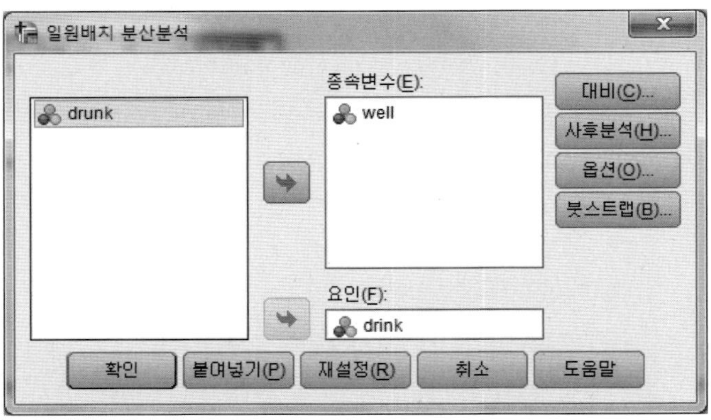

분산분석

well

	제곱합	df	평균 제곱	F	유의확률
집단-간	2.133	2	1.067	.821	.463
집단-내	15.600	12	1.300		
합계	17.733	14			

공변량을 보정하지 않고 음료의 종류에 따른 숙취해소의 효과를 보기 위한 일원배치 분산분석을 실시하면 p=0.463으로 >0.05이므로 유의하지 않는 결과를 얻을 수 있다.

③ 각 집단의 기울기에 따라 조정된 종속변수로 집단 간 평균차이 검정

- 옵션에서 '모수추정값' 선택

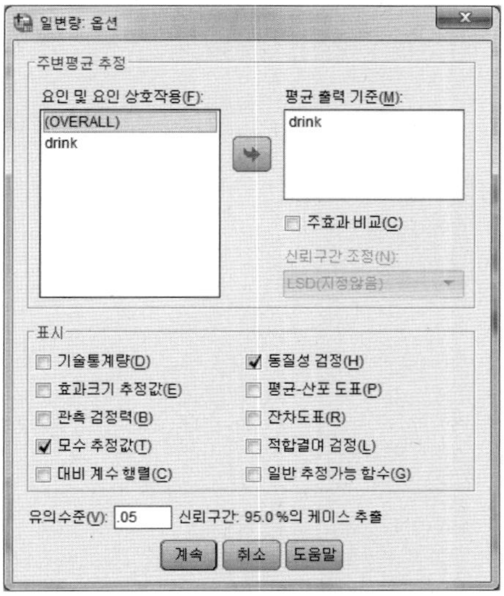

모수 추정값

종속 변수: well

모수	B	표준오차	t	유의확률	95% 신뢰구간 하한값	95% 신뢰구간 상한값
절편	7.116	.377	18.861	.000	6.286	7.947
[drink=1.00]	-.142	.420	-.338	.741	-1.065	.781
[drink=2.00]	.987	.442	2.233	.047	.014	1.960
[drink=3.00]	0[a]	.	.	.	.	.
drunk	-.548	.104	-5.281	.000	-.777	-.320

a. 이 모수는 중복되었으므로 0으로 설정됩니다.

위에서 구한 값을 가지고 공변량(drunk)에 공변량의 전체 평균값을 넣어서 처리별 보정된 평균을 다음과 같이 계산한다. (drunk의 평균값 = 3.4)

$\overline{y}_{adj1} = \hat{\beta}_0 + \hat{\alpha}_1 + \hat{\beta}\overline{x}_{..} = 7.116 - 0.142 - 0.548 \times 3.4 = 5.1108$ for water

$\overline{y}_{adj2} = \hat{\beta}_0 + \hat{\alpha}_2 + \hat{\beta}\overline{x}_{..} = 7.116 + 0.987 - 0.548 \times 3.4 = 6.2398$ for lucozade

$\overline{y}_{adj3} = \hat{\beta}_0 + \hat{\alpha}_3 + \hat{\beta}\overline{x}_{..} = 7.116 + 0 - 0.548 \times 3.4 = 5.2528$ for cola

(y : well, x : drunk)

보정되지 않은 평균 값

$\overline{y}_1 = 5$ for water, $\overline{y}_2 = 5.8$ for lucozade, $\overline{y}_3 = 5.8$ for cola

보정되지 않은 평균 값과 보정된 평균값 간에는 차이가 존재한다.
따라서 Lucozade와 cola, water 간에는 숙취해소 효과에 유의한 차이가 존재한다.

2) 공변량이 두개인 경우

예제 2) 다음의 자료는 수업 방법(A, B, C)에 따라 시험성적(result)이 차이가 나는지를 조사한 자료이다. 시험 성적에 영향을 끼칠 수 있는 공변량으로 x1과 x2를 고려하여 공분산 분석을 하고자 한다. (class.sav)

A			B			C		
x1 (IQ)	x2(motive)	result	x1 (IQ)	x2(motive)	result	x1 (IQ)	x2(motive)	result
99	12	58	95	12	58	94	12	59
95	11	55	97	12	55	95	12	56
99	13	59	100	13	60	99	13	62
99	13	55	100	13	55	99	11	57
102	12	60	102	13	60	99	14	61
101	12	57	105	12	58	102	12	60
102	12	57	102	13	57	99	13	58
103	13	61	102	14	62	101	13	63
102	13	58	105	12	58	104	13	60
103	14	59	105	13	61	101	14	63
102	14	62	106	14	63	104	15	65
104	13	59	109	13	59	107	13	61
106	15	60	107	14	61	107	13	62
106	13	62	108	14	64	106	14	64
107	13	60	111	14	61	109	14	61
108	12	62	108	13	63	107	14	65
109	13	64	111	13	65	109	14	63
111	13	63	113	14	64	111	14	66
110	13	59	114	13	62	111	14	62
113	13	63	114	14	60	112	13	64

▶ SPSS

분석 - 일반선형모형 - 일변량

① The assumption of homogeneity of regression slopes (집단간 기울기 동질성)

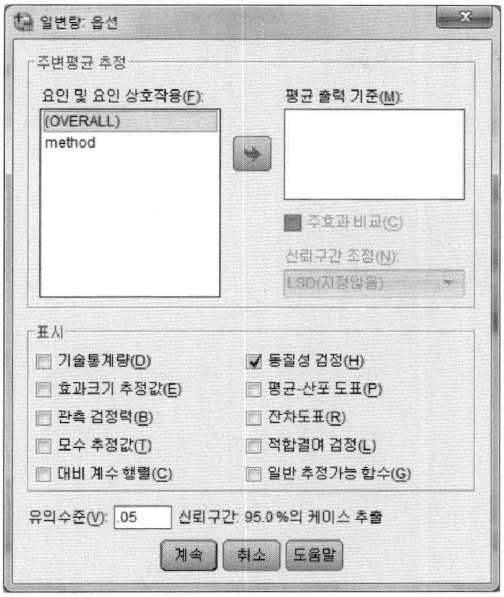

오차 분산의 동일성에 대한 Levene의 검정[a]

종속 변수: results

F	df1	df2	유의확률
.901	2	57	.412

여러 집단에서 종속변수의 오차 분산이 동일한 영가설을 검정합니다.

a. Design: 절편 + method + x1 + x2 + method * x1 + method * x2

등분산 검정 결과 p=0.412으로 >0.05이므로 등분산 가정을 만족한다.

개체-간 효과 검정

종속 변수: results

소스	제 III 유형 제곱합	자유도	평균 제곱	F	유의확률
수정 모형	290.784[a]	8	36.348	11.021	.000
절편	35.753	1	35.753	10.841	.002
method	1.451	2	.726	.220	.803
x1	84.997	1	84.997	25.772	.000
x2	39.624	1	39.624	12.015	.001
method * x1	10.144	2	5.072	1.538	.225
method * x2	11.443	2	5.721	1.735	.187
오차	168.199	51	3.298		
합계	220195.000	60			
수정 합계	458.983	59			

a. R 제곱 = .634 (수정된 R 제곱 = .576)

Method와 x1과 method와 x2의 경우 p=0.225, p=0.187 >0.05 유의하지 않으므로 집단 간 기울기가 동질함을 입증한다.

위의 interaction terms인 method*x1, method*x2가 유의하지 않으므로 이 두 terms을 제거하고 다시 돌려본다.

② 공분산 분석

분석 - 일반선형모형 - 일변량

오차 분산의 등일성에 대한 Levene의 검정[a]

종속 변수: results

F	df1	df2	유의확률
.963	2	57	.388

여러 집단에서 종속변수의 오차 분산이 동일한 영가설을 검정합니다.

a. Design: 절편 + method + x1 + x2

개체-간 효과 검정

종속 변수: results

소스	제 III 유형 제곱합	자유도	평균 제곱	F	유의확률
수정 모형	275.551[a]	4	68.888	20.655	.000
절편	39.910	1	39.910	11.966	.001
method	34.965	2	17.483	5.242	.008
x1	90.286	1	90.286	27.071	.000
x2	36.752	1	36.752	11.020	.002
오차	183.432	55	3.335		
합계	220195.000	60			
수정 합계	458.983	59			

a. R 제곱 = .600 (수정된 R 제곱 = .571)

x1와 x2의 유의확률 값 p=0.000, p=0.002이고 <0.05으로 유의하므로 공변량이라고 할 수 있으며 이 공변량을 보정했을 때 method의 경우 p=0.008이고 <0.05으로 유의하므로 수업 방법에 따라 성적(results)에는 차이가 있다고 할 수 있다.

Interaction terms(method*x1, method*x2)를 포함했을 때는 method가 p=0.803으로 방법간에 유의한 차이가 없었으나 interaction terms을 제거하였더니 method간에 유의한 차이가 보여 사후분석을 하고 도표를 그려보자.

다음으로 어떤 수업 방법을 선택하는 경우 성적에 효과가 있는지 알아보자.

분석 - 일반선형모형 - 일변량 - 도표, 옵션

프로파일 도표

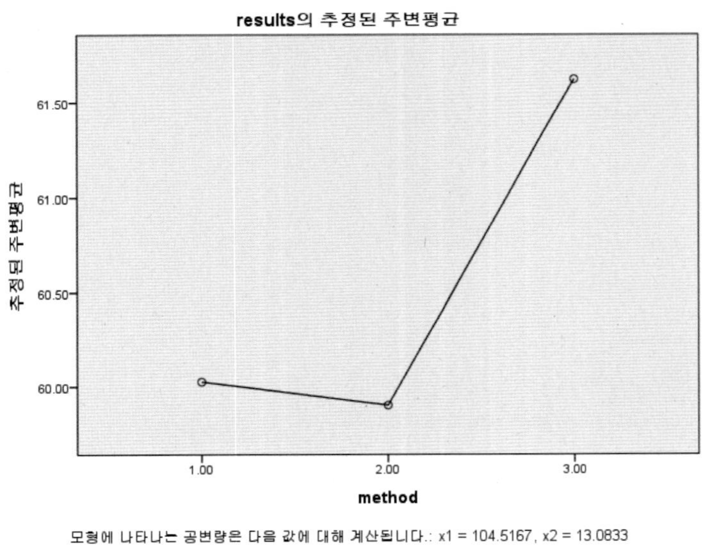

x1과 x2를 공변량으로 보정한 경우 수업방법 C가 성적에 가장 좋은 영향을 준다는 것을 알 수 있다.

대응별 비교

종속 변수: results

(I) method	(J) method	평균차(I-J)	표준오차	유의확률[b]	차이에 대한 95% 신뢰구간[b]	
					하한값	상한값
1.00	2.00	.124	.585	.833	-1.048	1.297
	3.00	-1.598*	.593	.009	-2.786	-.409
2.00	1.00	-.124	.585	.833	-1.297	1.048
	3.00	-1.722*	.590	.005	-2.904	-.540
3.00	1.00	1.598*	.593	.009	.409	2.786
	2.00	1.722*	.590	.005	.540	2.904

추정된 주변평균을 기준으로

*. 평균차는 .05 수준에서 유의합니다.

b. 다중비교에 대한 조정: 최소유의차 (조정하지 않은 상태와 동일합니다.)

사후 분석 결과 A(method=1)와 B(method=2)간에는 유의한 차이가 없었으나 A(method=1)와 C(method=3), B(method=2)와 C(method=3)간에는 유의한 차이가 보였다.

※ 만약 공변량의 효과를 보정하지 않는다면?

분석 - 평균비교 - 일원배치 분산분석

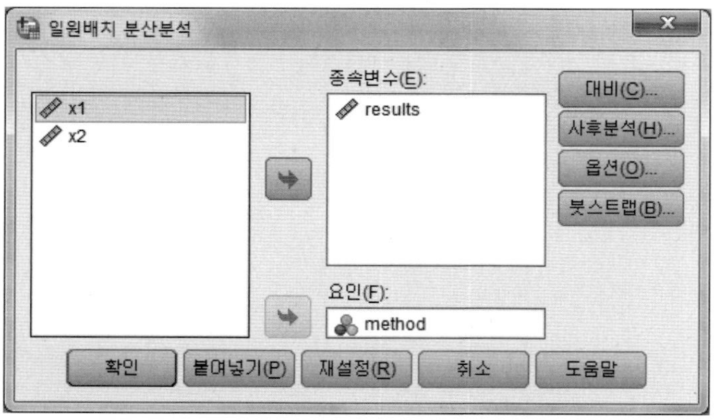

일원배치 분산분석

results

	제곱합	df	평균 제곱	F	유의확률
집단-간	39.433	2	19.717	2.679	.077
집단-내	419.550	57	7.361		
합계	458.983	59			

공변량을 보정하지 않고 수업 방법에 따른 성적에 대한 효과를 보기 위한 일원배치 분산분석을 실시하면 p=0.077으로 >0.05이므로 유의하지 않는 결과를 얻었다.

③ 각 집단의 기울기에 따라 조정된 종속변수로 집단 간 평균차이 검정

- 옵션에서 '모수추정값' 선택

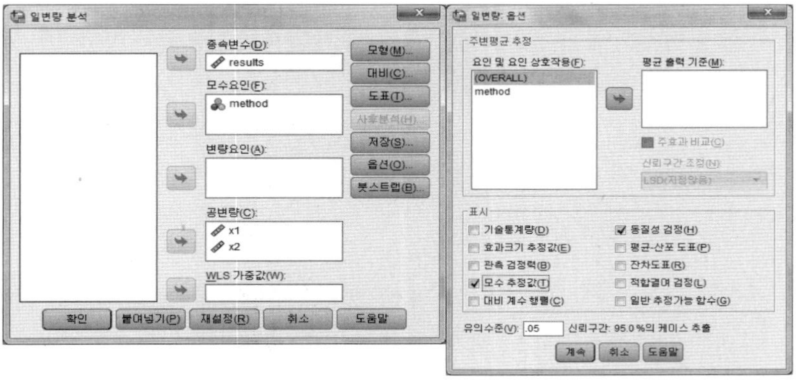

모수 추정값

종속 변수: results

모수	B	표준오차	t	유의확률	95% 신뢰구간	
					하한값	상한값
절편	18.827	5.123	3.675	.001	8.561	29.093
[method=1.00]	-1.598	.593	-2.695	.009	-2.786	-.409
[method=2.00]	-1.722	.590	-2.919	.005	-2.904	-.540
[method=3.00]	0[a]	.	.	.	.	.
x1	.277	.053	5.203	.000	.171	.384
x2	1.054	.318	3.320	.002	.418	1.691

a. 이 모수는 중복되었으므로 0으로 설정됩니다.

위에서 구한 값을 가지고 [공변량]에 공변량의 전체 평균값을 넣어서 처리 별 보정된 평균을 구하면 다음과 같이 계산한다.

(y: results, x_1: IQ, x_2: motive, $\overline{x}_1 = 104.5167$, $\overline{x}_2 = 13.0833$)

$$\overline{y}_{adj1} = \hat{\beta}_0 + \hat{\alpha}_1 + \hat{\beta}_1 \overline{x}_1 + \hat{\beta}_2 \overline{x}_2 = 18.827 - 1.598 + 0.277 \times 104.5167 + 1.054 \times 13.08333$$
$$= 59.96996$$

$$\overline{y}_{adj2} = \hat{\beta}_0 + \hat{\alpha}_2 + \hat{\beta}_1 \overline{x}_1 + \hat{\beta}_2 \overline{x}_2 = 18.827 - 1.722 + 0.277 \times 104.5167 + 1.054 \times 13.08333$$
$$= 59.84596$$

$$\overline{y}_{adj3} = \hat{\beta}_0 + \hat{\alpha}_3 + \hat{\beta}_1 \overline{x}_1 + \hat{\beta}_2 \overline{x}_2 = 18.827 + 0 + 0.277 \times 104.5167 + 1.054 \times 13.08333$$
$$= 61.56796$$

보정되지 않은 평균 값

(SPSS에서 분석-기술통계량 - 데이터탐색 : 종속변수-results, 요인 - method)

$$\overline{y}_1 = 59.65, \quad \overline{y}_2 = 60.3, \quad \overline{y}_3 = 61.6$$

보정되지 않은 평균 값과 보정된 평균값 간에는 차이가 존재한다.

※ 공변량의 효과가 처리마다 다른 경우 어떻게 해야 할까?

예제 3) 연구자는 세 종류의 식물(PLANT)에 따른 천의 무게(lint)를 알고자 한다. 천의 무게에 영향을 미칠 수 있는 요인으로 솜의 무게(bollwt)를 고려하고 있다. 이때 어떤 분석을 실시하여야 할까? (plant.sav)

종속변수: 천의 무게(lint), 요인: 세 종류의 식물(plant), 공변량: 솜의 무게(bollwt)

▶ SPSS

분석 - 일반선형모형 - 일변량

① The assumption of homogeneity of regression slopes (집단간 기울기 동질성)

분석 - 일반선형모형 - 일변량 - 모형, 대비, 옵션

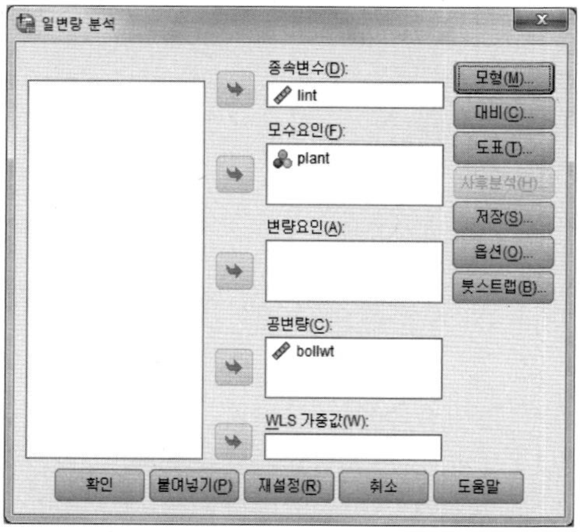

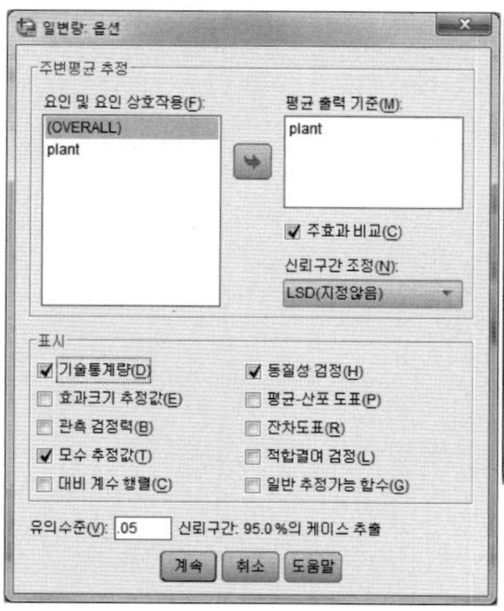

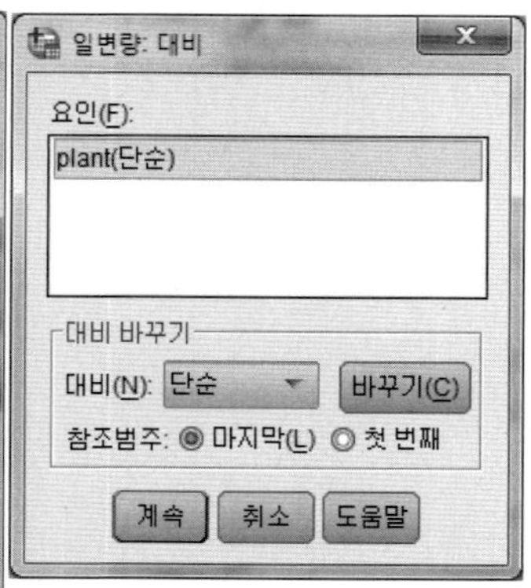

개체-간 효과 검정

종속 변수: lint

소스	제 III 유형 제곱합	자유도	평균 제곱	F	유의확률
수정 모형	952.958[a]	5	190.592	815.456	.000
절편	44.609	1	44.609	190.862	.000
plant	92.210	2	46.105	197.263	.000
bollwt	2.224	1	2.224	9.513	.004
plant * bollwt	1.778	2	.889	3.803	.034
오차	7.012	30	.234		
합계	1951.170	36			
수정 합계	959.970	35			

a. R 제곱 = .993 (수정된 R 제곱 = .991)

교호작용이 유의수준 5%하에서 유의하게 나왔다. 따라서 교호작용이 존재할 때에는 각 PLANT마다 서로 다른 공변량의 효과를 추정해야 한다.

모수 추정값

종속 변수: lint

모수	B	표준오차	t	유의확률	95% 신뢰구간	
					하한값	상한값
절편	1.137	.724	1.571	.127	-.341	2.616
[plant=1.00]	10.721	.858	12.488	.000	8.967	12.474
[plant=2.00]	-1.030	.829	-1.243	.224	-2.722	.663
[plant=3.00]	0[a]	.	.	.	.	.
bollwt	.012	.096	.123	.903	-.184	.208
[plant=1.00] * bollwt	.117	.132	.886	.383	-.153	.386
[plant=2.00] * bollwt	.295	.113	2.603	.014	.064	.527
[plant=3.00] * bollwt	0[a]	.	.	.	.	.

a. 이 모수는 중복되었으므로 0으로 설정됩니다.

출력 결과, plant=1과 plant=3간에 천의 무게가 유의수준 5%에서 유의하게 차이가 나지만(p=0.000), plant=2와 plant=3에서는 유의한 차이가 없음을 알 수 있었다(p=0.224). 또한 plant와 bollwt의 교호작용을 보면 plant=1에서의 솜의 무게와 천의 무게와의 관련성이 plant=3에서의 관련성과 유의하게 다르지 않으나(p=0.383) plant=2에서의 솜의 무게와 천의 무게의 관련성이 plant=3에서의 관련성과 유의하게 다르다는 것을 알 수 있었다(p=0.014).

도표를 이용하여 위의 출력결과 중 plant와 천의 무게 사이의 차이를 확인해 볼 수 있다.

분석 - 일반선형모형 - 일변량 - 도표, 옵션

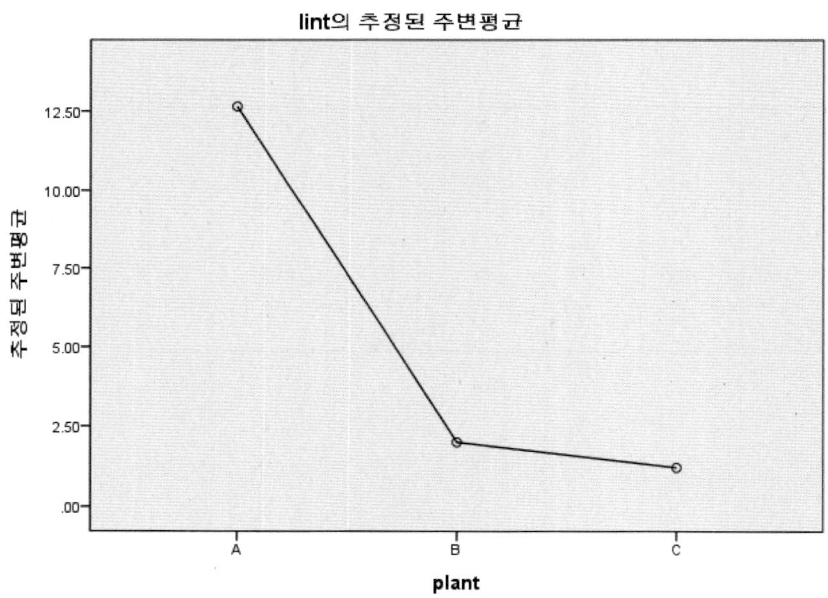

모형에 나타나는 공변량은 다음 값에 대해 계산됩니다.: bollwt = 6.1778

도표를 통해 확인해 본 결과 plant=1은 plant=2와 plant=3과 차이가 있음을 알 수 있지만, plant=2와 plant=3 사이에는 큰 차이가 없음을 알 수 있다.

위의 출력결과에 대한 교호작용을 고려하여 추정된 모수들의 결과로 모형식을 쓰면 다음과 같다.

(**)

$$\hat{y}_{1j} = \hat{\beta}_0 + \hat{\alpha}_1 + \hat{\beta}_1 x_{1j} + \hat{\delta}_1 x_{1j}$$

$$= 1.137 + 10.721 + 0.012 x_{1j} + 0.117 x_{1j} = 11.858 + 0.129 x_{1j} \qquad \text{for plant1}$$

$$\hat{y}_{2j} = \hat{\beta}_0 + \hat{\alpha}_2 + \hat{\beta}_1 x_{2j} + \hat{\delta}_2 x_{2j}$$

$$= 1.137 - 1.030 + 0.012 x_{2j} + 0.295 x_{2j} = 0.107 + 0.307 x_{2j} \qquad \text{for plant2}$$

$$\hat{y}_{3j} = \hat{\beta}_0 + \hat{\alpha}_3 + \hat{\beta}_1 x_{3j} + \hat{\delta}_3 x_{3j}$$

$$= 1.137 + 0 + 0.012 x_{3j} + 0 x_{3j} = 1.137 + 0.012 x_{3j} \qquad \text{for plant3}$$

위에서 계산된 모형식을 보면 각 식물의 종류마다 공변량인 bollwt의 회귀계수가 각각 0.129, 0.307, 0.012로 다르다는 것을 알 수 있다. 따라서 식물의 종류간 bollwt의 회귀계수에 대해 유의성을 다음과 같이 확인해 볼 수 있다.

분석 - 일반선형모형 - 일변량-모형

모수 추정값

종속 변수: lint

모수	B	표준오차	t	유의확률	95% 신뢰구간 하한값	95% 신뢰구간 상한값
절편	1.137	.724	1.571	.127	-.341	2.616
[plant=1.00] * bollwt	.129	.091	1.422	.165	-.056	.314
[plant=2.00] * bollwt	.307	.060	5.091	.000	.184	.430
[plant=3.00] * bollwt	.012	.096	.123	.903	-.184	.208
bollwt	0[a]	.	.	.	.	.
[plant=1.00]	10.721	.858	12.488	.000	8.967	12.474
[plant=2.00]	-1.030	.829	-1.243	.224	-2.722	.663
[plant=3.00]	0[a]	.	.	.	.	.

a. 이 모수는 중복되었으므로 0으로 설정됩니다.

※ 이 전의 "모수추정값" 테이블과 모양만 달라졌을 뿐 결과는 같은 것이다.

$x_{1j,}x_{2j,}x_{3j}$ 공변량에 전체 공변량의 평균값($\overline{x}$= 6.1778)을 넣어서 식물의 종류별 보정된 평균을 구하면 아래와 같다.

by (**)

$$\hat{y}_{1j} = \hat{\beta}_0 + \hat{\alpha}_1 + \hat{\beta}_1 x_{1j} + \hat{\delta}_1 x_{1j} = 1.137 + 10.721 + 0.012x_{1j} + 0.117x_{1j}$$

$$= 11.858 + 0.129x_{1j} = 11.858 + 0.129 + 6.1778 = 12.65494 \qquad \text{for plant 1}$$

$$\hat{y}_{2j} = \hat{\beta}_0 + \hat{\alpha}_2 + \hat{\beta}_1 x_{2j} + \hat{\delta}_2 x_{2j} = 1.137 - 1.030 + 0.012x_{2j} + 0.295x_{2j}$$

$$= 0.107 + 0.307x_{2j} = 0.107 + 0.307 \times 6.1778 = 2.003585 \qquad \text{for plant 2}$$

$$\hat{y}_{3j} = \hat{\beta}_0 + \hat{\alpha}_3 + \hat{\beta}_1 x_{3j} + \hat{\delta}_3 x_{3j} = 1.137 + 0 + 0.012x_{3j} + 0x_{3j}$$

$$= 1.137 + 0.012x_{3j} = 1.137 + 0.012 \times 6.1778 = 1.211134 \qquad \text{for plant 3}$$

출력 결과 각각 회귀계수는 0.129, 0.307, 0.012이다. 유의확률을 살펴보면, plant 1과 3의 솜의 무게에 대한 회귀계수의 유의확률이 0.165, 0.903으로 유의수준 5%하에서 회귀계수가 0이라는 귀무가설을 기각하지 못하므로, 솜의 무게와 천의 무게 사이에는 관련성이 없다는 것을 알 수 있다. 반면, plant가 2일 경우에는 유의수준 5%하에서 매우 유의함을 알 수 있다. 또한 그 값이 양수이므로 plant=2에서 솜의 무게가 증가할수록 천의 무게도 증가한다는 것을 알 수 있다.

SPSS를 이용하여 구한 보정된 평균값,

추정값

종속 변수: lint

plant	평균	표준오차	95% 신뢰구간	
			하한값	상한값
A	12.653[a]	.184	12.278	13.028
B	2.003[a]	.140	1.718	2.289
C	1.211[a]	.182	.838	1.583

a. 모형에 나타나는 공변량은 다음 값에 대해 계산됩니다.: bollwt = 6.1778.

보정되지 않은 평균 값(기술통계량－데이터탐색: 종속변수-lint, 요인-plant)

$\overline{y}_1 = 12.4833,$ $\qquad \overline{y}_2 = 2.0333,$ $\qquad \overline{y}_3 = 1.2250$

보정되지 않은 평균 값과 보정된 평균값 간에는 차이가 존재한다.

HW 1) 세 그룹으로 나누어 수술 전과 수술 후의 한 measurement를 측정하였다. 이 경우에 세 그룹간의 수술 효과가 있다고 할 수 있을까? (prepost.sav)

HW 2) 아래 자료는 어떤 약물에 대한 체내배출 연구에서 얻은 자료이다. 연구자는 약의 형태에 따라 체내로부터 배출되는 약물량이 달라지는지를 알고자 한다. 그런데 배출되는 약물량은 약의 형태뿐만이 아니라 약물의 배출 소요시간과 각 개체들의 항신진대사 점수에도 영향을 받을 것으로 생각한다. 소요시간과 항신진대사 점수를 2개의 공변량으로 하여 이들을 제어한 약의 형태에 대한 효과를 공분산 분석을 통해 알아보아라. (amount.sav)

Workbook 8.

Regression analysis

Regression analysis

- 상관계수(correlation coefficient): 상관계수는 두 변수간의 선형(직선) 관계의 정도를 나타내는 것.
- Pearson 상관계수:

$$r = \frac{cov(x,\ y)}{\sqrt{var(x)}\ \sqrt{var(y)}} = \frac{\Sigma(x_i - \overline{x})(y_i - \overline{y})}{\sqrt{\Sigma(x_i - \overline{x})^2}\sqrt{\Sigma(y_i - \overline{y})^2}}$$

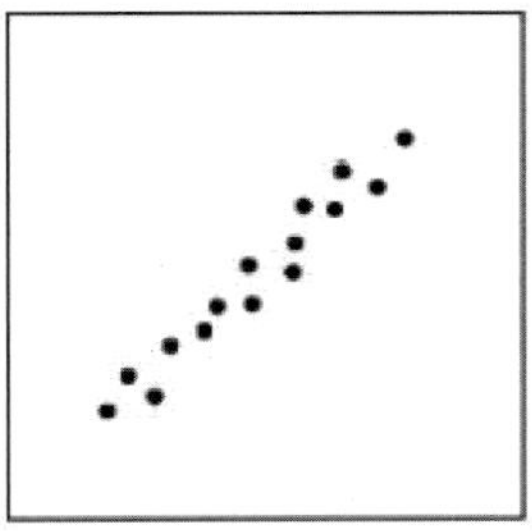

Strong positive correlation
r = +1

Moderate positive correlation
r = +0.75

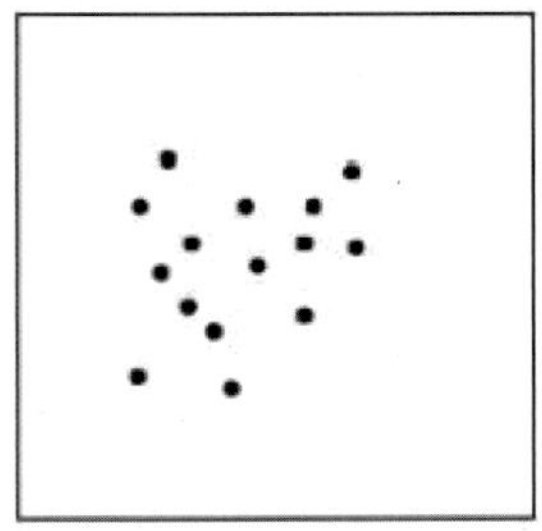

No correlation
r ≈ 0

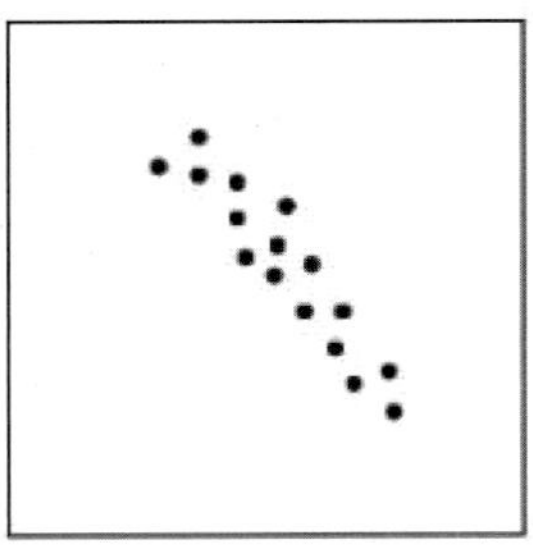

Strong negative correlation
r = −1

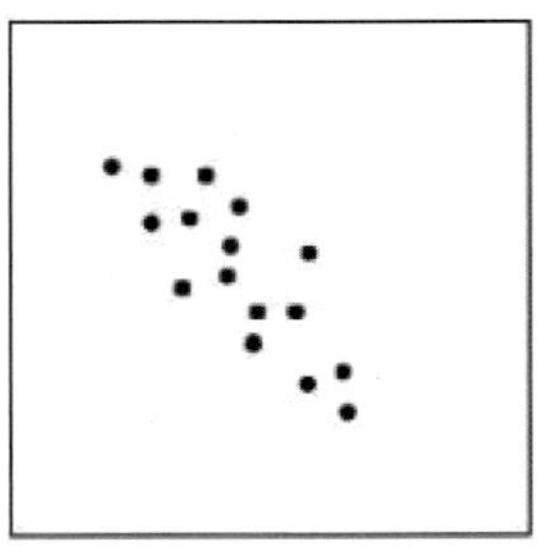

Moderate negative correlation
r = −0.6

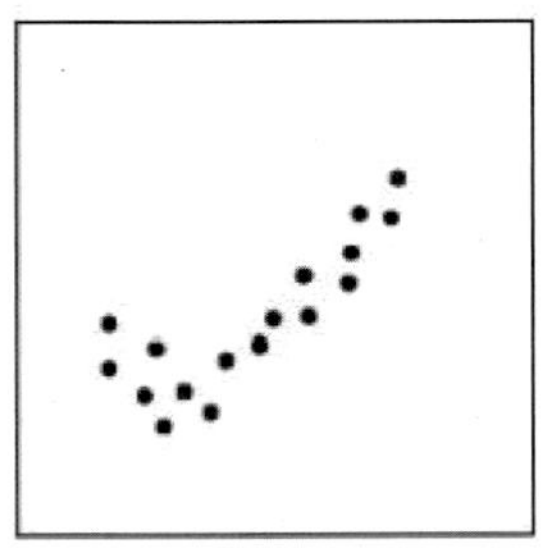

Curvilinear relationship
r ≈ 0

1) 단순 회귀분석

예제 1) 연구자가 MEET(의학전문대학원)와 TOEIC(영어능력 검증시험)의 관계를 연구하고자 한다. IQ가 이들의 관련성에 어떠한 영향을 미치는지 알아보고자 한다. 먼저 MEET와 TOEIC의 상관관계를 구해보자. (MEET.sav)

ID	IQ	MEET	TOEIC
1	3	3	2
2	4	4	3
3	4	3	4
4	7	6	5
5	5	4	6
6	5	6	6
7	6	5	7
8	7	6	8
9	8	7	9

$$r = \frac{cov(x,y)}{\sqrt{var(x)}\sqrt{var(y)}} = \frac{\Sigma(x_i-\bar{x})(y_i-\bar{y})}{\sqrt{\Sigma(x_i-\bar{x})^2}\sqrt{\Sigma(y_i-\bar{y})^2}}$$

$$= \frac{(3-4.89)(2-5.56)+(4-4.89)(3-5.56)+\cdots+(7-4.89)(9-5.56)}{\sqrt{(3-4.89)^2+\cdots+(7-4.89)^2}\times\sqrt{(2-5.56)^2+\cdots+(9-5.56)^2}}$$

$$= \frac{21.55556}{26.70368} = 0.807213$$

▶ Hand calculation

① 귀무가설

H_0 : $\rho = 0$ (모집단에서 두 변수의 상관계수는 0이다.)

H_1 : $\rho \neq 0$

② 검정 통계량

$$T = \frac{r}{\sqrt{\frac{1-r^2}{n-2}}} \sim t_{0.025}(n-2)$$

$$= \frac{0.807}{\sqrt{(1-0.807^2)/(9-2)}} = 3.615$$

③ 결론

T=3.615이고 > $t_{0.025}(7)=$ 2.365, df=9−2=7 이므로 귀무가설을 기각한다. 따라서 두 변수간에는 상관관계가 있다고 할 수 있다.

http://surfstat.anu.edu.au/surfstat - home/tables/t.php

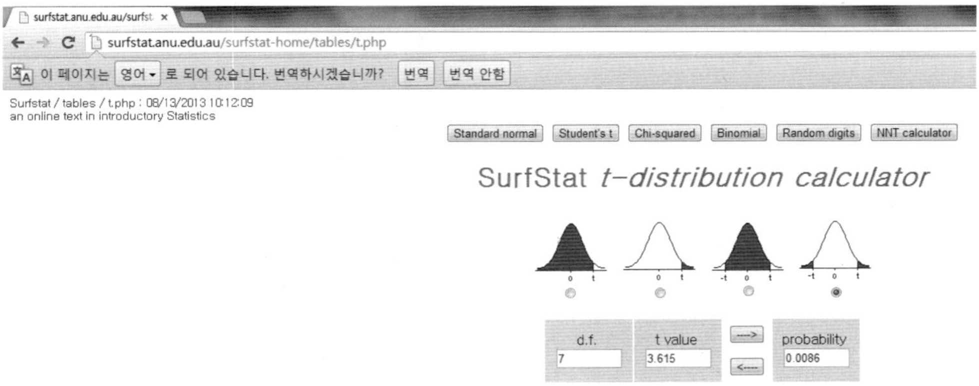

▶ SPSS

분석 - 상관분석 - 이변량 상관계수

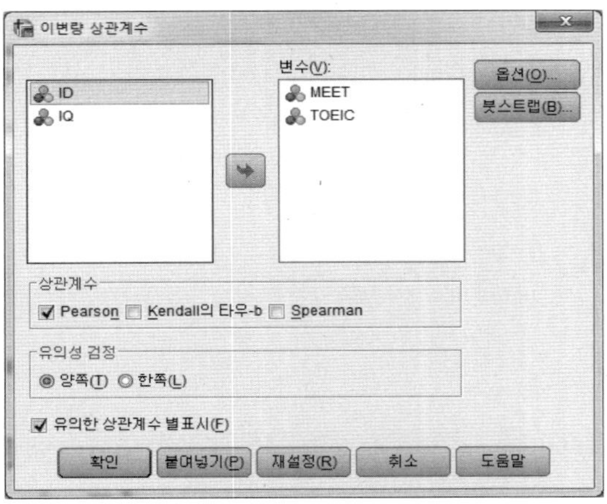

상관계수

		MEET	TOEIC
MEET	Pearson 상관계수	1	.807**
	유의확률 (양쪽)		.009
	N	9	9
TOEIC	Pearson 상관계수	.807**	1
	유의확률 (양쪽)	.009	
	N	9	9

**. 상관계수는 0.01 수준(양쪽)에서 유의합니다.

* 다음은 SPSS를 이용하여 각각 변수들 간의 상관계수를 구한 값이다.

상관계수

		IQ	MEET	TOEIC
IQ	Pearson 상관계수	1	.900**	.874**
	유의확률 (양쪽)		.001	.002
	N	9	9	9
MEET	Pearson 상관계수	.900**	1	.807**
	유의확률 (양쪽)	.001		.009
	N	9	9	9
TOEIC	Pearson 상관계수	.874**	.807**	1
	유의확률 (양쪽)	.002	.009	
	N	9	9	9

**. 상관계수는 0.01 수준(양쪽)에서 유의합니다.

MEET와 TOEIC의 상관계수 = 0.807, 유의한 상관관계 ($p = 0.009$)
MEET와 IQ의 상관계수 = 0.90, 유의한 상관관계 ($p = 0.001$)
TOEIC와 IQ의 상관계수 = 0.874, 유의한 상관관계 ($p = 0.002$)

위의 값을 보면, MEET와 TOEIC은 IQ에 의해 유의하게 영향을 받는다고 말할 수 있다. MEET와 TOEIC의 관계가 IQ의 영향을 제거한 후에도 이 둘의 관계가 계속 유의할까? 이를 구하기 위해서는 편상관계수를 이용하면 된다.

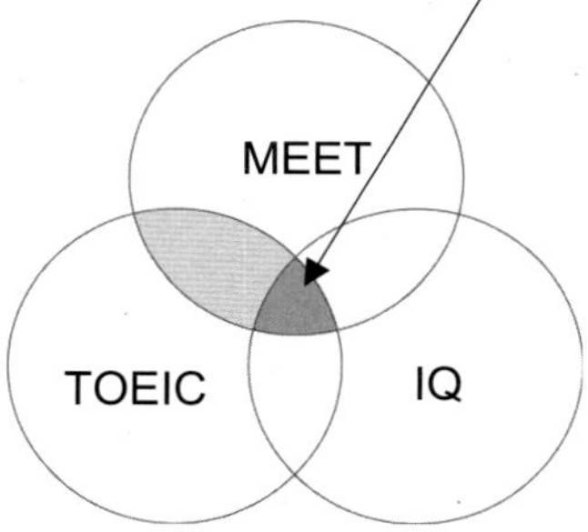

- 편상관계수(Partial Correlation Coefficient) : 변수들간의 상관계수가 다른 변수에 의해 영향을 받을 때 사용하는 통계량으로, 편상관계수는 두 변수간의 상관관계의 정도가 다른(제3의) 변수들에 의해 영향을 받지 않는 순수한 상관관계 정도만을 표시한다.

$r_{xy,z}$ = Partial Correlation Coefficient between x and y given z

$$r_{y2.1} = \frac{r_{y2} - r_{y1}r_{21}}{\sqrt{(1-r_{y1}^2)(1-r_{21}^2)}}$$

(r_{y2} : y와 x_2의 상관계수, r_{y1} : y와 x_1의 상관계수, r_{21} : x_1와 x_2의 상관계수)

예제 1-2) 예제 1의 문제에서 IQ를 배제한 경우의 MEET와 TOEIC의 상관관계를 구하기 위하여 편상관계수를 구해보자.

$r_{MEET\ TOEIC}$ 와, $r_{MEET\ IQ}$, $r_{TOEIC\ IQ}$ 는 위에서 SPSS를 이용하여 구한 값을 이용하면,
$r_{MEET\ TOEIC} = 0.807$, $r_{MEET\ IQ} = 0.90$, $r_{TOEIC\ IQ} = 0.874$이다.

이를 이용하여 편 상관계수의 값을 구하면,

$$r_{MEET\ TOEIC \cdot IQ} = \frac{r_{MEET\ TOEIC} - r_{MEET\ IQ}\ r_{TOEIC\ IQ}}{\sqrt{(1-r_{MEET\ IQ}^2)\ (1-r_{TOEIC\ IQ}^2)}} = \frac{0.807 - 0.90 \times 0.874}{\sqrt{(1-0.90^2)(1-0.874^2)}} = 0.096313$$

▶ **Hand calculation**

① 귀무가설

H_0 : $\rho_{xy \cdot z} = 0$ (모집단에서 두 변수의 편상관계수는 0이다.)

H_1 : $\rho_{xy \cdot z} \neq 0$

② 검정통계량

$$T = \sqrt{N-n}\frac{r_{xy \cdot z}}{\sqrt{(1-r_{xy \cdot z}^2)}} \sim t_{0.025}(N-n)$$

where N = number of observation
n = 변수의 개수
(N = 9, n = 3)

$$= \sqrt{6}\frac{0.096313}{\sqrt{(1-0.096313^2)}} = 0.237 \quad \sim \quad t_{0.025}(9-3)$$

③ 결론

T=0.237이고 < $t_{0.025}(6)$ = 2.447, df=9－3=6 이므로 귀무가설을 기각하지 않는다. 따라서 두 변수간에는 편상관관계가 있다고 말할 수 없다.

▶ **SPSS**

분석 - 상관분석 - 편상관계수

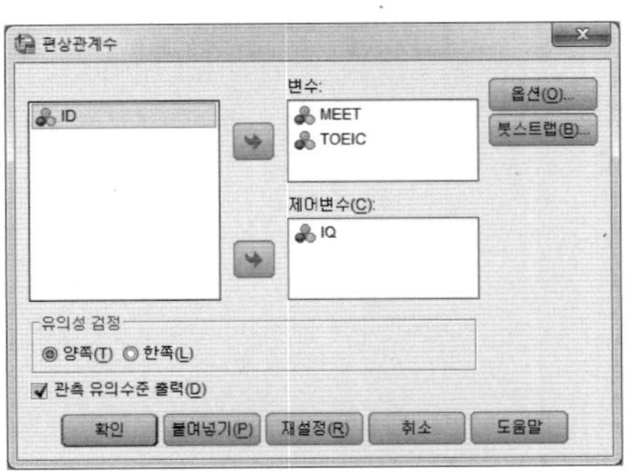

상관

통제변수			MEET	TOEIC
IQ	MEET	상관	1.000	.095
		유의수준(양측)	.	.823
		df	0	6
	TOEIC	상관	.095	1.000
		유의수준(양측)	.823	.
		df	6	0

위의 결과에 의하면, IQ의 영향을 제거한 후의 MEET와 TOEIC의 상관계수는 0.095 (p=0.823)로 매우 낮은 상관관계를 가지며 유의하지 않은 결과가 나왔다. 이처럼 교란변수의 영향을 제거한 후의 상관관계를 알아보는 것이 매우 중요하다는 것을 알았다.

* 회귀분석의 적용 예

(1) 연령에 따라 혈압이 달라지는가를 알아보기 위해

(2) 여러 요인 중에 어떤 것이 혈압을 결정하는 중요한 인자인가를 알아보기 위해

(3) 연령에 의한 혈압의 영향이 남녀별로 차이가 있나를 알아보기 위해

(4) 연령, 체중 등의 영향을 배제한 후에 흡연이 단독으로 혈압에 미치는 영향을 보고자 할 때

(5) 특정 독립변수와 종속변수와의 관계를 가장 잘 설명해주는 함수식을 찾고자 할 때

(6) 흡연과 음주에 의한 혈압변동의 경우 독립 변수인 음주와 흡연 사이에 있을 수 있는 교호작용을 평가하고자 할 때

* 회귀분석의 기본 개념

- 정의 : 변수간의 함수관계를 밝히고 이 함수관계를 이용하여 독립변수 값에 대응되는 종속변수 값을 예측 설명하는 분석방법

- 변수구분 : $\hat{Y} = \hat{\beta}_0 + \hat{\beta}_1 X$

독립변수 - 다른 변수에 영향을 주는 변수
(설명변수, 예측변수)

종속변수 - 다른 변수의 영향을 받는 변수
(반응변수, 결과변수)

* 회귀분석의 종류

(1) 단순회귀분석(Simple Regression Analysis)
독립변수가 하나일 때 독립변수와 종속변수 간의 선형관계에 관한 분석

$$\hat{Y} = \hat{\beta}_0 + \hat{\beta}_1 X$$

(2) 다중회귀분석(Multiple Regression Analysis)
독립변수가 여러 개일 때 이들 독립 변수들과 종속 변수간의 선형관계에 관한 분석

$$\widehat{Y} = \hat{\beta}_0 + \hat{\beta}_1 X_1 + \hat{\beta}_2 X_2 + ...$$

* 회귀분석의 가정

(1) 모든 Y 값들은 서로 독립적이어야 한다.

(2) X의 모든 값에 대해 Y가 가지는 분산은 동일해야 한다. (잔차분석)

(3) 모든 X 값에 대해 Y는 정규분포를 따라야 한다.
(PP plot, QQ plot 등)

(4) Y 값들의 평균은 X에 대하여 선형적이어야 한다.

*** 단순 회귀분석**

(예제 2) 수축기 혈압(SBP)과 연령(AGE)과의 관계를 30명의 성인남자를 대상으로 한 선형회귀방정식을 구하여라. (sbp.sav)

(1) 가설 수립

- 귀무가설 : 나이는 수축기 혈압에 영향을 미치지 않는다.
- 대립가설 : 나이는 수축기 혈압에 영향을 미친다.
  (즉 선형관계만 성립)

(2) 산점도 그리기

▶ **SPSS**

그래프 - 레거시 대화 상자 - 산점도/ 점도표

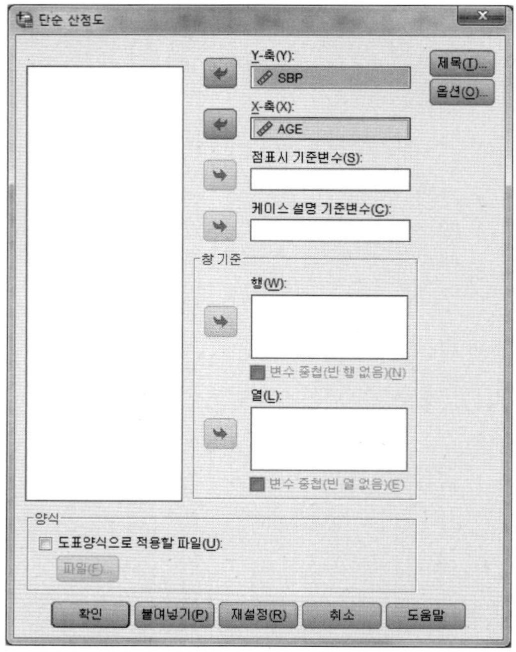

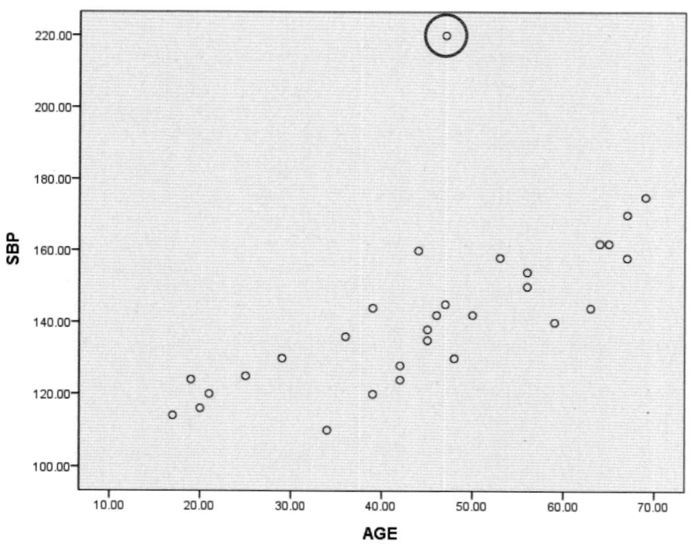

옆의 그래프를 보면, 혼자 떨어져 있는 관측값이 존재함을 알 수 있다.

그렇다면, 이 점은 outlier 일까?

influential point라고 할 수 있을까?

* Outlier and influential point

이상치(Outlier) : 자료 중에 전체 형태로부터 동떨어져 큰 잔차를 갖는 관측값, 또는 나머지 데이터들의 트렌드를 따르지 않는 점을 이상치(outlier)라고 할 수 있다.
아래의 세 그래프에서는 각각 하나의 outlier가 존재함을 알 수 있다.

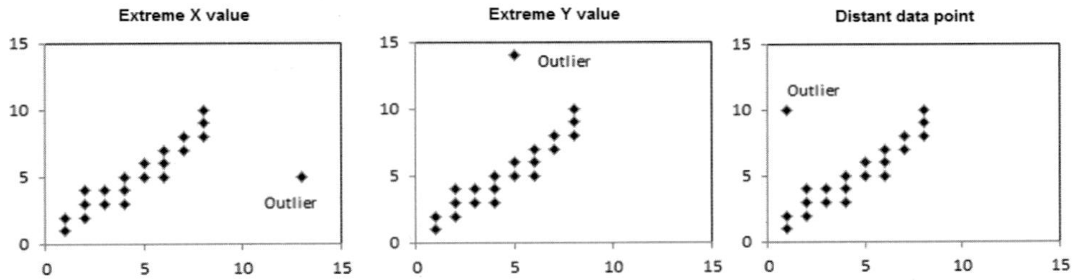

영향점(Influential Point) : 회귀직선의 기울기 변화에 크게 영향을 미치는 점을 영향점이라고 한다.

아래 그래프는 영향점이 있는 자료와 영향점이 없는 자료에 대해 그래프를 비교한 것이다. 오른쪽의 그래프에는 $x=3$일때, <u>이상치</u>가 존재한다. 따라서 이 그래프에서 영향점을 제거 했을 경우와 포함 했을 경우를 비교해 보면, 회귀직선의 기울기는 -3.32에서 -4.10으로 변하였다. 따라서 이 이상치는 <u>영향점</u>이라고 할 수 있다.

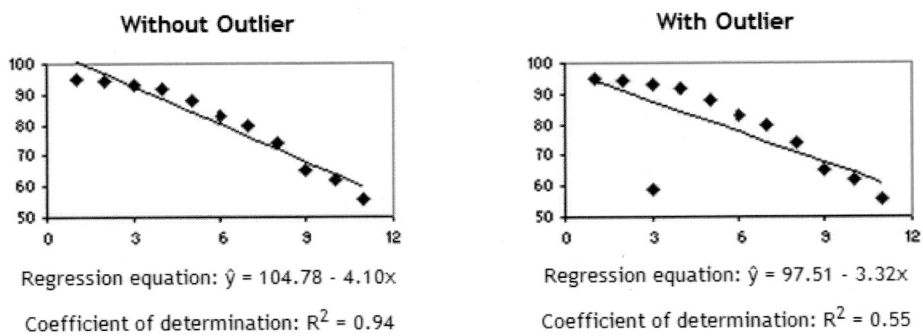

다음 이 그래프에도 역시 이상치($x=24$)로 보이는 점이 존재한다. 이 이상치의 결과로, 이상치를 제거했을 경우와 포함했을 경우의 회귀직선의 기울기 값을 보면, -2.5에서 -1.6으로 값의 변화가 있음으로 이 이상치는 영향점이라고 할 수 있다.

Without Outlier

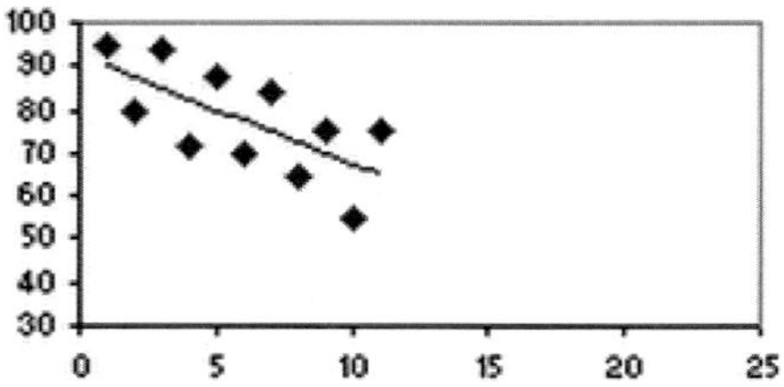

Regression equation: $\hat{y}$ = 92.54 - 2.5x

Slope: b_0 = -2.5

Coefficient of determination: R^2 = 0.46

With Outlier

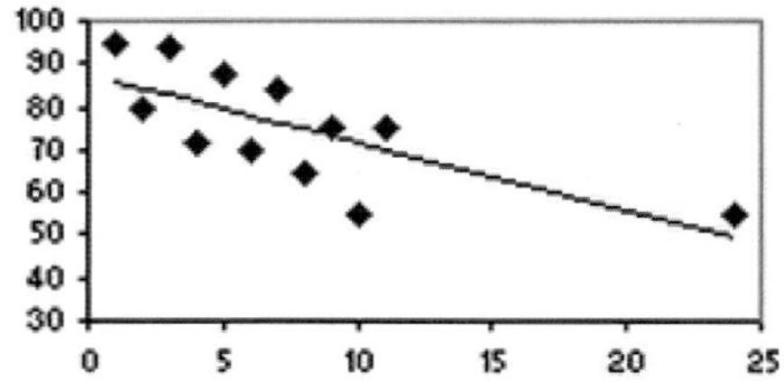

Regression equation: $\hat{y}$ = 87.59 - 1.6x

Slope: b_0 = -1.6

Coefficient of determination: R^2 = 0.52

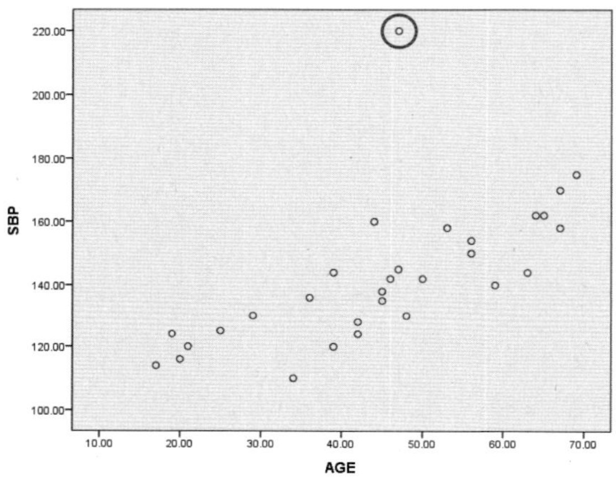

위의 예제 1의 그래프를 보면, 점(x=47)은 데이터에서 벗어난 점으로 트랜드를 따르지 않기 때문에 이상치 임을 알 수 있다.
그렇다면, 이 이상치를 제거한 그래프와 포함한 그래프를 비교하여 이 이상치가 영향점(influential point) 인지 확인해 보자.

위의 자료에 대해서 이상치(x=47)의 값을 제거한 자료와 포함한 자료에 대해서 그래프를 그려주면 다음과 같다.

Without Outlier

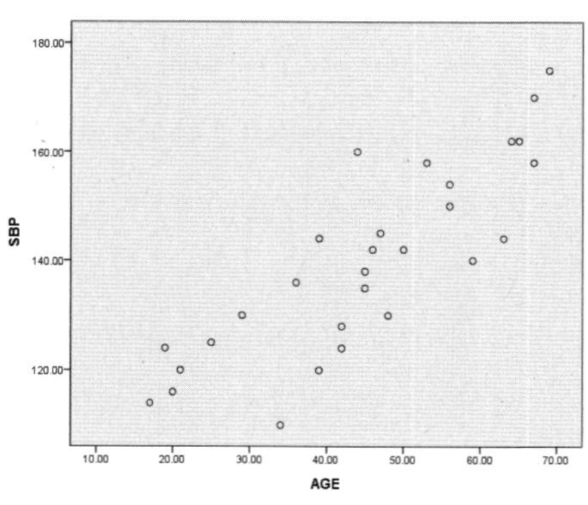

With Outlier

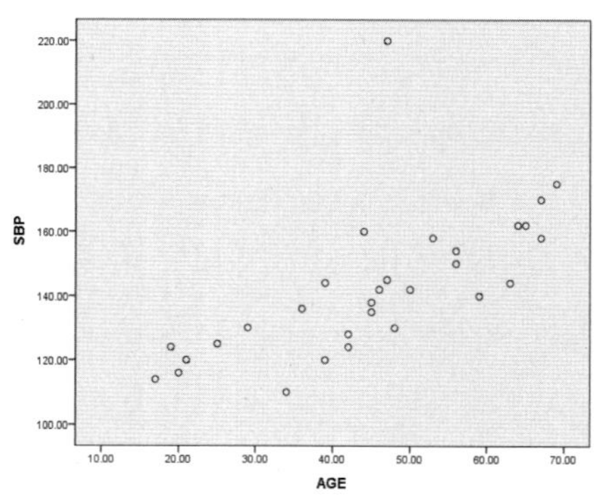

다음은 위의 이상치가 영향점인지 확인하기 위해 SPSS를 이용하여 위의 자료에 대해 회귀분석을 실시하여 기울기 값과 결정계수 값을 구해준다.

▶ SPSS

분석 - 회귀분석 - 선형

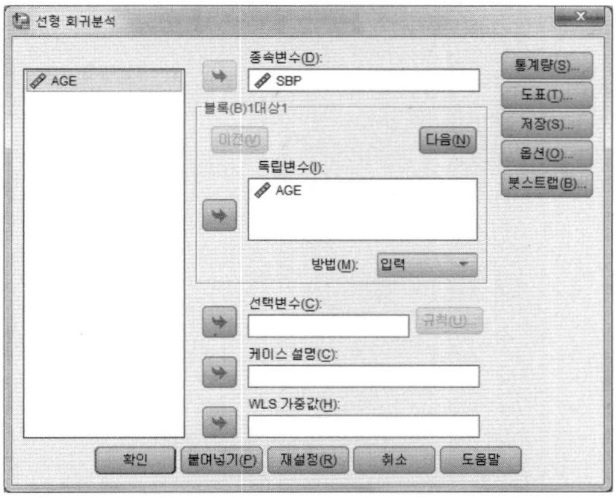

다음은 outlier를 포함한 경우에 대한 출력결과이다.

이 자료에 의하면, R^2값은 0.432이고, 회귀 모형식은 $y = 98.715 + 0.971x$ 임을 알 수 있다.

모형 요약

모형	R	R 제곱	수정된 R 제곱	추정값의 표준오차
1	.658[a]	.432	.412	17.31375

a. 예측값: (상수), AGE

계수[a]

모형		비표준화 계수		표준화 계수		
		B	표준오차	베타	t	유의확률
1	(상수)	98.715	10.000		9.871	.000
	AGE	.971	.210	.658	4.618	.000

a. 종속변수: SBP

다음은 outlier를 제거한 경우에 대한 출력결과이다.

이 자료에 의하면, R^2값은 0.712이고, 회귀 모형식은 $y = 97.077 + 0.949x$ 임을 알 수 있다.

모형 요약

모형	R	R 제곱	수정된 R 제곱	추정값의 표준오차
1	.844[a]	.712	.702	9.56333

a. 예측값: (상수), AGE

계수^{a}

모형		비표준화 계수 B	비표준화 계수 표준오차	표준화 계수 베타	t	유의확률
1	(상수)	97.077	5.528		17.562	.000
	AGE	.949	.116	.844	8.174	.000

a. 종속변수: SBP

요약하면,

이상치를 포함했을 경우와 이상치를 제거했을 경우를 비교해 보면, R^2 값은 0.432에서 0.712로 증가하였지만, 기울기는 0.971에서 0.949로 거의 변화가 없음으로 이 이상치는 영향점으로는 볼 수 없다. 그러므로, 이상치인 이 점을 제거한 후에 회귀분석을 실시하는 것이 좋다.

(3) 잔차분석 하기

분석 - 회귀분석 - 선형

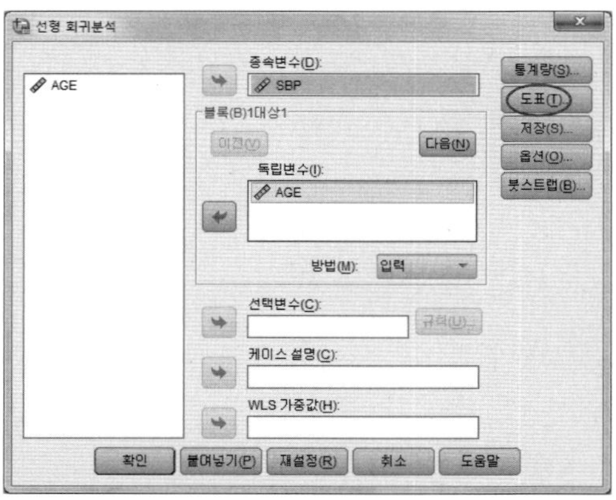

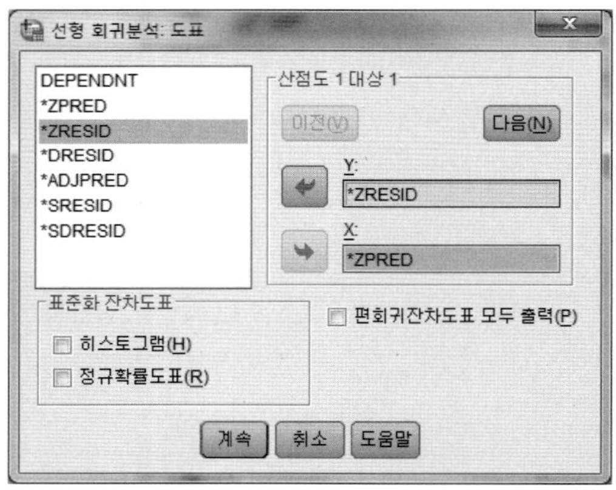

y축을 *ZRESID로 x축을 *ZPRED로 잔차도표를 만들 수 있고, 이 잔차도표를 통해 random error의 가정과 등분산성(homoscedasticity)을 확인할 수 있다.

표준화 잔차(*ZRESID : Standardized residual),

스튜던트 잔차(*SRESID : Studentized residual),

스튜던트 제외 잔차(*SDRESID : Studentized deleted residual)

위의 잔차들이 ±2보다 크면 이상치(혹은 영향치)일 가능성이 높다.

- DEPENDNT (the outcome variable)

- *ZPRED (the standardized predicted values of the dependent variale)
- *ZRESID (the standardized residuals, or errors)
- *DRESID (the deleted residuals)
- *ADJPRED (the adjusted predicted values)
- *SRESID (the Studentized residual)
- *SDRESID (the Studentized deleted residual)

아래의 도표는 잔차분석을 이용하여 그린 산점도이다.

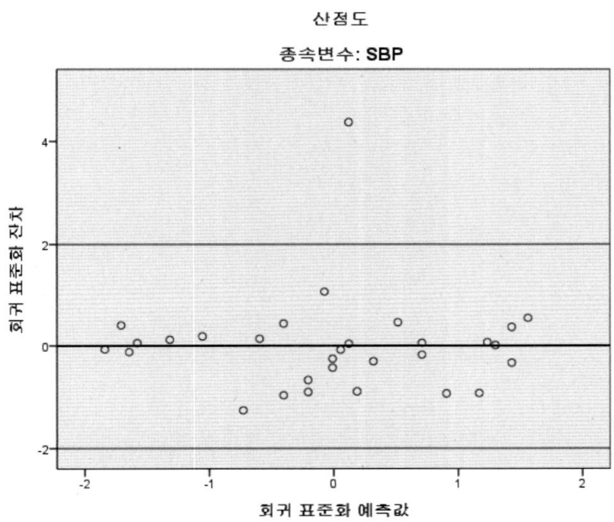

* 잔차 분석에 대한 4가지 종류

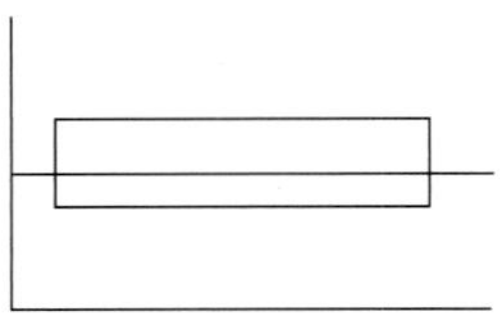

등분산성-문제없음
Homoscedasticity

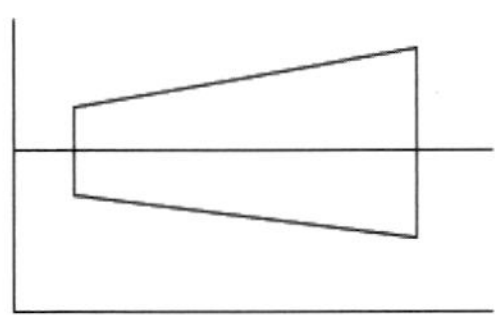

등분산성 가정 무너짐
Hetoroscedasticity

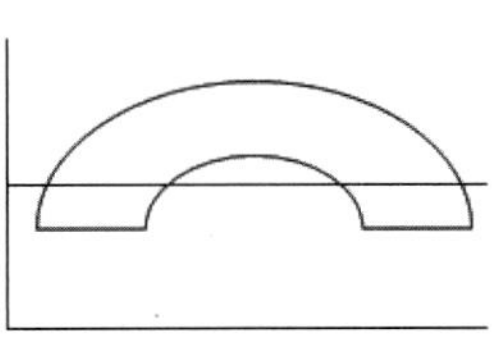

설명변수 2차항 필요

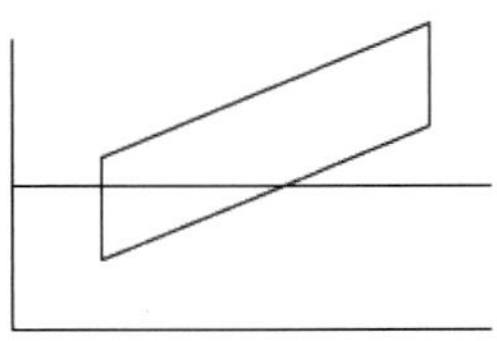

새로운 설명변수 필요

위의 (예제 1)의 잔차분석 결과는 '등분산성 - 문제 없음'에 해당된다.

(4) 회귀방정식 구하기

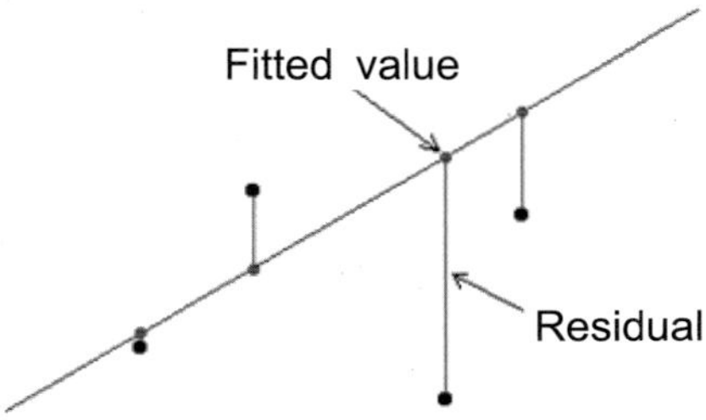

* 최소 제곱법 : 실제 관측치 y_i 와 회귀식에 의한 관측치 $\hat{y_i}$ 의 차이인 오차의 제곱을 전부 더한 오차 제곱합을 최소화해주는 방법으로 기울기($\hat{\beta_1}$)와 절편($\hat{\beta_0}$)을 구하게 된다.

$$\hat{\beta_1} = \frac{\Sigma_{i=1}^{n}(X_i - \overline{X})(Y_i - \overline{Y})}{\Sigma_{i=1}^{n}(X_i - \overline{X})^2}$$

$$\hat{\beta_0} = \overline{Y} - \hat{\beta_1}\overline{X}$$

예제 1번 자료의 기울기와 절편을 이상치(SBP=220, AGE=47)를 제거하고 구해보면,

$$\hat{\beta_1} = \frac{\Sigma_{i=1}^{n}(X_i - \overline{X})(Y_i - \overline{Y})}{\Sigma_{i=1}^{n}(X_i - \overline{X})^2}$$

$$= \frac{(39 - 45.06897)(144 - 139.8621) + \cdots + (69 - 45.06897)(175 - 139.8621)}{(39 - 45.06897)^2 + \cdots + (69 - 45.06897)^2}$$

$$= \frac{6436.276}{6779.862} = 0.949323$$

$$\hat{\beta_0} = \overline{Y} - \hat{\beta_1}\overline{X} = 139.8621 - 0.949323 \times 45.06897 = 97.07708$$

▶ EXCEL

N15 fx

	A	B	C	D	E	F	G	H	I	J
1	Y(SBP)	X(AGE)			Y-MEAN(Y)	X-MEAN(X)	(Y-MEAN(Y))*(X-MEAN(X)) = 'R'			(X-MEAN(X))^2 = 'S'
2	144	39	MEAN(Y)	139.8621	4.13793103	-6.06896552	-25.11296076	R^2	6436.276	36.83234245
3	138	45	MEAN(X)	45.06897	-1.86206897	-0.06896552	0.128418549	S^2	6779.862	0.004756243
4	145	47			5.13793103	1.931034483	9.921521998	기울기	0.949323	3.728894174
5	162	65			22.137931	19.93103448	441.2318668	절편	97.07708	397.2461356
6	142	46			2.13793103	0.931034483	1.990487515			0.866825208
7	170	67			30.137931	21.93103448	660.9560048			480.9702735
8	124	42			-15.862069	-3.06896552	48.68014269			9.418549346
9	158	67			18.137931	21.93103448	397.783591			480.9702735
10	154	56			14.137931	10.93103448	154.5422117			119.4875149
11	162	64			22.137931	18.93103448	419.0939358			358.3840666
12	150	56			10.137931	10.93103448	110.8180737			119.4875149
13	140	59			0.13793103	13.93103448	1.921521998			194.0737218
14	110	34			-29.862069	-11.0689655	330.5422117			122.5219976
15	128	42			-11.862069	-3.06896552	36.40428062			9.418549346

▶ SPSS

① 먼저 위에서 구한 이상치를 제거한다.

데이터 - 케이스 선택

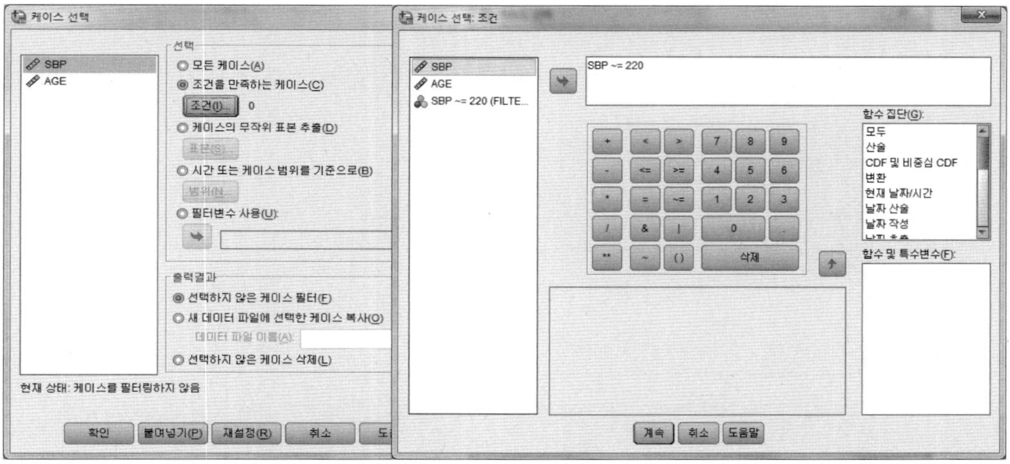

② 이상치를 제거한 후, 회귀분석을 실시한다.

분석 - 회귀분석 - 선형

③ 결과 해석

진입/제거된 변수[a]

모형	진입된 변수	제거된 변수	방법
1	AGE[b]	.	입력

a. 종속변수: SBP

b. 요청된 모든 변수가 입력되었습니다.

모형 요약

모형	R	R 제곱	수정된 R 제곱	추정값의 표준오차
1	.844[a]	.712	.702	9.56333

a. 예측값: (상수), AGE

분산분석[a]

모형		제곱합	자유도	평균 제곱	F	유의확률
1	회귀 모형	6110.102	1	6110.102	66.808	.000[b]
	잔차	2469.347	27	91.457		
	합계	8579.448	28			

a. 종속변수: SBP

b. 예측값: (상수), AGE

계수[a]

모형		비표준화 계수		표준화 계수	t	유의확률
		B	표준오차	베타		
1	(상수)	97.077	5.528		17.562	.000
	AGE	.949	.116	.844	8.174	.000

a. 종속변수: SBP

$\hat{Y}=\hat{\alpha}+\hat{\beta}X=97.077+0.949X$ (결정계수 R=0.844)

B: 비표준화 계수

베타: 표준화 계수: B값의 단위를 통일시킨 것(표준화가 필요)

여기서는 독립변수가 하나이므로 비교할 대상이 없지만, 2개 이상의 독립변수를 가진 다중회귀에서는 서로 비교가 가능하므로 독립변수들의 표준화가 필요하다. 그 경우에 표준화 계수를 사용한다.

(5) 결정계수(Coeff. of Determination)로 좋은 모형인지를 판단한다.

$$R^2 = \frac{SSR}{SST}$$

$$0 \leq R^2 \leq 1$$

$R^2 \rightarrow 1$ 좋은 모형(Good fit) : 모든 표본 관측치가 추정된 회귀직선 위에 있다는 것을 의미.

$R^2 \rightarrow 0$ 나쁜 모형(Bad fit) : 추정된 회귀직선이 변수사이의 관계를 전혀 설명해 주지 못함을 의미.

또한 단순회귀분석에서는 R(결정계수)=r(상관계수) 이지만,

다중회귀분석에서는 R ≠ r 이다.

▶ SPSS

분석 - 상관분석 - 이변량 상관계수

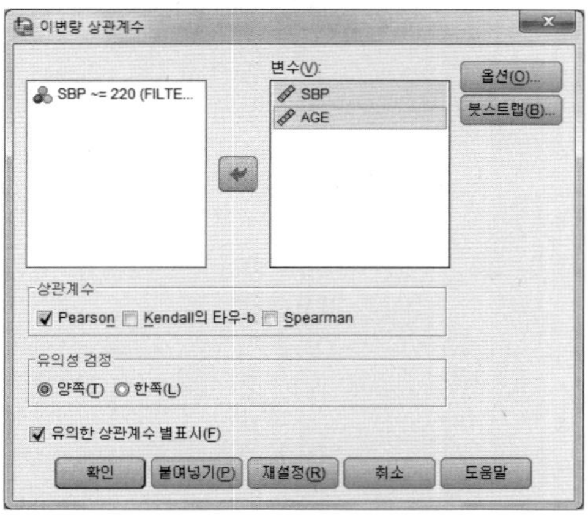

상관계수

		SBP	AGE
SBP	Pearson 상관계수	1	.844**
	유의확률 (양쪽)		.000
	N	29	29
AGE	Pearson 상관계수	.844**	1
	유의확률 (양쪽)	.000	
	N	29	29

**. 상관계수는 0.01 수준(양쪽)에서 유의합니다.

결정계수는 회귀직선이 실제 관측치를 어느 정도 대표하여 그 적합성(Goodness of fit)을 보여주고 있는가를 측정하는 계수이다. 여기서 얻어진 결정계수의 값은 0.844로 대체적으로 추정된 회귀직선은 실제 관측치를 잘 설명하고 있다고 할 수 있고 단순회귀이므로 결정계수(0.844)의 값과 상관계수(0.844)의 값은 같다.

▶ 다중회귀분석 방법 순서도

가설 수립

↓

산점도 그리기

↓

회귀 모형 추정

↓

다중공선성 진단

↓

변수 선택

↓

영향치 진단

↓

잔차 분석

↓

회종 회귀 모형

Ref. 권세혁. 통계소프트웨어 SAS, SPSS 활용 중심 회귀분석. 자유아카데미 2008.

2) 다중 회귀분석

예제 2) Willerman et al.(1991)은 Southwestern university의 심리학과 학생들 중에서 오른손 잡이인 백인계 미국인 학생 40명을 모집하였다. 연구자들은 MRI (Magnetic Resonance Imaging)를 이용하여, 학생들의 'brain size'를 재는데 사용하였고, 'body size'(키, 몸무게) 정보도 포함시켰다. 연구자들은 brain이 크면 클수록 지능지수가 좋은지에 관한 연구를 하기 위하여, FSIQ(Full Scale Intelligent Quotient : 지능지수)에 영향을 미치는 잠재적인 요인으로 VIQ (Verbal Intelligent Quotient), PIQ(Performance Intelligent Quotient), 키, 몸무게, MRI count를 측정하였다. (IQ.sav)

(1) 가설 수립

- 귀무가설 : 교란변수의 영향을 배제한 후에도 brain size는 지능지수에 영향을 미치지 않는다.
- 대립가설 : 교란변수의 영향을 배제한 후에도 brain size는 지능지수에 영향을 미친다.

  (즉 선형관계만 성립)

  Outcome variable: FSIQ.

  Explanatory variable: MRI count.

  Potential confounding variable: VIQ, PIQ, Wt, Ht

(2) 행렬산점도 그리기

▶ SPSS

그래프 – 레거시 대화상자 – 산점도/점도표

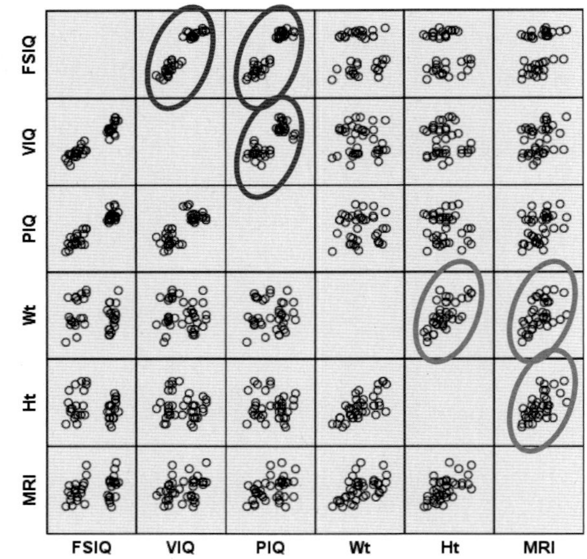

다음의 행렬 산점도를 살펴볼 때, VIQ와 PIQ는 FSIQ에 양의 영향을 미침을 알 수 있고, VIQ와 PIQ간에도 상관관계가 존재함이 보여진다. 또한 뇌의 크기를 나타내는 MRI 변수는 FSIQ보다는 키와 몸무게와 더 관련성이 있는 것으로 보이고, 키와 몸무게 간에도 상관관계가 있음이 보여진다.

상관관계를 통해서도 확인해 보면,

상관계수

		FSIQ	VIQ	PIQ	Wt	Ht	MRI
FSIQ	Pearson 상관계수	1	.945**	.934**	-.051	-.105	.334*
	유의확률 (양쪽)		.000	.000	.759	.530	.041
	N	38	38	38	38	38	38
VIQ	Pearson 상관계수	.945**	1	.776**	-.076	-.107	.300
	유의확률 (양쪽)	.000		.000	.650	.522	.067
	N	38	38	38	38	38	38
PIQ	Pearson 상관계수	.934**	.776**	1	.003	-.082	.378*
	유의확률 (양쪽)	.000	.000		.988	.627	.019
	N	38	38	38	38	38	38
Wt	Pearson 상관계수	-.051	-.076	.003	1	.700**	.513**
	유의확률 (양쪽)	.759	.650	.988		.000	.001
	N	38	38	38	38	38	38
Ht	Pearson 상관계수	-.105	-.107	-.082	.700**	1	.581**
	유의확률 (양쪽)	.530	.522	.627	.000		.000
	N	38	38	38	38	38	38
MRI	Pearson 상관계수	.334*	.300	.378*	.513**	.581**	1
	유의확률 (양쪽)	.041	.067	.019	.001	.000	
	N	38	38	38	38	38	38

**. 상관계수는 0.01 수준(양쪽)에서 유의합니다.

*. 상관계수는 0.05 수준(양쪽)에서 유의합니다.

(VIQ, PIQ), (PIQ, MRI), (Wt, Ht), (MRI, Wt), (MRI, Ht)가 서로 유의하게 상관관계가 있음이 보였다.

FSIQ와 관련성이 있는 변수는 VIQ, PIQ, MRI로 보인다. Wt와 Ht의 FSIQ와의 상관계수 −0.051, −0.105로 모집단에서 상관계수가 0이라는 귀무가설을 기각하지 못해($p>0.05$) 전혀 관련성이 없는 것으로 보여져 그 변수들은 제거하기로 결정하였다.

(3) 회귀방정식 구하기

회귀 방정식을 구하기 위하여 SPSS를 통해 회귀분석을 실시한다.

계수[a]

모형		비표준화 계수		표준화 계수	t	유의확률
		B	표준오차	베타		
1	(상수)	-9.502	5.553		-1.711	.097
	VIQ	.576	.019	.555	29.899	.000
	PIQ	.549	.020	.521	26.937	.000
	Wt	-.008	.017	-.008	-.473	.639
	Ht	.156	.109	.026	1.434	.161
	MRI	-1.353E-005	.000	-.041	-2.428	.021

a. 종속변수: FSIQ

회귀분석을 한 결과, Wt와 Ht의 유의확률 값이 $p=0.639$, 0.161이므로 유의하지 않아, 제외하고 다시 회귀분석을 실시한다.

계수[a]

모형		비표준화 계수		표준화 계수	t	유의확률
		B	표준오차	베타		
1	(상수)	-3.263	3.487		-.936	.356
	VIQ	.575	.019	.553	30.116	.000
	PIQ	.543	.020	.515	27.208	.000
	MRI	-8.894E-006	.000	-.027	-2.165	.038

a. 종속변수: FSIQ

위의 출력결과에 의해 FSIQ에 영향을 미치는 설명변수는 VIQ, PIQ, MRI라는 것을 알았다.

위의 설명변수들 간에 다중공산성이 있는지 확인해 보자.

(4) 다중공선성 진단

다중공선성이란 독립(설명)변수들이 서로 독립적이지 않고 (선형)상관관계가 있는 것을 말한다. 따라서, 설명변수들 간에 상관관계가 높으면, 추정회귀계수를 믿을 수 없게 된다. 다중 공선성은 분산팽창지수(VIF)나 상태지수(Condition Index)를 이용하여 진단할 수 있다.

- VIF ≥ 10 이면 다중공선성 문제 발생.
- 상태지수 ≥10이면, 다중공선성 문제에 대해 우려할 수 있고, 상태지수가 30이상이면, 상관관계가 매우 유의한 설명변수가 존재, 즉 다중공선성 문제가 발생하는 것에 대해 매우 심각하게 우려되어져야 한다.

다중 공선성 진단을 위해서는 VIF나 상태지수를 사용하여 진단하게 되는데, SPSS를 이용하면 다음과 같은 방법으로 구할 수 있다.

▶ SPSS (IQ.sav)

분석 - 회귀분석 - 선형

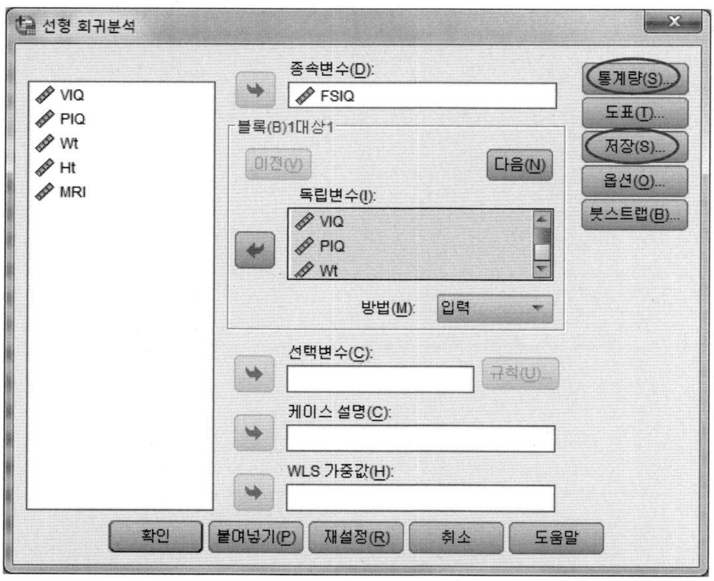

→ 변수 5개 모두 입력

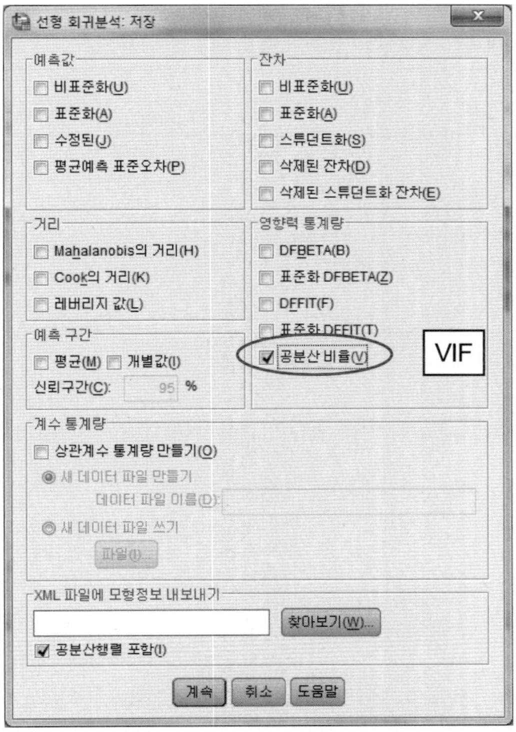

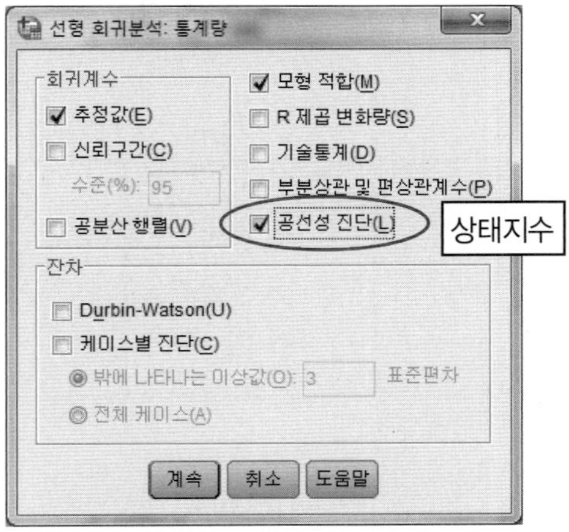

계수[a]

모형		비표준화 계수		표준화 계수	t	유의확률	공선성 통계량	
		B	표준오차	베타			공차	VIF
1	(상수)	-9.502	5.553		-1.711	.097		
	VIQ	.576	.019	.555	29.899	.000	.388	2.579
	PIQ	.549	.020	.521	26.937	.000	.357	2.803
	Wt	-.008	.017	-.008	-.473	.639	.486	2.060
	Ht	.156	.109	.026	1.434	.161	.395	2.529
	MRI	-1.353E-005	.000	-.041	-2.428	.021	.463	2.158

a. 종속변수: FSIQ

VIF값이 10보다 작아 별 문제가 없어 보인다.

공선성 진단[a]

모형	차원	고유값	상태지수	분산비율					
				(상수)	VIQ	PIQ	Wt	Ht	MRI
1	1	5.925	1.000	.00	.00	.00	.00	.00	.00
	2	.052	10.677	.00	.10	.08	.05	.00	.00
	3	.011	22.820	.06	.02	.16	.48	.01	.01
	4	.008	26.660	.01	.88	.65	.11	.00	.00
	5	.003	48.400	.23	.00	.06	.12	.00	.81
	6	.001	81.886	.71	.00	.05	.25	.98	.18

a. 종속변수: FSIQ

그러나 위의 **상태지수 값**을 보면 첫 행을 제외한 나머지 행의 값이 **10이상**이므로 **다중공선성** 문제가 발생할 수 있다. 따라서 첫 행을 제외한 나머지 행에서 어떤 설명변수로 인하여 발생하였는지 살펴보아야 한다.

상태지수 값 10 이상인 고유값에서 설명변수의 분산비율 중 유난히 큰 설명변수가 존재하면 그 변수들 간에 상관관계로 인하여 다중공선성 문제가 발생할 수 있다.

위의 값을 보면, 5번째 행과 6번째 행의 경우에는 하나의 변수값만이 분산비율이 높으므로 문제가 되지 않는다. 그러나 4번째 행의 VIQ와 PIQ의 변동은 각각 88%, 65%를 설명하므로 VIQ와 PIQ에 의해 **다중공선성** 문제가 발생할 수 있다.

따라서 위의 상관계수 표에서 FSIQ와 VIQ, PIQ간의 상관계수 값을 확인해 보면, FSIQ와 VIQ와의 상관계수 값은 0.945이고, FSIQ와 PIQ의 상관계수 값은 0.934로 FSIQ와 VIQ의 상관계수 값이 더 높음을 알 수 있다. 그러므로 변수 PIQ를 제거하여 다중공선성 문제를 해결한다. (VIQ와 PIQ의 상관계수 = 0.776)

(5) 변수 선택

$$\widehat{Y} = \hat{\alpha} + \hat{\beta}X$$

B: 비표준화 계수

베타: 표준화 계수: B값의 단위를 통일시킨 것.

예를 들어 측정단위가 하나는 Cm, 다른 하나는 마이크로 미터로 측정했다면 표준화가 반드시 필요!

즉 단위를 통일시킨 표준화된 값이기 때문에 서로 비교를 할 수 있다는 장점.

그러므로 표준화 계수가 클수록 종속변수에 더 많은 영향을 미친다.

VIQ, MRI만 포함하여 회귀분석을 다시 실시한다.

▶ SPSS

계수[a]

모형		비표준화 계수		표준화 계수	t	유의확률
		B	표준오차	베타		
1	(상수)	-10.880	16.348		-.666	.510
	VIQ	.964	.059	.929	16.248	.000
	MRI	1.801E-005	.000	.055	.960	.344

a. 종속변수: FSIQ

비표준화 계수를 이용하여 식을 나타내면,

$$\text{FSIQ} = -10.880 + 0.964 \times \text{VIQ} + 1.801 \times 10^{-5} \times MRI$$

표준화 계수를 이용하여 식을 나타내면,

$$\text{FSIQ} = 0.929 \times \text{VIQ} + 0.055 \times MRI$$

VIQ의 표준화 계수(0.929)가 MRI(0.055)보다 더 크므로 VIQ가 MRI보다 더 종속변수 FSIQ에 많은 영향을 미친다는 것을 알 수 있다.

- 결정계수: 변수 y의 변동 중 회귀식에 의해서 설명되는 변동의 비율을 나타내는 지표이다. 물리적인 의미는 회귀식의 유효성, 실제로 도움이 되는지를 평가하기 위한 지표이기도 하다.

$$R_p^2 = \frac{SSR_p}{SST} \quad (p = \text{설명변수의 수})$$

- 결정계수가 크다는 것은 데이터를 가장 적합하게 설명해주는 모형이라는 것이다.
- 결정계수는 설명변수가 많으면 많을수록 커진다. 그러나 설명변수가 많다고 좋은 모형은 아니므로 설명변수의 개수가 다른 모형들을 비교할 때에는 수정된 결정계수를 사용할 필요가 있으며 더 큰 수정된 결정계수를 가진 모형이 더 좋은 모형이라고 할 수 있다.

수정결정계수:

$$\text{adj } R_p^2 = 1 - \frac{SSE_p/(n-p-1)}{SST/(n-1)}$$

〈모형선택 전략〉

1) 전진 선택법(forward selection)

- 절편항만을 포함한 모형에서 시작하여 그 효과가 가장 유의하다고 판단되는 설명변수부터 하나씩 차례로 추가한 모형을 각각 적합시키는 방법이다.
- p값이 변수선택의 기준값보다 작으면 그 변수를 모형에 포함시키고 그렇지 않은 경우에는 제거하여 유의한 변수들을 선택해 가는 방법을 말한다.
- 한번 선택된 설명변수는 추후에 다른 설명변수의 추가로 인하여 그 변수가 중요하지 않게 되어도 그 변수를 제거할 수 없다는 단점이 있다.

2) 후진 제거법(Backward elimination)

- 모든 설명변수를 포함한 모형인 완전모형(full model)에서 시작하여 그 효과가 가장 유의하지 않다고 판단되는 설명변수부터 하나씩 차례로 제거하는 방법이다.
- 한 번 제거된 설명변수는 나중에 다른 설명변수의 제거로 인하여 그 변수가 필요하게 되어도 다시 모형에 포함시킬 수 없다는 단점이 있다.

3) 단계적 선택법(Stepwise selection)

- 모형에 유의한 설명변수를 하나씩 추가하면서 남아있는 설명변수들 중에서 추가되는 설명변수로 인하여 필요 없게 되는 설명변수를 제거하는 방법을 반복하면서 더 이상 추가되거나 제거되는 설명변수가 없을 때까지 이러한 과정을 수행하여 변수를 선택하는 방법을 단계적 선택법이라 한다.
- 모형에 변수를 포함시킬 때의 기준값에 비해 변수를 제외할 때의 기준값을 약간 크게 택하는 것이 일반적이다. 예를 들어, 변수를 포함하기 위한 기준값을 0.10으로 택한다면 변수를 제거하기 위한 기준값은 0.20으로 정할 수 있다.

위의 예제의 경우 세 가지 방법에 대해 결과가 똑같이 나왔다. 그러나 결과가 항상 같게 나오는 것은 아니다.

▶ SPSS에서 전진선택법을 이용하여 구한 것이다.

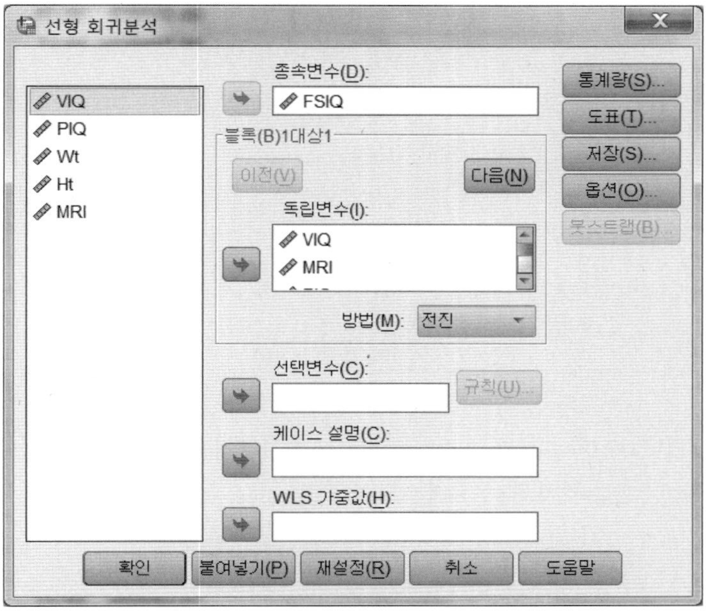

모형 요약

모형	R	R 제곱	수정된 R 제곱	추정값의 표준오차
1	.945[a]	.893	.890	7.88877
2	.997[b]	.995	.995	1.76527
3	.998[c]	.995	.995	1.67907

a. 예측값: (상수), VIQ

b. 예측값: (상수), VIQ, PIQ

c. 예측값: (상수), VIQ, PIQ, MRI

계수[a]

모형		비표준화 계수		표준화 계수	t	유의확률
		B	표준오차	베타		
1	(상수)	3.529	6.467		.546	.589
	VIQ	.981	.057	.945	17.355	.000
2	(상수)	-10.114	1.538		-6.575	.000
	VIQ	.574	.020	.553	28.622	.000
	PIQ	.533	.020	.505	26.153	.000
3	(상수)	-3.263	3.487		-.936	.356
	VIQ	.575	.019	.553	30.116	.000
	PIQ	.543	.020	.515	27.208	.000
	MRI	-8.894E-006	.000	-.027	-2.165	.038

a. 종속변수: FSIQ

PIQ와 VIQ가 다중공선성이 존재하여 추정회계계수를 믿을 수 없기 때문에, 수정결정계수 값만 보고 모형을 선택 할 수 없다. 수정결정계수 값이 VIQ, PIQ, MRI가 포함될 때 가장 높다고 할지라도, 이 모형이 가장 좋은 모형이라고 할 수 없다. PIQ와 VIQ가 다중공선성이 존재하여 추정회계계수를 믿을 수 없기 때문이다. 따라서 PIQ의 상관계수가 VIQ보다 더 낮으므로 PIQ를 제거해보자.

계수[a]

모형		비표준화 계수		표준화 계수	t	유의확률
		B	표준오차	베타		
1	(상수)	-10.880	16.348		-.666	.510
	VIQ	.964	.059	.929	16.248	.000
	MRI	1.801E-005	.000	.055	.960	.344

a. 종속변수: FSIQ

MRI가 관심이 있는 독립변수(Explanatory variable)이기 때문에 MRI가 유의하지 않더라도(p=0.344) 최종 모형에 포함시켜야 한다.

(6) 영향치 진단

* COOK's distance(Coo_1) >1: 영향치일 가능성이 있다.
(1: general cutoff value)

- 종속변수의 예측에 있어 영향을 주는 사례를 찾아낸다.
- 영향이 있다고 판단되는 사례를 제거하였을 때의 잔차의 변화를 보여주기 때문에 유용한 측정치가 된다.
- COOK's distance 값이 크면 분석에서 영향을 주는 영향치로 판단한다.

FSIQ = VIQ 모형에서

모든 COO_1 < 1 이므로 영향치를 발견할 수 없었다.

* DFFITS (Difference of Fits)

$$|DFFITS_{(i)}| = \left| \frac{\widehat{Y_i} - \widehat{Y_{(i)}}}{\sqrt{MSE_{(i)} h_i}} \right| > 2 \text{ (general cutoff value)이면 영향치}$$

or

$$> 2\sqrt{\frac{p}{n}}$$ (size-adjusted cutoff recommended by Belsley, Kuh, and welsch) 이면 영향치

(p: 독립변수의 수, n= # of observation)

where $h_i = x_i (X'X)^{-1} x_i'$

$DEFITS$의 값이 크면 영향치를 의미한다.

계산된 값들이 general cutoff value인 2보다 작아서 영향치를 발견 할 수 없었다.

(참고: $2\sqrt{\frac{p}{n}} = 2\sqrt{\frac{1}{38}} = 0.3244$)

* DFBETAS (Difference of Betas)

$$|DFBETAS_{k(i)}| = \left| \frac{\beta_k - \beta_{k(i)}}{\sqrt{MSE_{(i)} C_{kk}}} \right| > 2 \text{ (general cutoff value)이면 영향치}$$

$$\text{or } \frac{2}{\sqrt{n}} \text{ (size-adjusted cutoff)}$$

계산된 값들이 general cutoff value인 2보다 작아서 영향치를 발견 할 수 없었다.

(참고: $\frac{2}{\sqrt{n}} = \frac{2}{\sqrt{38}} = 0.324843$)

⇨ 영향치가 존재한다면 영향치를 제거하고 회귀직선을 구하고 제거하지 않았을 때의 회귀직선을 구해 기울기가 얼마나 차이가 나는지 보여준다.

(7) 잔차분석

FSIQ와 VIQ, MRI에 대한 잔차도표를 확인한 결과 두 개의 이상치가 존재함을 알 수 있었다.

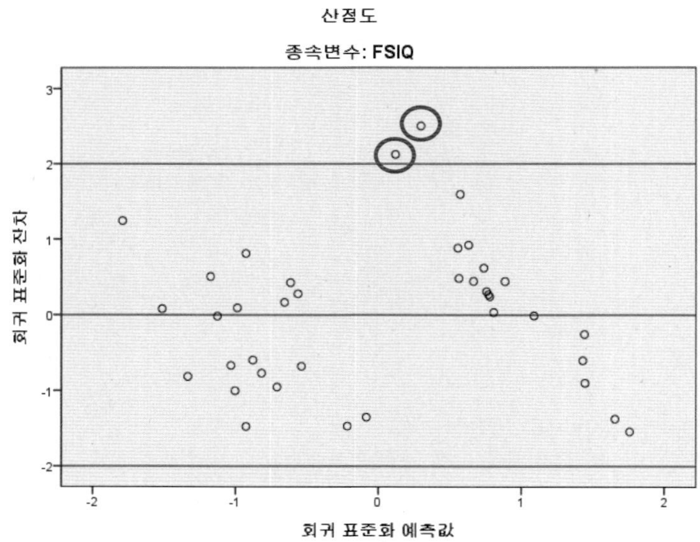

따라서 두개의 이상치를 찾아내기 위해 잔차에서 케이스별 진단을 실시한다.

분석 - 회귀분석 - 선형 - 통계량

케이스별 진단에서 밖에 나타나는 이상값을 2 표준편차로 설정해 준다.

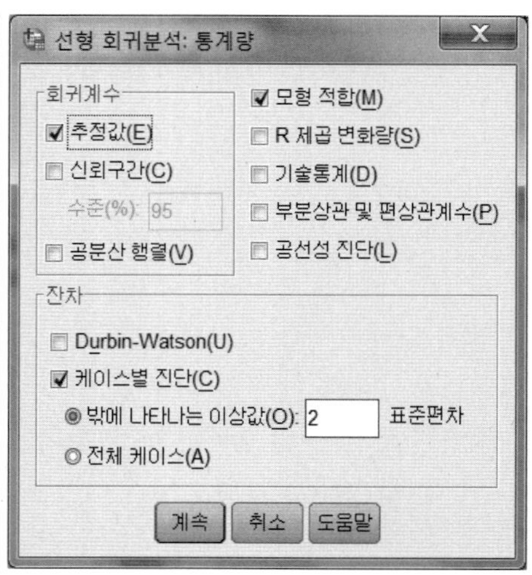

케이스별 진단[a]

케이스 번호	표준화 잔차	FSIQ	예측값	잔차
9	2.123	133.00	116.2311	16.76891
13	2.503	140.00	120.2331	19.76687

a. 종속변수: FSIQ

다음의 케이스별 진단 값을 통해 이상치가 9, 13이었음을 확인 할 수 있다.

잔차 분석의 결과 이상치가 존재하므로, 제거한 후 다시 잔차분석을 실시한다. 먼저, ID 변수를 만들어 준다.

그 다음 이상치 9, 13 케이스를 케이스 선택을 이용하여 제외시킨다.

데이터 - 케이스선택

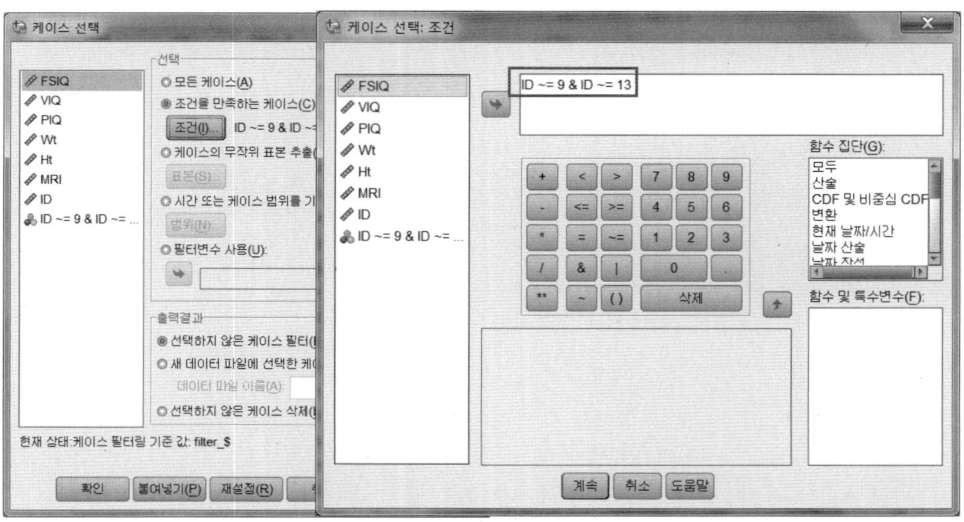

9, 13 케이스가 제외되었음을 알 수 있다.

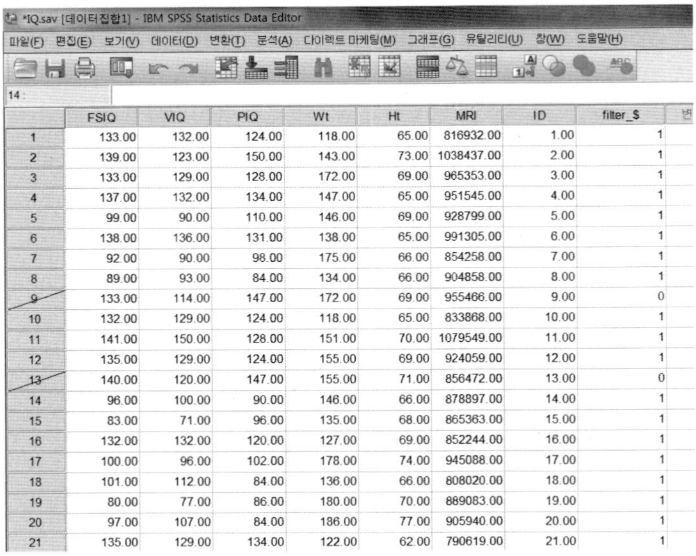

	FSIQ	VIQ	PIQ	Wt	Ht	MRI	ID	filter_$
1	133.00	132.00	124.00	118.00	65.00	816932.00	1.00	1
2	139.00	123.00	150.00	143.00	73.00	1038437.00	2.00	1
3	133.00	129.00	128.00	172.00	69.00	965353.00	3.00	1
4	137.00	132.00	134.00	147.00	65.00	951545.00	4.00	1
5	99.00	90.00	110.00	146.00	69.00	928799.00	5.00	1
6	138.00	136.00	131.00	138.00	65.00	991305.00	6.00	1
7	92.00	90.00	98.00	175.00	66.00	854258.00	7.00	1
8	89.00	93.00	84.00	134.00	66.00	904858.00	8.00	1
9	133.00	114.00	147.00	172.00	69.00	955466.00	9.00	0
10	132.00	129.00	124.00	118.00	65.00	833868.00	10.00	1
11	141.00	150.00	128.00	151.00	70.00	1079549.00	11.00	1
12	135.00	129.00	124.00	155.00	69.00	924059.00	12.00	1
13	140.00	120.00	147.00	155.00	71.00	856472.00	13.00	0
14	96.00	100.00	90.00	146.00	66.00	878897.00	14.00	1
15	83.00	71.00	96.00	135.00	68.00	865363.00	15.00	1
16	132.00	132.00	120.00	127.00	69.00	852244.00	16.00	1
17	100.00	96.00	102.00	178.00	74.00	945088.00	17.00	1
18	101.00	112.00	84.00	136.00	66.00	808020.00	18.00	1
19	80.00	77.00	86.00	180.00	70.00	889083.00	19.00	1
20	97.00	107.00	84.00	186.00	77.00	905940.00	20.00	1
21	135.00	129.00	134.00	122.00	62.00	790619.00	21.00	1

케이스 9, 13이 제외된 자료를 가지고 잔차분석을 한다.

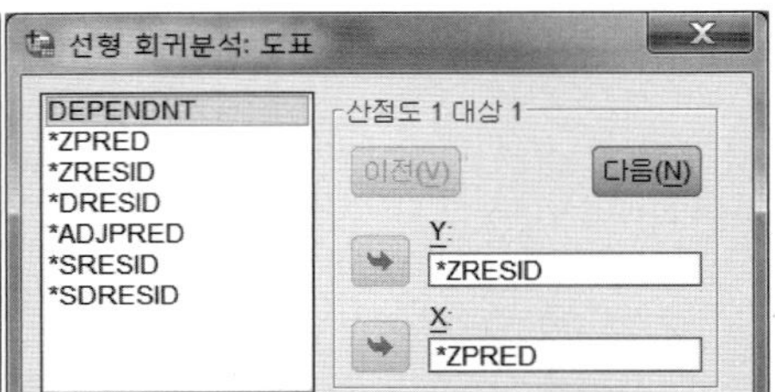

산점도

종속변수: FSIQ

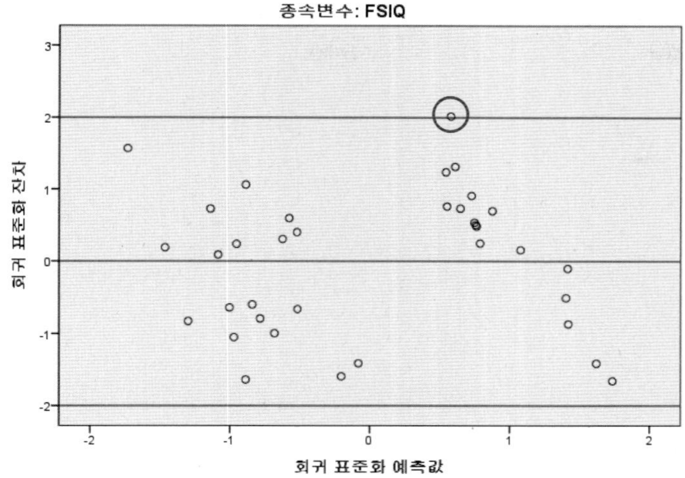

위의 잔차도표를 확인한 결과 케이스 9, 13을 제거 한 뒤에도 하나의 이상치가 또 존재함을 알 수 있었다.

케이스별 진단[a]

케이스 번호	표준화 잔차	FSIQ	예측값	잔차
2	2.017	139.00	125.5340	13.46598

a. 종속변수: FSIQ

위와 같은 방법으로 케이스별 진단을 한 결과, 케이스 2가 이상치 임을 알 수 있었다. 따라서 케이스 2를 제거하고 다시 회귀분석을 실시한다.

분석 - 회귀분석 - 선형

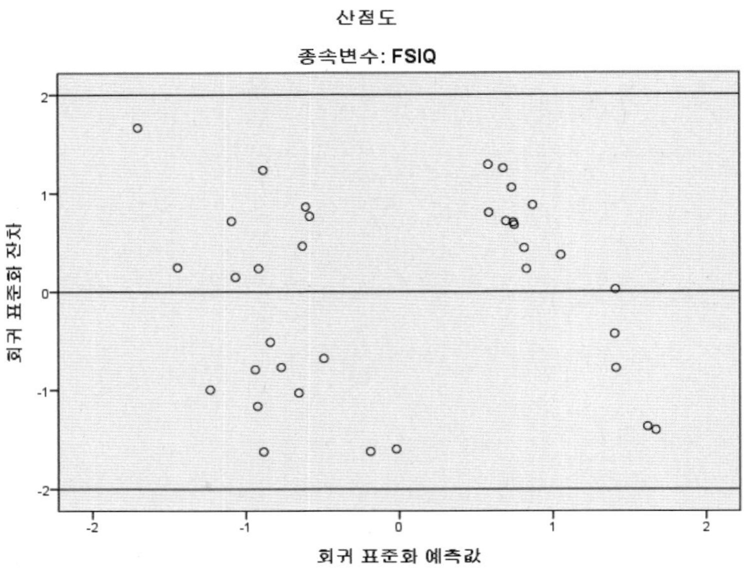

잔차분석 확인 결과 등분산성에 별 문제가 없음을 알 수 있다.
등분산성을 만족하기 때문에 위의 자료를 가지고 회귀분석을 할 수 있다.

(8) 최종회귀모형 추정

모형 요약[b]

모형	R	R 제곱	수정된 R 제곱	추정값의 표준오차
1	.966[a]	.934	.930	6.28798

a. 예측값: (상수), MRI, VIQ

b. 종속변수: FSIQ

계수[a]

모형		비표준화 계수		표준화 계수	t	유의확률
		B	표준오차	베타		
1	(상수)	-3.329	13.765		-.242	.810
	VIQ	.954	.047	.957	20.082	.000
	MRI	9.396E-006	.000	.028	.591	.558

a. 종속변수: FSIQ

이상치를 포함한 모형의 결정계수 R= 0.945
2개의 이상치를 제거했을 때의 모형 R=0.960
3개의 이상치를 제거했을 때의 모형 R=0.966
결정계수가 점점 증가함을 알 수 있다.
수정된 R-square : 0.930 이므로 회귀선이 자료를 잘 설명해 준다고 할 수 있다.

회귀식을 구하면 아래와 같다.

최종모형(비표준화 계수) FISQ = −10.880 + 0.954 × VIQ + 0.000009396 × MRI
(표준화 계수) FISQ = 0.957 × VIQ + 0.28 ×MRI

따라서 VIQ가 MRI보다 FSIQ에 더 많이 영향을 미치는 변수라는 것을 알 수 있다.

3) Log Transformation

예제 3) 진통제의 투여량(DOSE)에 따라 진통지속시간(HR)이 어떻게 변하는지를 알아보기 위해 DOSE의 여러 수준에서 실험한 결과가 다음과 같다. 두 변수 사이에는 어떤 함수 관계가 있는가? (dose.sav)

DOSE	2	2	4	4	8	8	16	16	32	32
HR	60	58	63	62	67	65	70	70	74	74

(1) 가설 수립

- 귀무가설 : 진통제의 투여량(DOSE)은 진통지속시간에 영향을 미치지 않는다.
- 대립가설 : 진통제의 투여량(DOSE)은 진통지속시간에 영향을 미치지 않는다.

  Outcome variable: 진통지속시간(HR)

  Explanatory variable: 진통제 투여량(DOSE)

(2) 산점도 그리기

그래프 - 레거시 대화상자 - 산점도/점도표

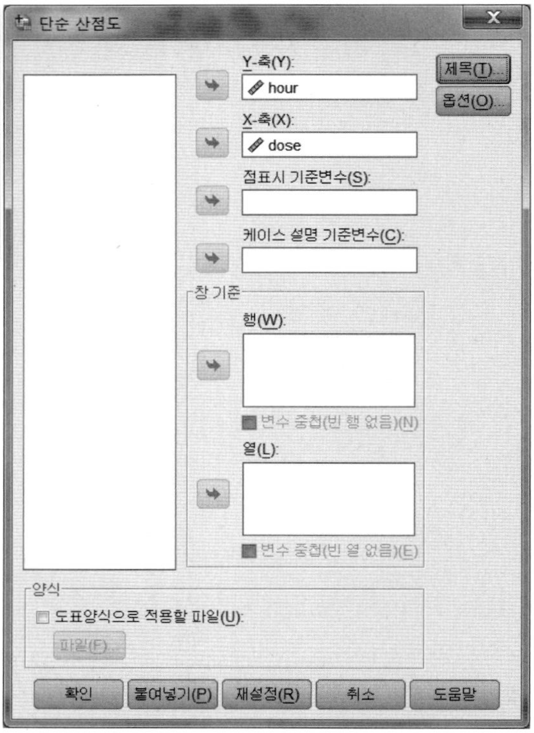

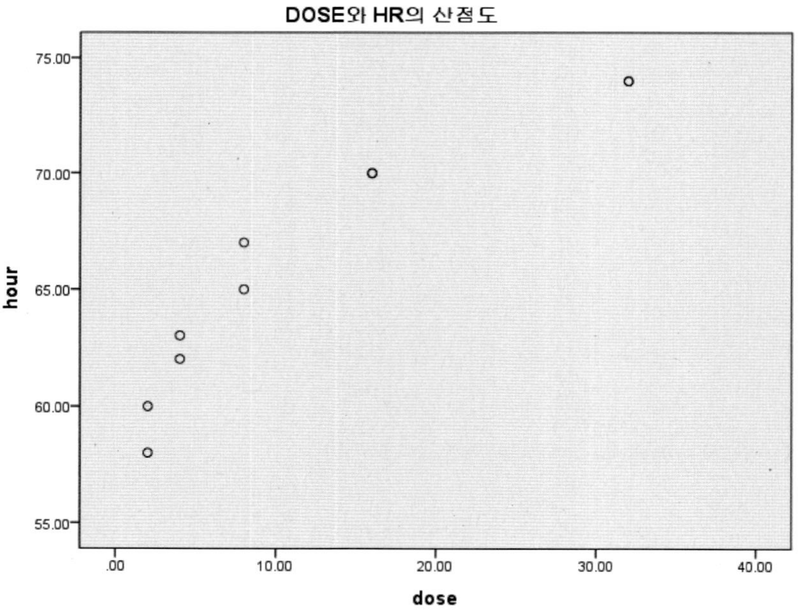

DOSE와 HR에 대한 그래프를 보면 선형적인 관계가 아니므로 선형적 관계를 만들기 위해 Log Transformation을 해보자.

$$HR = 60.60 + 0.46\ DOSE$$

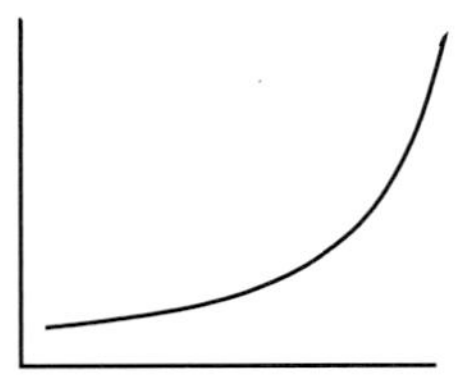	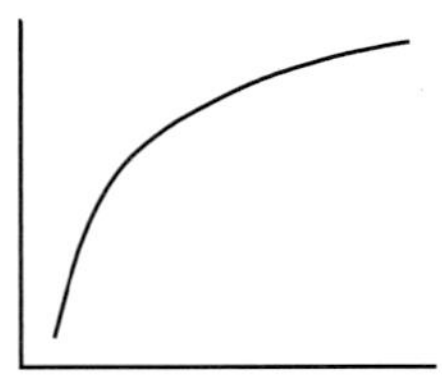	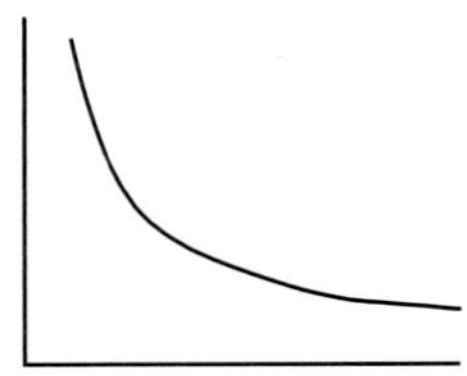	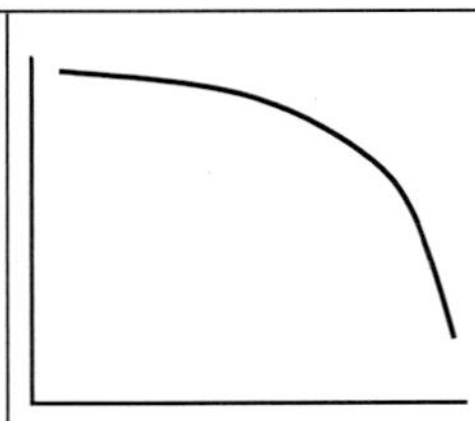
$y^* = \log y, \quad y^* = \sqrt{y}$ $x^* = x^{2}, \quad x^* = x^3$	$y^* = y^2,\ y^* = y^3$ $x^* = \log x, x^* = \sqrt{x}$	$y^* = \log y, \quad y* = \frac{1}{y}$ $x^* = \log x, \quad x^* = \sqrt{x}$	$y^* = y^2,\ y^* = y^3$ $x^* = x^2,\ x^* = x^3$

SPSS를 이용하여 로그변환시켜 준다.

변환 - 변수계산

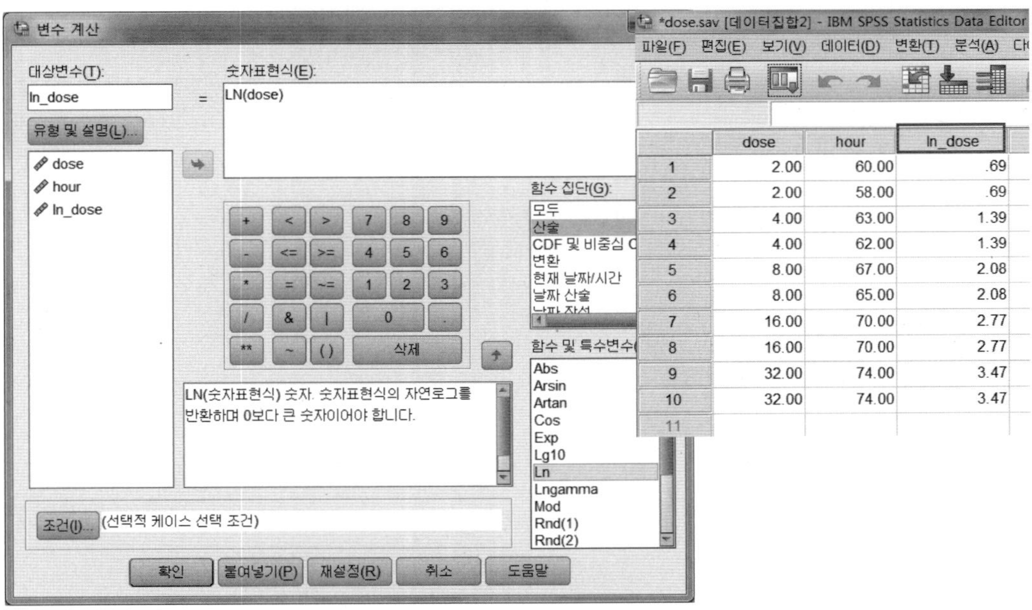

위에서 구한 ln(dose)값을 사용하여 산점도를 다시 그려보자.

그래프 - 레거시 대화상자 - 산점도/점도표

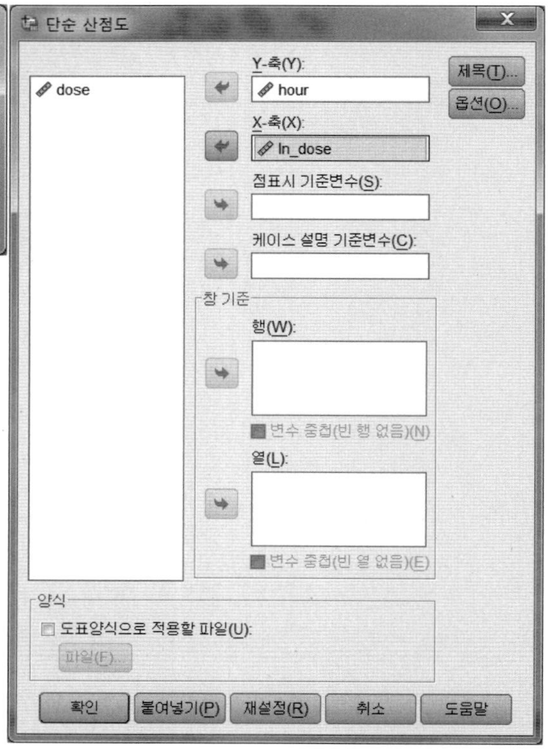

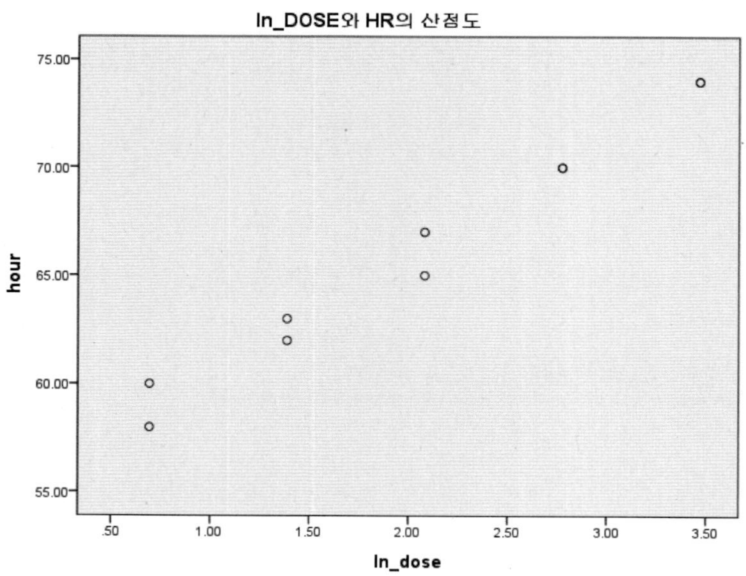

위의 그래프를 통해 로그변환 시킨 ln_dose와 hour에 대한 그래프는 선형 관계임을 알 수 있다.

$$HR = 55.25 + 5.27\ LDOSE$$

종속변수가 hour, 독립변수가 dose와 ln_dose에 대한 잔차도표를 각각 그려보자.

분석 - 회귀분석 - 선형

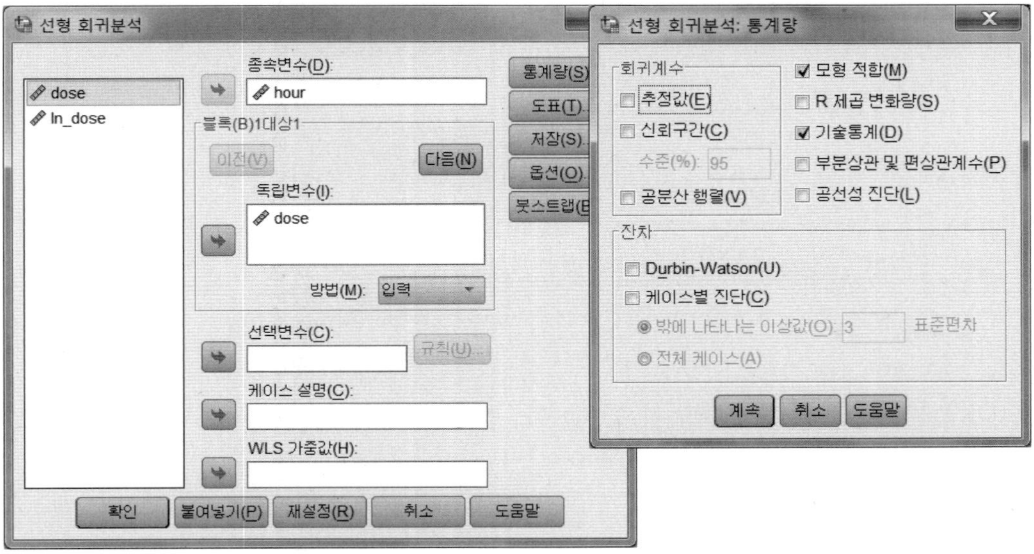

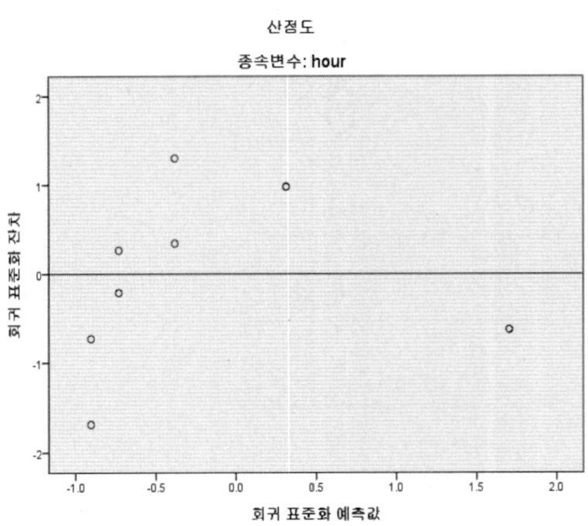

독립변수 : dose

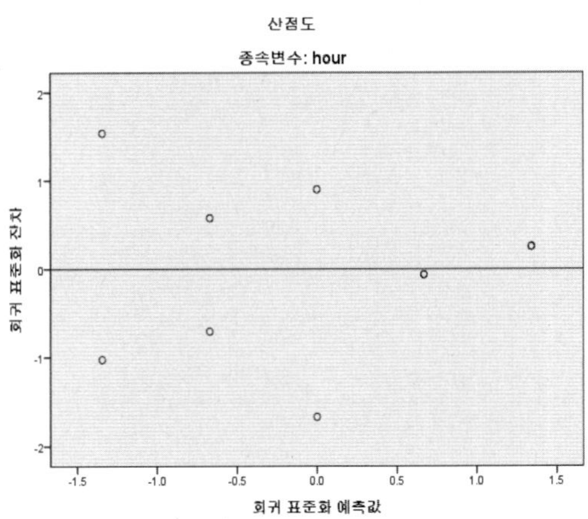

독립변수 : ln_dose

위의 잔차도표를 보면 ln_dose 일 경우에 등분산이 더 만족함을 알 수 있다.

다음은 각각 회귀분석에 대한 SPSS 결과이다.

- 독립변수가 DOSE 일 때. (hour = dose)

상관계수

		hour	dose
Pearson 상관	hour	1.000	.937
	dose	.937	1.000
유의확률 (단측)	hour	.	.000
	dose	.000	.
N	hour	10	10
	dose	10	10

모형 요약[b]

모형	R	R 제곱	수정된 R 제곱	추정값의 표준오차
1	.937[a]	.878	.863	2.08962

a. 예측값: (상수), dose

b. 종속변수: hour

분산분석[a]

모형		제곱합	자유도	평균 제곱	F	유의확률
1	회귀 모형	251.168	1	251.168	57.521	.000[b]
	잔차	34.932	8	4.367		
	합계	286.100	9			

a. 종속변수: hour

b. 예측값: (상수), dose

계수[a]

모형		비표준화 계수		표준화 계수	t	유의확률
		B	표준오차	베타		
1	(상수)	60.604	1.000		60.584	.000
	dose	.459	.061	.937	7.584	.000

a. 종속변수: hour

• 독립변수가 ln_DOSE 일 때. (hour = ln_dose)

상관계수

		hour	ln_dose
Pearson 상관	hour	1.000	.991
	ln_dose	.991	1.000
유의확률 (단측)	hour	.	.000
	ln_dose	.000	.
N	hour	10	10
	ln_dose	10	10

모형 요약[b]

모형	R	R 제곱	수정된 R 제곱	추정값의 표준오차
1	.991[a]	.983	.981	.77862

a. 예측값: (상수), ln_dose
b. 종속변수: hour

분산분석[a]

모형		제곱합	자유도	평균 제곱	F	유의확률
1	회귀 모형	281.250	1	281.250	463.918	.000[b]
	잔차	4.850	8	.606		
	합계	286.100	9			

a. 종속변수: hour
b. 예측값: (상수), ln_dose

계수[a]

모형		비표준화 계수		표준화 계수	t	유의확률
		B	표준오차	베타		
1	(상수)	55.050	.577		95.335	.000
	ln_dose	5.410	.251	.991	21.539	.000

a. 종속변수: hour

DOSE에 의한 회귀적합 결과는 R^2 = 0.86에서 ln_DOSE에 의한 회귀적합 결과는 R^2 = 0.98로 증가하였고 ln_DOSE에 의해 적합된 결과와 잔차의 산점도에서 회귀직선의 적합이 성공적이었다고 말할 수 있다.

HW 1) 미국 대학생 200명으로부터 측정된 세 점수 VERBAL, MATH, GPA 자료이다. 그 중 변수 VERBAL과 MATH는 각각 대입수학능력시험(scholastic aptitude test, SAT)의 언어영역점수와 수리영역점수이고 세 번째 변수 GPA는 대학에서 취득한 평균 평점이다. 이 자료분석의 목적은 대학에서의 학업성취도에 수능시험의 어느 영역이 얼마만한 영향력을 갖는가를 보려는 것이다.

VERBAL과 MATH의 상관계수, VERBAL과 GPA의 상관계수와 MATH와 GPA의 상관계수를 각각 구하고, VERBAL의 영향력을 제거했을 때의 GPA와 MATH의 편상관계수, MATH의 영향력을 제거했을 때의 GPA와 VERBAL의 편상관계수를 구하여라. (grade.sav)

HW 2) 다음은 92명의 대학생의 맥박수에 관한 자료이다. PULSE1은 누구에게서나 같은 방식으로 맥박수를 측정하였다. 그런데 두 번째 맥박수 PULSE2는 동전을 던져 윗면이 나온 학생들에게는 1분간 제자리 뛰기를 하게 한 뒤 측정했고, 아래 면이 나온 학생들에게는 그냥 1분 후에 다시 측정했다. 변수 리스트는 다음과 같다.

변수명	내용 및 코드
PULSE1	첫 번째 맥박수
PULSE2	두 번째 맥박수
RAN	1=제자리 뛰기, 2=쉬기
SMOKES	1=흡연, 2=비흡연
GENDER	1=남자, 2=여자
HEIGHT	키(인치)
WEIGHT	체중(파운드)
ACTIVITY	평소 운동량, 1=적음, 2=보통, 3=많음

이 연구에서의 주된 관심 변수가 PULSE1과 PULSE2의 차이로 평소 운동량이 맥박수에 주는 영향을 보고자 한다.

PULSE1과 PULSE2의 차이가 DIFF(=PULSE2-PULSE1)로 정의하자. 무엇이 DIFF에 영향을 주고 있는가를 분석해보고자 하는 것이 바로 회귀분석이라고 할 수 있다. 한 요인은 RAN일 것이다. 그 이유는 어떤 사례에서는 1분 동안 뛰뛰기를 한 뒤 두 번째 맥박수가 측정되었고, 다른 사례에서는 가만히 있다가 맥박수가 재측정 되었기 때문이다. 이와 유사한 요인들로 흡연 여부(SMOKES)와 성별(GENDER)을 모형에 포함할 수 있을 것이다. (pulse.sav)

위의 자료에 대하여

1) 행렬 산점도를 그리고 각 변수들의 상관관계를 구하여라.
2) 회귀방정식을 구하여라.
3) 다중공선성이 있는 독립변수가 있는지 확인하여라.
4) 전진 선택법, 후진 제거법, 단계적 선택법을 이용하여 알맞은 모형의 변수를 선택하여라.
5) 영향치가 있는지 진단하여라.
6) 잔차분석을 통해 등분산성을 검토하고 이상치가 있는지 확인하여라.
7) 최종회귀모형을 추정하여라.

부 록

Guideline for Statistical Analysis

Part I 종속(반응)변수가 연속형 변수인 경우

1. 집단의 수 파악
2. 집단의 수는 몇 개인가?

예)

집단이 2개인 경우

스크류					
A					
B					

집단이 3개인 경우

스크류					
A					
B					
C					

집단이 6 (3 × 2)개인 경우

	코팅 A	코팅 B
스크류 A		
스크류 B		
스크류 C		

1) 집단이 2개이면 3번으로 가시오.
2) 집단이 3개 이상이면 6번으로 가시오.

3. 집단 간 독립인가?

1) 독립이면 4번으로 가시오.
2) 독립이 아니면 5번으로 가시오.

Independent t-test

4. Independent t-test 시행(독립표본 t-test)

4-1. 각 그룹 별 정규성 검정시행

1) 정규성을 만족하면 Independent t-test 시행
2) 정규성을 만족하지 않으면 비모수 검정인 Mann-Whitney U test 시행

4-2. 등분산 검정에 따른 p-value 선택하여 검정

Paired t-test

5. Paired t-test (대응표본 t-test)

5-1. 두 집단의 차이값(x-y)에 대한 정규성 검정 시행

1) 정규성을 만족하면 Paired t-test 시행.
2) 정규성을 만족하지 않으면 비모수 검정인 Wilcoxon Singed Rank test 시행:

6. 요인의 수를 파악한다.

예)

1요인

스크류				
A				
B				
C				
D				
E				

2요인

	코팅			
스크류	코팅 유		코팅 무	
A				
B				
C				
D				

3요인

	처리 A				처리 B			
스크류	코팅 유		코팅 무		코팅 유		코팅 무	
A								
B								
C								
D								

1) 1요인 이면 6-1번으로 가시오.
2) 2요인 이면 8번으로 가시오.
3) 3요인 이상이면 10번으로 가시오.

6-1. 그룹 간 독립인가?

1) 각 그룹이 독립이고 반복측정이 아니라면 6-2로 가시오.
2) 각 그룹이 독립이 아닐 경우(예) 토끼 한 마리의 다리에 여러 종류의 임플란트 식립) 이거나 반복측정일 경우 (예) 한 개체에서 여러 번 반복측정 된 경우) 7번으로 가시오.

One-way ANOVA

6-2. One-way ANOVA (일원배치 분산분석)

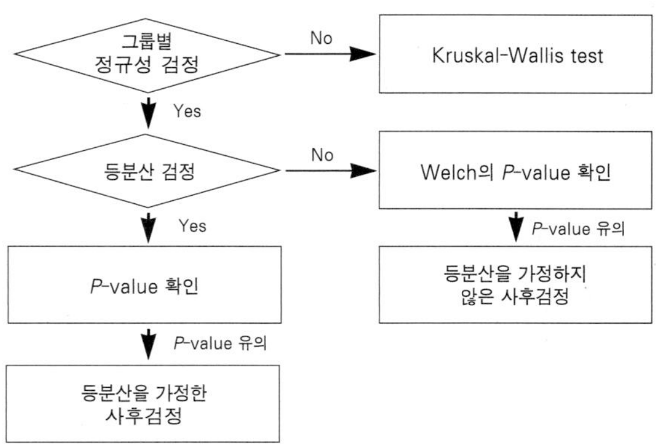

Repeated-Measures ANOVA

7. Repeated-Measures ANOVA (반복측정 분산분석)
   예) 시간의 흐름에 대한 반복측정일 경우
   시간: 반복요인
   그룹: 처리요인 → 요인이 2개이므로 2-Way RM ANOVA
   7-1. 차이에 대한 정규성 검정 (x-y, y-z)
   1) 정규성을 만족하면 7-2로 가시오.
   2) 정규성을 만족하지 못하면 7-5으로 가시오.
   7-2. 구형성 검정
   1) 구형성을 만족하면 7-3으로 가시오.
   2) 구형성을 만족하지 않으면 7-4로 가시오.
   7-3. *P*-value를 확인하고 유의하면 사후검정
   7-4. $\varepsilon > 0.75$이면 Huynh-Feldt correction, $\varepsilon < 0.75$이면 Greenhouse-Geisser correction *P*-value를 확인 후 유의하면 사후검정
   7-5. Friedman test를 시행하고 *P*-value가 유의하면 Wilcoxon Signed Rank test를 하고 Bonferroni Correction 된 유의 수준을 사용하여 사후검정

8. 2요인에 대한 분석법 결정
   예)

Two-way ANOVA
8-1번으로 가시오

	처리(독립)	
스크류	처리 A	처리 B
A		
B		
C		
D		

ANCOVA
9번으로 가시오

	처리(독립 X)	
스크류	사전	사후
A		
B		
C		
D		

RM ANOVA
7번으로 가시오

	반복측정(동인한 개체)			
스크류	1주	2주	3주	4주
A				
B				
C				
D				

Two-way ANOVA

8-1. Two-way ANOVA (이원배치분산분석)
*자주 범하는 오류
전체적인 분석을 하지 않고
One-Way ANOVA + Independent t-test or Paired t-test
One-Way ANOVA + Mann-Whitney U test or Wilcoxon Singed Rank test
One-Way ANOVA + One-Way ANOVA
등 혼합하여 사용하는 경우
이러한 경우에는 각 상황에 적합한 전체적인 분석을 해야한다.

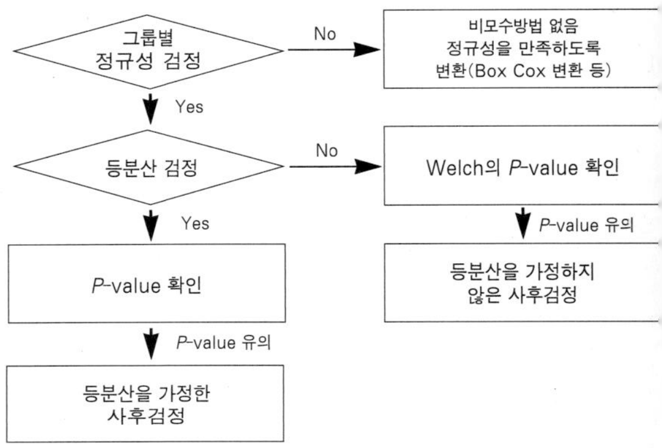

ANCOVA

9. ANCOVA (공분산분석)
   정규분포와 등분산 가정도 검토한다.
   9-1. 가정: 종속변수와 공변량은 선형성을 만족한다.
   공변량의 유의성을 확인($P<.05$)
   1) 공변량이 유의하면 9-2로 가시오.
   2) 공변량이 유의하지 않으면 ANCOVA를 할 수 없다. (다른 방법 모색, RM ANOVA 등)
   9-2. 집단간 기울기 동질성(Homogeneity of Regression Slopes) 가정 검정
   확인 방법: 종속변수와 공변량이 집단에 따라 같은지 통계적으로 검정. 즉, 공변량과 집단간의 교호작용을 검정하여 유의하지 않으면($P>.05$) 동질한 것임.
   1) 기울기가 동일하면 9-3으로 가시오.
   2) 기울기가 동일하지 않으면 9-4로 가시오.
   9-3. 교호작용을 제거하고 주 효과의 유의성 확인 유의하면 사후검정
   9-4. 각 집단에 따라 종속변수와 공변량의 관련성을 각각 추정해야 함.
   각 집단의 기울기에 따라 조정된 종속변수로 집단 간 평균차이 검정

Multi-way ANOVA

10. Multi-way ANOVA (다원배치 분산분석)
  1) 반복요인이 있는 경우 7번으로 가시오.
  2) 공변량이 있는 경우 9번으로 가시오.
  3) 요인만 있는 경우 8-1번에서 요인만 하나 추가하면 된다.
  *반복요인과 공변량 둘 다 있는 경우는 7번에서 공변량만 추가하여 분석하면 된다. (자세한 방법은 문헌을 참고)
  *요인이 많은 경우는 회귀분석(ANOVA, ANCOVA 등), Mixed effect model (RM ANOVA)을 시행한다.

Regression Analysis

11. Regression Analysis (회귀분석)
  11-1. 종속변수와 독립변수의 산점도를 그려본다. 선형성을 보이지 않으면 변수변환 또는 비선형 회귀분석
  11-2. 종속변수와 독립변수의 상관분석을 하여 종속변수에 유의한 독립변수를 선택.
  11-3. 11-2에서 얻은 독립변수들을 가지고 단계적 변수 선택법 등을 이용하여 최종 모형을 선택한다.
  11-4. 독립변수가 범주형이면 더미변수를 이용한다.
  11-5. 오차 가정: 독립성, 정규성, 등분산성
    (1) 오차의 정규성: PP 도표와 QQ 도표 등으로 판단한다. 정규성을 만족하지 않을 경우 변수변환 하여 분석
    (2) 등분산성: 잔차와 예측치의 산점도가 이상이 없는지 확인
    이상이 있다면 변수변환을 하거나 비선형 회귀 또는 새로운 설명변수를 추가하여 분석
  11-6. 결정계수를 확인하여 모형의 설명력을 확인한다.
  11-7. 회귀계수에 대한 유의성을 확인하고 종속변수에 대한 영향력을 비교한다.
    (독립변수끼리 비교는 표준화된 회귀계수를 이용한다.)
  ps) 회귀분석 시 문헌을 참고하여 분석을 하는 것이 적합한 분석을 할 수 있다.

Correlation Analysis

12. Correlation Analysis (상관분석)
  1) Pearson 상관분석
  두 변수가 연속형일 경우 사용
  데이터의 분포가 이상치의 영향을 많이 받을 경우에는 이상치를 제거하여 분석하거나
  Spearman 상관분석을 하는 것이 바람직하다.
  2) Spearman상관분석
  둘 중 한의 변수라도 순위변수이면 시행 한다.

Part II 종속(반응)변수가 범주형 변수인 경우

x^2 test

1. x^2 test (카이제곱 검정)

	성공	실패
남자		
여자		

범주형 자료로 구성된 분할표에서 변수간의 연관성을 검정할 때 사용
Cell의 기대빈도가 5이하인 셀이 있을 경우
→ Fisher's Exact test 시행(2×2에서만 가능)
검정결과가 유의하면 오즈비로 해석
*Trend카이제곱검정: 범주가 순서형일 경우에 사용한다.

Logistic Regression Analysis

2. Logistic Regression Analysis
  종속변수는 이분형, 순서형, 명목형 일 때 모두 사용가능 하고, 독립변수는 연속형, 범주형일 경우 모두 사용 가능하다.
  2-1. 각각의 독립변수와 종속변수 간에 Logistic Regression을 해보고 $P<.25$인 선택.
  2-2. 2-1에서 선택된 독립변수로 전진선택법 등으로 Logistic Regression Analysis를 다시 돌려 최종 모형을 구축한다.
  2-3. Hosmer-Lamshow test로 최종모형의 적합성을 검정한다 ($P>.05$)
  2-4. 오즈비(Odds Ratio) 해석(유의한 변수에 한하여).

Generalized Estimating Equations

3. Generalized Estimating Equations (GEE)
  Logistic Regression을 하는 이유는 임플란트 성공/실패에 대해 어떤 요인이 유의한 영향을 주는지 보는 건데 한 사람에게 임플란트를 한 개씩 식립하였을 경우에는 독립성이 위배되지 않아가능하지만, 그렇지 않은 경우에는 독립성이 위배되므로 한 개체에 여러 개의 임플란트를 식립하여 얻어진 clustered data에 대하여 GEE를 사용해야한다.(분석법: 문헌참고)

부표 B1. 이항분포표

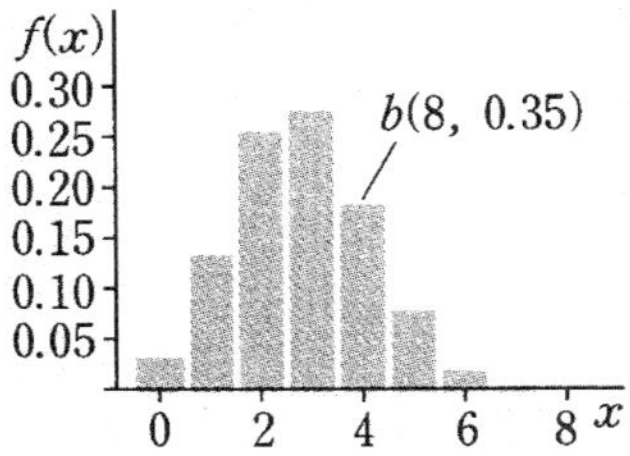

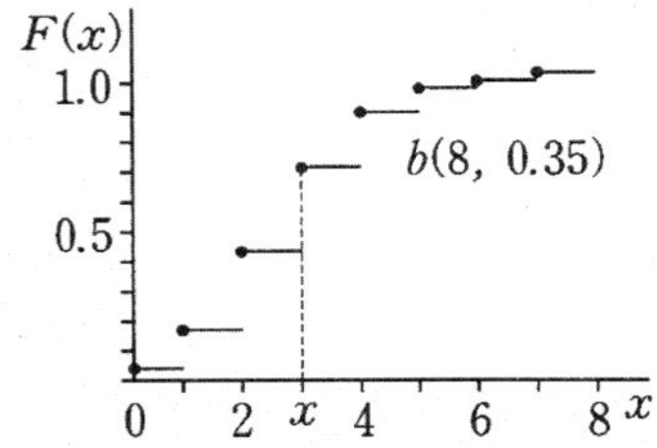

$$F(x)=P(X\leq x)=\sum_{k=0}^{x}\frac{n!}{k!(n-k)!}p^{k}(1-p)^{n-k}$$

		p									
n	*x*	0.05	0.10	0.15	0.20	0.25	0.30	0.35	0.40	0.45	0.50
2	0	0.9025	0.8100	0.7225	0.6400	0.5625	0.4900	0.4225	0.3600	0.3025	0.2500
	1	0.9975	0.9900	0.9775	0.9600	0.9375	0.9100	0.8775	0.8400	0.7975	0.7500
	2	1.0000	1.0000	1.0000	1.0000	1.0000	1.0000	1.0000	1.0000	1.0000	1.0000
3	0	0.8574	0.7290	0.6141	0.5120	0.4219	0.3430	0.2746	0.2160	0.1664	0.1250
	1	0.9928	0.9720	0.9392	0.8960	0.8438	0.7840	0.7182	0.6480	0.5748	0.5000
	2	0.9999	0.9990	0.9966	0.9920	0.9844	0.9730	0.9571	0.9360	0.9089	0.8750
	3	1.0000	1.0000	1.0000	10000	1.0000	1.0000	1.0000	1.0000	1.0000	1.0000
4	0	0.8145	0.6561	0.5220	0.4096	0.3164	0.2401	0.1785	0.1296	0.0915	0.0625
	1	0.9860	0.9477	0.8905	0.8192	0.7383	0.6517	0.5630	0.4752	0.3910	0.3125
	2	0.9995	0.9963	0.9880	0.9728	0.9492	0.9163	0.8735	0.8208	0.7585	0.6875
	3	1.0000	0.9999	0.9995	0.9984	0.9961	0.9919	0.9850	0.9744	0.9590	0.9375
	4	1.0000	1.0000	1.0000	1.0000	1.0000	1.0000	1.0000	1.0000	1.0000	1.0000
5	0	0.7738	0.5905	0.4437	0.3277	0.2373	0.1681	0.1160	0.0778	0.0503	0.0312
	1	0.9774	0.9185	0.8352	0.7373	0.6328	0.5282	0.4284	0.3370	0.2562	0.1875
	2	0.9988	0.9914	0.9734	0.9421	0.8965	0.8369	0.7648	0.6826	0.5931	0.5000
	3	1.0000	0.9995	0.9978	0.9933	0.9844	0.9692	0.9460	0.9130	0.8688	0.8125
	4	1.0000	1.0000	0.9999	0.9997	0.9990	0.9976	0.9947	0.9898	0.9815	0.9688
	5	1.0000	1.0000	1.0000	1.0000	1.0000	1.0000	1.0000	1.0000	1.0000	1.0000
6	0	0.7351	0.5314	0.3771	0.2621	0.1780	0.1176	0.0754	0.0467	0.0277	0.0156
	1	0.9672	0.8857	0.7765	0.6553	0.5339	0.4202	0.3191	0.2333	0.1636	0.1094
	2	0.9978	0.9842	0.9527	0.9011	0.8306	0.7443	0.6471	0.5443	0.4415	0.3438
	3	0.9999	0.9987	0.9941	0.9830	0.9624	0.9295	0.8826	0.8208	0.7447	0.6562
	4	1.0000	0.9999	0.9996	0.9984	0.9954	0.9891	0.9777	0.9590	0.9308	0.8906
	5	1.0000	1.0000	1.0000	0.9999	0.9998	0.9993	0.9982	0.9959	0.9917	0.9844
	6	1.0000	1.0000	1.0000	1.0000	1.0000	1.0000	1.0000	1.0000	1.0000	1.0000
7	0	0.6983	0.4783	0.3206	0.2097	0.1335	0.0824	0.0490	0.0280	0.0152	0.0078
	1	0.9556	0.8503	0.7166	0.5767	0.4449	0.3294	0.2338	0.1586	0.1024	0.0625

n	x	p									
		0.05	0.10	0.15	0.20	0.25	0.30	0.35	0.40	0.45	0.50
	2	0.9962	0.9743	0.9262	0.8520	0.7564	0.6471	0.5323	0.4199	0.3164	0.2266
	3	0.9998	0.9973	0.9879	0.9667	0.9294	0.8740	0.8002	0.7102	0.6083	0.5000
	4	1.0000	0.9998	0.9988	0.9953	0.9871	0.9712	0.9444	0.9037	0.8471	0.7734
	5	1.0000	1.0000	0.9999	0.9996	0.9987	0.9962	0.9910	0.9812	0.9643	0.9375
	6	1.0000	1.0000	1.0000	1.0000	0.9999	0.9998	0.9994	0.9984	0.9963	0.9922
	7	1.0000	1.0000	1.0000	1.0000	1.0000	1.0000	1.0000	1.0000	1.0000	1.0000
8	0	0.6634	0.4305	0.2725	0.1678	0.1001	0.0576	0.0319	0.0168	0.0084	0.0039
	1	0.9428	0.8131	0.6572	0.5033	0.3671	0.2553	0.1691	0.1064	0.0632	0.0352
	2	0.9942	0.9619	0.8948	0.7969	0.6785	0.5518	0.4278	0.3154	0.2201	0.1445
	3	0.9996	0.9950	0.9786	0.9437	0.8862	0.8059	0.7064	0.5941	0.4770	0.3633
	4	1.0000	0.9996	0.9971	0.9896	0.9727	0.9420	0.8939	0.8263	0.7396	0.6367
	5	1.0000	1.0000	0.9998	0.9988	0.9958	0.9887	0.9747	0.9502	0.9115	0.8555
	6	1.0000	1.0000	1.0000	0.9999	0.9996	0.9987	0.9964	0.9915	0.9819	0.9648
	7	1.0000	1.0000	1.0000	1.0000	1.0000	0.9999	0.9998	0.9993	0.9983	0.9961
	8	1.0000	1.0000	1.0000	1.0000	1.0000	1.0000	1.0000	1.0000	1.0000	1.0000
9	0	0.6302	0.3874	0.2316	0.1342	0.0751	0.0404	0.0207	0.0101	0.0046	0.0020
	1	0.9288	0.7748	0.5995	0.4362	0.3003	0.1960	0.1211	0.0705	0.0385	0.0195
	2	0.9916	0.9470	0.8591	0.7382	0.6007	0.4628	0.3373	0.2318	0.1495	0.0898
	3	0.9994	0.9917	0.9661	0.9144	0.8343	0.7297	0.6089	0.4826	0.3614	0.2539
	4	1.0000	0.9991	0.9944	0.9804	0.9511	0.9012	0.8283	0.7334	0.6214	0.5000
	5	1.0000	0.9999	0.9994	0.9969	0.9900	0.9747	0.9464	0.9006	0.8342	0.7461
	6	1.0000	1.0000	1.0000	0.9997	0.9987	0.9957	0.9888	0.9750	0.9502	0.9102
	7	1.0000	1.0000	1.0000	1.0000	0.9999	0.9996	0.9986	0.9962	0.9909	0.9805
	8	1.0000	1.0000	1.0000	1.0000	1.0000	1.0000	0.9999	0.9997	0.9992	0.9980
	9	1.0000	1.0000	1.0000	1.0000	1.0000	1.0000	1.0000	1.0000	1.0000	1.0000
10	0	0.5987	0.3487	0.1969	0.1074	0.0563	0.0282	0.0135	0.0060	0.0025	0.0010
	1	0.9139	0.7361	0.5443	0.3758	0.2440	0.1493	0.0860	0.0464	0.0233	0.0107
	2	0.9885	0.9298	0.8202	0.6778	0.5256	0.3828	0.2616	0.1673	0.0996	0.0547
	3	0.9990	0.9872	0.9500	0.8791	0.7759	0.6496	0.5138	0.3823	0.2660	0.1719
	4	0.9999	0.9984	0.9901	0.9672	0.9219	0.8497	0.7515	0.6331	0.5044	0.3770
	5	1.0000	0.9999	0.9986	0.9936	0.9803	0.9527	0.9051	0.8338	0.7384	0.6230
	6	1.0000	1.0000	0.9999	0.9991	0.9965	0.9894	0.9740	0.9452	0.8980	0.8281
	7	1.0000	1.0000	1.0000	0.9999	0.9996	0.9984	0.9952	0.9877	0.9726	0.9453
	8	1.0000	1.0000	1.0000	1.0000	1.0000	0.9999	0.9995	0.9983	0.9955	0.9893
	9	1.0000	1.0000	1.0000	1.0000	1.0000	1.0000	1.0000	0.9999	0.9997	0.9990
	10	1.0000	1.0000	1.0000	1.0000	1.0000	1.0000	1.0000	1.0000	1.0000	1.0000

부표 B2. 표준정규분포표

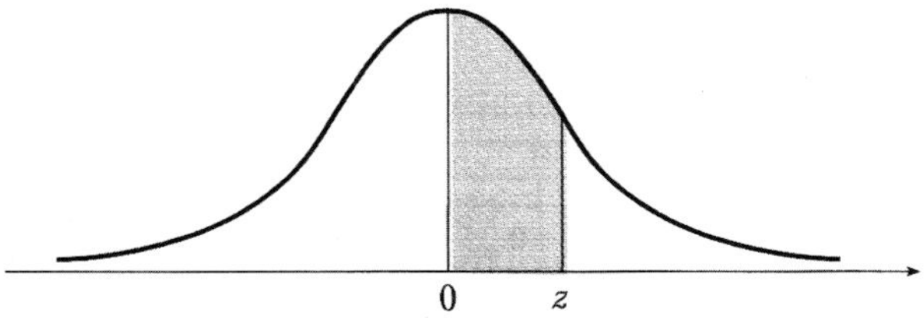

z	.00	.01	.02	.03	.04	.05	.06	.07	.08	.09
.0	.0000	.0040	.0080	.0120	.0160	.0199	.0239	.0279	.0319	.0359
.1	.0398	.0438	.0478	.0517	.0557	.0596	.0636	.0675	.0714	.0753
.2	.0793	.0832	.0871	.0910	.0948	.0987	.1026	.1064	.1103	.1141
.3	.1179	.1217	.1255	.1293	.1331	.1368	.1406	.1443	.1480	.1517
.4	.1554	.1591	.1628	.1664	.1700	.1736	.1772	.1808	.1844	.1879
.5	.1915	.1950	.1985	.2019	.2054	.2088	.2123	.2157	.2190	.2224
.6	.2257	.2291	.2324	.2357	.2389	.2422	.2454	.2486	.2517	.2549
.7	.2580	.2611	.2642	.2673	.2704	.2734	.2764	.2794	.2823	.2852
.8	.2881	.2910	.2939	.2967	.2995	.3023	.3051	.3078	.3106	.3133
.9	.3159	.3186	.3212	.3238	.3264	.3289	.3315	.3340	.3365	.3389
1.0	.3413	.3438	.3461	.3485	.3508	.3531	.3554	.3577	.3599	.3621
1.1	.3643	.3665	.3686	.3708	.3729	.3749	.3770	.3790	.3810	.3830
1.2	.3849	.3869	.3888	.3907	.3925	.3944	.3962	.3980	.3997	.4015
1.3	.4032	.4049	.4066	.4082	.4099	.4115	.4131	.4147	.4162	.4177
1.4	.4192	.4207	.4222	.4236	.4251	.4265	.4279	.4292	.4306	.4319
1.5	.4332	.4345	.4357	.4370	.4382	.4394	.4406	.4418	.4429	.4441
1.6	.4452	.4463	.4474	.4484	.4495	.4505	.4515	.4525	.4535	.4545
1.7	.4554	.4564	.4573	.4582	.4591	.4599	.4608	.4616	.4625	.4633
1.8	.4641	.4649	.4656	.4664	.4671	.4678	.4686	.4693	.4699	.4706
1.9	.4713	.4719	.4726	.4732	.4738	.4744	.4750	.4756	.4761	.4767
2.0	.4772	.4778	.4783	.4788	.4793	.4798	.4803	.4808	.4812	.4817
2.1	.4821	.4826	.4830	.4834	.4838	.4842	.4846	.4850	.4854	.4857
2.2	.4861	.4864	.4868	.4871	.4875	.4878	.4881	.4884	.4887	.4890
2.3	.4893	.4896	.4898	.4901	.4904	.4906	.4909	.4911	.4913	.4916
2.4	.4918	.4920	.4922	.4925	.4927	.4929	.4931	.4932	.4934	.4936
2.5	.4938	.4940	.4941	.4943	.4945	.4946	.4948	.4949	.4951	.4952
2.6	.4953	.4955	.4956	.4957	.4959	.4960	.4961	.4962	.4963	.4964
2.7	.4965	.4966	.4967	.4968	.4969	.4970	.4971	.4972	.4973	.4974
2.8	.4974	.4975	.4976	.4977	.4977	.4978	.4979	.4979	.4980	.4981
2.9	.4981	.4982	.4982	.4983	.4984	.4984	.4985	.4985	.4986	.4986
3.0	.4987	.4987	.4987	.4988	.4988	.4989	.4989	.4989	.4990	.4990

부표 B3. t - 분포표

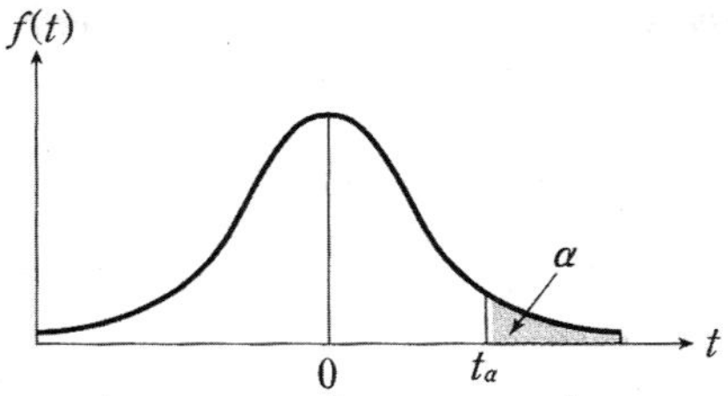

자유도	$t_{.100}$	$t_{.050}$	$t_{.025}$	$t_{.010}$	$t_{.005}$	$t_{.001}$	$t_{.0005}$
1	3.078	6.314	12.706	31.821	63.657	318.31	636.62
2	1.886	2.920	4.303	6.965	9.925	22.326	31.598
3	1.638	2.353	3.182	4.541	5.841	10.213	12.924
4	1.533	2.132	2.776	3.747	4.604	7.173	8.610
5	1.476	2.015	2.571	3.365	4.032	5.893	6.869
6	1.440	1.943	2.447	3.143	3.707	5.208	5.959
7	1.415	1.895	2.365	2.998	3.499	4.785	5.408
8	1.397	1.860	2.306	2.896	3.355	4.501	5.041
9	1.383	1.833	2.262	2.821	3.250	4.297	4.781
10	1.372	1.812	2.228	2.764	3.169	4.144	4.587
11	1.363	1.796	2.201	2.718	3.106	4.025	4.437
12	1.356	1.782	2.179	2.681	3.055	3.930	4.318
13	1.350	1.771	2.160	2.650	3.012	3.852	4.221
14	1.345	1.761	2.145	2.624	2.977	3.787	4.140
15	1.341	1.753	2.131	2.602	2.947	3.733	4.073
16	1.337	1.746	2.120	2.583	2.921	3.686	4.015
17	1.333	1.740	2.110	2.567	2.898	3.646	3.965
18	1.330	1.734	2.101	2.552	2.878	3.610	3.922
19	1.328	1.729	2.093	2.539	2.861	3.579	3.883
20	1.325	1.725	2.086	2.528	2.845	3.552	3.850
21	1.323	1.721	2.080	2.518	2.831	3.527	3.819
22	1.321	1.717	2.074	2.508	2.819	3.505	3.792
23	1.319	1.714	2.069	2.500	2.807	3.485	3.767
24	1.318	1.711	2.064	2.492	2.797	3.467	3.745
25	1.316	1.708	2.060	2.485	2.787	3.450	3.725
26	1.315	1.706	2.056	2.479	2.779	3.435	3.707
27	1.314	1.703	2.052	2.473	2.771	3.421	3.690
28	1.313	1.701	2.048	2.467	2.763	3.408	3.674
29	1.311	1.699	2.045	2.462	2.756	3.396	3.659
30	1.310	1.697	2.042	2.457	2.750	3.385	3.646
40	1.303	1.684	2.021	2.423	2.704	3.307	3.551
60	1.296	1.671	2.000	2.390	2.660	3.232	3.460
120	1.289	1.658	1.980	2.358	2.617	3.160	3.373
∞	1.282	1.645	1.960	2.326	2.576	3.090	3.291

부표 B4. χ^2 분포표

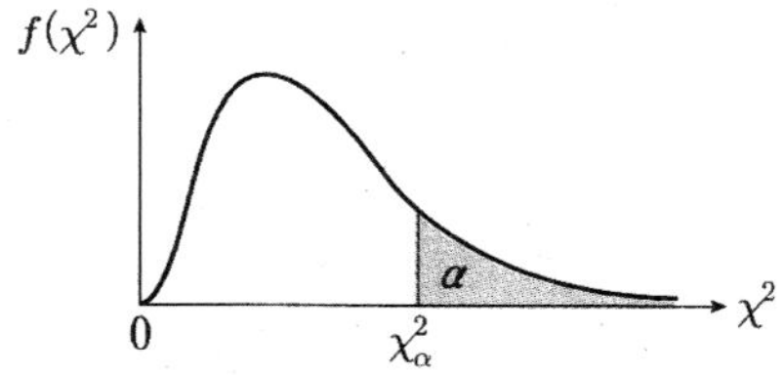

자유도	$\chi^2_{.995}$	$\chi^2_{.990}$	$\chi^2_{.975}$	$\chi^2_{.950}$	$\chi^2_{.900}$
1	.0000393	.0001571	.0009821	.0039321	.0157908
2	.0100251	.0201007	.0506356	.102587	.210720
3	.0717212	.114832	.215795	.351846	.584375
4	.206990	.297110	.484419	.710721	1.063623
5	.411740	.554300	.831211	1.145476	1.61031
6	.675727	.872085	1.237347	1.63539	2.20413
7	.989265	1.239043	1.68987	2.16735	2.83311
8	1.344419	1.646482	2.17973	2.73264	3.48954
9	1.734926	2.087912	2.70039	3.32511	4.16816
10	2.15585	2.55821	3.24697	3.94030	4.86518
11	2.60321	3.05347	3.81575	4.57481	5.57779
12	3.07382	3.57056	4.40379	5.22603	6.30380
13	3.56503	4.10691	5.00874	5.89186	7.04150
14	4.07468	4.66043	5.62872	6.57063	7.78953
15	4.60094	5.22935	6.26214	7.26094	8.54675
16	5.14224	5.81221	6.90766	7.96164	9.31223
17	5.69724	6.40776	7.56418	8.67176	10.0852
18	6.26481	7.01491	8.23075	9.39046	10.8649
19	6.84398	7.63273	8.90655	10.1170	11.6509
20	7.43386	8.26040	9.59083	10.8508	12.4426
21	8.03366	8.89720	10.28293	11.5913	13.2396
22	8.64272	9.54249	10.9823	12.3380	14.0415
23	9.26042	10.19567	11.6885	13.0905	14.8479
24	9.88623	10.8564	12.4011	13.8484	15.6587
25	10.5197	11.5240	13.1197	14.6114	16.4734
26	11.1603	12.1981	13.8439	15.3791	17.2919
27	11.8076	12.8786	14.5733	16.1513	18.1138
28	12.4613	13.5648	15.3079	16.9279	18.9392
29	13.1211	14.2565	16.0471	17.7083	19.7677
30	13.7867	14.9535	16.7908	18.4926	20.5992
40	20.7065	22.1643	24.4331	26.5093	29.0505
50	27.9907	29.7067	32.3574	34.7642	37.6886
60	35.5346	37.4848	40.4817	43.1879	46.4589
70	43.2752	45.4418	48.7576	51.7393	55.3290
80	51.1720	53.5400	57.1532	60.3915	64.2778
90	59.1963	61.7541	65.6466	69.1260	73.2912
100	67.3276	70.0648	74.2219	77.9295	82.3581

자유도	$\chi^2_{.100}$	$\chi^2_{.050}$	$\chi^2_{.025}$	$\chi^2_{.010}$	$\chi^2_{.005}$
1	2.70554	3.84146	5.02389	6.63490	7.87944
2	4.60517	5.99147	7.37776	9.21034	10.5966
3	6.25139	7.81473	9.34840	11.3449	12.8381
4	7.77944	9.48773	11.1433	13.2767	14.8602
5	9.23635	11.0705	12.8325	15.0863	16.7496
6	10.6446	12.5916	14.4494	16.8119	18.5476
7	12.0170	14.0671	16.0128	18.4753	20.2777
8	13.3616	15.5073	17.5346	20.0902	21.9550
9	14.6837	16.9190	19.0228	21.6660	23.5893
10	15.9871	18.3070	20.4831	23.2093	25.1882
11	17.2750	19.6751	21.9200	24.7250	26.7569
12	18.5494	21.0261	23.3367	26.2170	28.2995
13	19.8119	22.3621	24.7356	27.6883	29.8194
14	21.0642	23.6848	26.1190	29.1413	31.3193
15	22.3072	24.9958	27.4884	30.5779	32.8013
16	23.5418	26.2962	28.8454	31.9999	34.2672
17	24.7690	27.5871	30.1910	33.4087	35.7185
18	25.9894	28.8693	31.5264	34.8053	37.1564
19	27.2036	30.1435	32.8523	36.1908	38.5822
20	28.4120	31.4104	34.1696	37.5662	39.9968
21	29.6151	32.6705	35.4789	38.9321	41.4010
22	30.8133	33.9244	36.7807	40.2894	42.7956
23	32.0069	35.1725	38.0757	41.6384	44.1813
24	33.1963	36.4151	39.3641	42.9798	45.5585
25	34.3816	37.6525	40.6465	44.3141	46.9278
26	35.5631	38.8852	41.9232	45.6417	48.2899
27	36.7412	40.1133	43.1944	46.9630	49.6449
28	37.9159	41.3372	44.4607	48.2782	50.9933
29	39.0875	42.5569	45.7222	49.5879	52.3356
30	40.2560	43.7729	46.9792	50.8922	53.6720
40	51.8050	55.7585	59.3417	63.6907	66.7659
50	63.1671	67.5048	71.4202	76.1539	79.4900
60	74.3970	79.0819	83.2976	88.3794	91.9517
70	85.5271	90.5312	95.0231	100.425	104.215
80	96.5782	101.879	106.629	112.329	116.321
90	107.565	113.145	118.136	124.116	128.299
100	118.498	124.342	129.561	135.807	140.169

부표 B5. F - 분포표 (α = 0.10)

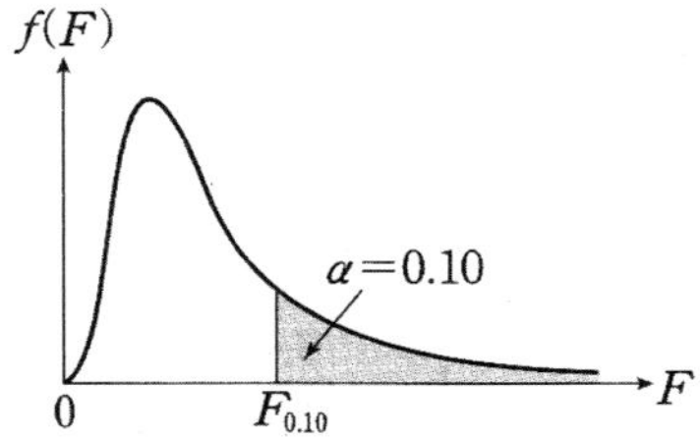

v_2 \ v_1	분자의 자유도								
분모의 자유도	1	2	3	4	5	6	7	8	9
1	39.86	49.50	53.59	55.83	57.24	58.20	58.91	59.44	59.86
2	8.53	9.00	9.16	9.24	9.29	9.33	9.35	9.37	9.38
3	5.54	5.46	5.39	5.34	5.31	5.28	5.27	5.25	5.24
4	4.54	4.32	4.19	4.11	4.05	4.01	3.98	3.95	3.94
5	4.06	3.78	3.62	3.52	3.45	3.40	3.37	3.34	3.32
6	3.78	3.46	3.29	3.18	3.11	3.05	3.01	2.98	2.96
7	3.59	3.26	3.07	2.96	2.88	2.83	2.78	2.75	2.72
8	3.46	3.11	2.92	2.81	2.73	2.67	2.62	2.59	2.56
9	3.36	3.01	2.81	2.69	2.61	2.55	2.51	2.47	2.44
10	3.29	2.92	2.73	2.61	2.52	2.46	2.41	2.38	2.35
11	3.23	2.86	2.66	2.54	2.45	2.39	2.34	2.30	2.27
12	3.18	2.81	2.61	2.48	2.39	2.33	2.28	2.24	2.21
13	3.14	2.76	2.56	2.43	2.35	2.28	2.23	2.20	2.16
14	3.10	2.73	2.52	2.39	2.31	2.24	2.19	2.15	2.12
15	3.07	2.70	2.49	2.36	2.27	2.21	2.16	2.12	2.09
16	3.05	2.67	2.46	2.33	2.24	2.18	2.13	2.09	2.06
17	3.03	2.64	2.44	2.31	2.22	2.15	2.10	2.06	2.03
18	3.01	2.62	2.42	2.29	2.20	2.13	2.08	2.04	2.00
19	2.99	2.61	2.40	2.27	2.18	2.11	2.06	2.02	1.98
20	2.97	2.59	2.38	2.25	2.16	2.09	2.04	2.00	1.96
21	2.96	2.57	2.36	2.23	2.14	2.08	2.02	1.98	1.95
22	2.95	2.56	2.35	2.22	2.13	2.06	2.01	1.97	1.93
23	2.94	2.55	2.34	2.21	2.11	2.05	1.99	1.95	1.92
24	2.93	2.54	2.33	2.19	2.10	2.04	1.98	1.94	1.91
25	2.92	2.53	2.32	2.18	2.09	2.02	1.97	1.93	1.89
26	2.91	2.52	2.31	2.17	2.08	2.01	1.96	1.92	1.88
27	2.90	2.51	2.30	2.17	2.07	2.00	1.95	1.91	1.87
28	2.89	2.50	2.29	2.16	2.06	2.00	1.94	1.90	1.87
29	2.89	2.50	2.28	2.15	2.06	1.99	1.93	1.89	1.86
30	2.88	2.49	2.28	2.14	2.05	1.98	1.93	1.88	1.85
40	2.84	2.44	2.23	2.09	2.00	1.93	1.87	1.83	1.79
60	2.79	2.39	2.18	2.04	1.95	1.87	1.82	1.77	1.74
120	2.75	2.35	2.13	1.99	1.90	1.82	1.77	1.72	1.68
∞	2.71	2.30	2.08	1.94	1.85	1.77	1.72	1.67	1.63

v_1	분자의 자유도									
v_2 (분모의 자유도)	10	12	15	20	24	30	40	60	120	∞
1	60.19	60.71	61.22	61.74	62.00	62.26	62.53	62.79	63.06	63.33
2	9.39	9.41	9.42	9.44	9.45	9.46	9.47	9.47	9.48	9.49
3	5.23	5.22	5.20	5.18	5.18	5.17	5.16	5.15	5.14	5.13
4	3.92	3.90	3.87	3.84	3.83	3.82	3.80	3.79	3.78	3.76
5	3.30	3.27	3.24	3.21	3.19	3.17	3.16	3.14	3.12	3.10
6	2.94	2.90	2.87	2.84	2.82	2.80	2.78	2.76	2.74	2.72
7	2.70	2.67	2.63	2.59	2.58	2.56	2.54	2.51	2.49	2.47
8	2.54	2.50	2.46	2.42	2.40	2.38	2.36	2.34	2.32	2.29
9	2.42	2.38	2.34	2.30	2.28	2.25	2.23	2.21	2.18	2.16
10	2.32	2.28	2.24	2.20	2.18	2.16	2.13	2.11	2.08	2.06
11	2.25	2.21	2.17	2.12	2.10	2.08	2.05	2.03	2.00	1.97
12	2.19	2.15	2.10	2.06	2.04	2.01	1.99	1.96	1.93	1.90
13	2.14	2.10	2.05	2.01	1.98	1.96	1.93	1.90	1.88	1.85
14	2.10	2.05	2.01	1.96	1.94	1.91	1.89	1.86	1.83	1.80
15	2.06	2.02	1.97	1.92	1.90	1.87	1.85	1.82	1.79	1.76
16	2.03	1.99	1.94	1.89	1.87	1.84	1.81	1.78	1.75	1.72
17	2.00	1.96	1.91	1.86	1.84	1.81	1.78	1.75	1.72	1.69
18	1.98	1.93	1.89	1.84	1.81	1.78	1.75	1.72	1.69	1.66
19	1.96	1.91	1.86	1.81	1.79	1.76	1.73	1.70	1.67	1.63
20	1.94	1.89	1.84	1.79	1.77	1.74	1.71	1.68	1.64	1.61
21	1.92	1.87	1.83	1.78	1.75	1.72	1.69	1.66	1.62	1.59
22	1.90	1.86	1.81	1.76	1.73	1.70	1.67	1.64	1.60	1.57
23	1.89	1.84	1.80	1.74	1.72	1.69	1.66	1.62	1.59	1.55
24	1.88	1.83	1.78	1.73	1.70	1.67	1.64	1.61	1.57	1.53
25	1.87	1.82	1.77	1.72	1.69	1.66	1.63	1.59	1.56	1.52
26	1.86	1.81	1.76	1.71	1.68	1.65	1.61	1.58	1.54	1.50
27	1.85	1.80	1.75	1.70	1.67	1.64	1.60	1.57	1.53	1.49
28	1.84	1.79	1.74	1.69	1.66	1.63	1.59	1.56	1.52	1.48
29	1.83	1.78	1.73	1.68	1.65	1.62	1.58	1.55	1.51	1.47
30	1.82	1.77	1.72	1.67	1.64	1.61	1.57	1.54	1.50	1.46
40	1.76	1.71	1.66	1.61	1.57	1.54	1.51	1.47	1.42	1.38
60	1.71	1.66	1.60	1.54	1.51	1.48	1.44	1.40	1.35	1.29
120	1.65	1.60	1.55	1.48	1.45	1.41	1.37	1.32	1.26	1.19
∞	1.60	1.55	1.49	1.42	1.38	1.34	1.30	1.24	1.17	1.00

부표 B5. F - 분포표 (α = 0.05)

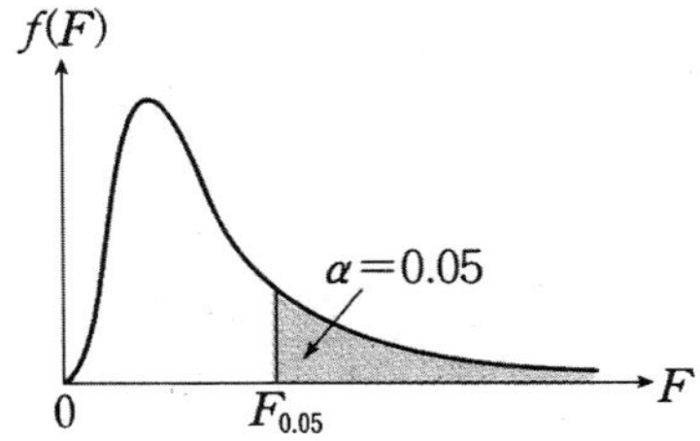

v_2 \ v_1	분자의 자유도								
분모의 자유도	1	2	3	4	5	6	7	8	9
1	161.4	199.5	215.7	224.6	230.2	234.0	236.8	238.9	240.5
2	18.51	19.00	19.16	19.25	19.30	19.33	19.35	19.37	19.38
3	10.13	9.55	9.28	9.12	9.01	8.94	8.89	8.85	8.81
4	7.71	6.94	6.59	6.39	6.26	6.16	6.09	6.04	6.00
5	6.61	5.79	5.41	5.19	5.05	4.95	4.88	4.82	4.77
6	5.99	5.14	4.76	4.53	4.39	4.28	4.21	4.15	4.10
7	5.59	4.74	4.35	4.12	3.97	3.87	3.79	3.73	3.68
8	5.32	4.46	4.07	3.84	3.69	3.58	3.50	3.44	3.39
9	5.12	4.26	3.86	3.63	3.48	3.37	3.29	3.23	3.18
10	4.96	4.10	3.71	3.48	3.33	3.22	3.14	3.07	3.02
11	4.84	3.98	3.59	3.36	3.20	3.09	3.01	2.95	2.90
12	4.75	3.89	3.49	3.26	3.11	3.00	2.91	2.85	2.80
13	4.67	3.81	3.41	3.18	3.03	2.92	2.83	2.77	2.71
14	4.60	3.74	3.34	3.11	2.96	2.85	2.76	2.70	2.65
15	4.54	3.68	3.29	3.06	2.90	2.79	2.71	2.64	2.59
16	4.49	3.63	3.24	3.01	2.85	2.74	2.66	2.59	2.54
17	4.45	3.59	3.20	2.96	2.81	2.70	2.61	2.55	2.49
18	4.41	3.55	3.16	2.93	2.77	2.66	2.58	2.51	2.46
19	4.38	3.52	3.13	2.90	2.74	2.63	2.54	2.48	2.42
20	4.35	3.49	3.10	2.87	2.71	2.60	2.51	2.45	2.39
21	4.32	3.47	3.07	2.84	2.68	2.57	2.49	2.42	2.37
22	4.30	3.44	3.05	2.82	2.66	2.55	2.46	2.40	2.34
23	4.28	3.42	3.03	2.80	2.64	2.53	2.44	2.37	2.32
24	4.26	3.40	3.01	2.78	2.62	2.51	2.42	2.36	2.30
25	4.24	3.39	2.99	2.76	2.60	2.49	2.40	2.34	2.28
26	4.23	3.37	2.98	2.74	2.59	2.47	2.39	2.32	2.77
27	4.21	3.35	2.96	2.73	2.57	2.46	2.37	2.31	2.25
28	4.20	3.34	2.95	2.71	2.56	2.45	2.36	2.29	2.24
29	4.18	3.33	2.93	2.70	2.55	2.43	2.35	2.28	2.22
30	4.17	3.32	2.92	2.69	2.53	2.42	2.33	2.27	2.21
40	4.08	3.23	2.84	2.61	2.45	2.34	2.25	2.18	2.12
60	4.00	3.15	2.76	2.53	2.37	2.25	2.17	2.10	2.04
120	3.92	3.07	2.68	2.45	2.29	2.17	2.09	2.02	1.96
∞	3.84	3.00	2.60	2.37	2.21	2.10	2.01	1.94	1.88

v_2 \ v_1	분자의 자유도									
분모의 자유도	10	12	15	20	24	30	40	60	120	∞
1	241.9	243.9	245.9	248.0	249.1	250.1	251.1	252.2	253.3	254.3
2	19.40	19.41	19.43	19.45	19.45	19.46	19.47	19.48	19.49	19.50
3	8.79	8.74	8.70	8.66	8.64	8.62	8.59	8.57	8.55	8.53
4	5.96	5.91	5.86	5.80	5.77	5.75	5.72	5.69	5.66	5.63
5	4.74	4.68	4.62	4.56	4.53	4.50	4.46	4.43	4.40	4.36
6	4.06	4.00	3.94	3.87	3.84	3.81	3.77	3.74	3.70	3.67
7	3.64	3.57	3.51	3.44	3.41	3.38	3.34	3.30	3.27	3.23
8	3.35	3.28	3.22	3.15	3.12	3.08	3.04	3.01	2.97	2.93
9	3.14	3.07	3.01	2.94	2.90	2.86	2.83	2.79	2.75	2.71
10	2.98	2.91	2.85	2.77	2.74	2.70	2.66	2.62	2.58	2.54
11	2.85	2.79	2.72	2.65	2.61	2.57	2.53	2.49	2.45	2.40
12	2.75	2.69	2.62	2.54	2.51	2.47	2.43	2.38	2.34	2.30
13	2.67	2.60	2.53	2.46	2.42	2.38	2.34	2.30	2.25	2.21
14	2.60	2.53	2.46	2.39	2.35	2.31	2.27	2.22	2.18	2.13
15	2.54	2.48	2.40	2.33	2.29	2.25	2.20	2.16	2.11	2.07
16	2.49	2.42	2.35	2.28	2.24	2.19	2.15	2.11	2.06	2.01
17	2.45	2.38	2.31	2.23	2.19	2.15	2.10	2.06	2.01	1.96
18	2.41	2.34	2.27	2.19	2.15	2.11	2.06	2.02	1.97	1.92
19	2.38	2.31	2.23	2.16	2.11	2.07	2.03	1.98	1.93	1.88
20	2.35	2.28	2.20	2.12	2.08	2.04	1.99	1.95	1.90	1.84
21	2.32	2.25	2.18	2.10	2.05	2.01	1.96	1.92	1.87	1.81
22	2.30	2.23	2.15	2.07	2.03	1.98	1.94	1.89	1.84	1.78
23	2.27	2.20	2.13	2.05	2.01	1.96	1.91	1.86	1.81	1.76
24	2.25	2.18	2.11	2.03	1.98	1.94	1.89	1.84	1.79	1.73
25	2.24	2.16	2.09	2.01	1.96	1.92	1.87	1.82	1.77	1.71
26	2.22	2.15	2.07	1.99	1.95	1.90	1.85	1.80	1.75	1.69
27	2.20	2.13	2.06	1.97	1.93	1.88	1.84	1.79	1.73	1.67
28	2.19	2.12	2.04	1.96	1.91	1.87	1.82	1.77	1.71	1.65
29	2.18	2.10	2.03	1.94	1.90	1.85	1.81	1.75	1.70	1.64
30	2.16	2.09	2.01	1.93	1.89	1.84	1.79	1.74	1.68	1.62
40	2.08	2.00	1.92	1.84	1.79	1.74	1.69	1.64	1.58	1.51
60	1.99	1.92	1.84	1.75	1.70	1.65	1.59	1.53	1.47	1.39
120	1.91	1.83	1.75	1.66	1.61	1.55	1.50	1.43	1.35	1.25
∞	1.83	1.75	1.67	1.57	1.52	1.46	1.39	1.32	1.22	1.00

부표 B5. F - 분포표 (α = 0.01)

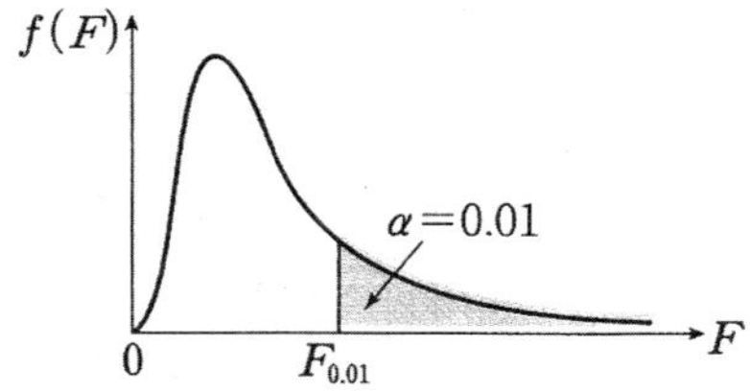

v_2 \ v_1	분자의 자유도								
	1	2	3	4	5	6	7	8	9
1	4,052	4,999.5	5,403	5,625	5,764	5,859	5,928	5,982	6,022
2	98.50	99.00	99.17	99.25	99.30	99.33	99.36	99.37	99.39
3	34.12	30.82	29.46	28.71	28.24	27.91	27.67	27.49	27.35
4	21.20	18.00	16.69	15.98	15.52	15.21	14.98	14.80	14.66
5	16.26	13.27	12.06	11.39	10.97	10.67	10.46	10.29	10.16
6	13.75	10.92	9.78	9.15	8.75	8.47	8.26	8.10	7.98
7	12.25	9.55	8.45	7.85	7.46	7.19	6.99	6.84	6.72
8	11.26	8.65	7.59	7.01	6.63	6.37	6.18	6.03	5.91
9	10.56	8.02	6.99	6.42	6.06	5.80	5.61	5.47	5.35
10	10.04	7.56	6.55	5.99	5.64	5.39	5.20	5.06	4.94
11	9.65	7.21	6.22	5.67	5.32	5.07	4.89	4.74	4.63
12	9.33	6.93	5.95	5.41	5.06	4.82	4.64	4.50	4.39
13	9.07	6.70	5.74	5.21	4.86	4.62	4.44	4.30	4.19
분모의 자유도 14	8.86	6.51	5.56	5.04	4.69	4.46	4.28	4.14	4.03
15	8.68	6.36	5.42	4.89	4.56	4.32	4.14	4.00	3.89
16	8.53	6.23	5.29	4.77	4.44	4.20	4.03	3.89	3.78
17	8.40	6.11	5.18	4.67	4.34	4.10	3.93	3.79	3.68
18	8.29	6.01	5.09	4.58	4.25	4.01	3.84	3.71	3.60
19	8.18	5.93	5.01	4.50	4.17	3.94	3.77	3.63	3.52
20	8.10	5.85	4.94	4.43	4.10	3.87	3.70	3.56	3.46
21	8.02	5.78	4.87	4.37	4.04	3.81	3.64	3.51	3.40
22	7.95	5.72	4.82	4.31	3.99	3.76	3.59	3.45	3.35
23	7.88	5.66	4.76	4.26	3.94	3.71	3.54	3.41	3.30
24	7.82	5.61	4.72	4.22	3.90	3.67	3.50	3.36	3.26
25	7.77	5.57	4.68	4.18	3.85	3.63	3.46	3.32	3.22
26	7.72	5.53	4.64	4.14	3.82	3.59	3.42	3.29	3.18
27	7.68	5.49	4.60	4.11	3.78	3.56	3.39	3.26	3.15
28	7.64	5.45	4.57	4.07	3.75	3.53	3.36	3.23	3.12
29	7.60	5.42	4.54	4.04	3.73	3.50	3.33	3.20	3.09
30	7.56	5.39	4.51	4.02	3.70	3.47	3.30	3.17	3.07
40	7.31	5.18	4.31	3.83	3.51	3.29	3.12	2.99	2.89
60	7.08	4.98	4.13	3.65	3.34	3.12	2.95	2.82	2.72
120	6.85	4.79	3.95	3.48	3.17	2.96	2.79	2.66	2.56
∞	6.63	4.61	3.78	3.32	3.02	2.80	2.64	2.51	2.41

v_2 \ v_1	분자의 자유도									
	10	12	15	20	24	30	40	60	120	∞
1	6,056	6,106	6,157	6,209	6,235	6,261	6,287	6,313	6,339	6,366
2	99.40	99.42	99.43	99.45	99.46	99.47	99.47	99.48	99.49	99.50
3	27.23	27.05	26.87	26.69	26.60	26.50	26.41	26.32	26.22	26.13
4	14.55	14.37	14.20	14.02	13.93	13.84	13.75	13.65	13.56	13.46
5	10.05	9.89	9.72	9.55	9.47	9.38	9.29	9.20	9.11	9.02
6	7.87	7.72	7.56	7.40	7.31	7.23	7.14	7.06	6.97	6.88
7	6.62	6.47	6.31	6.16	6.07	5.99	5.91	5.82	5.74	5.65
8	5.81	5.67	5.52	5.36	5.28	5.20	5.12	5.03	4.95	4.86
9	5.26	5.11	4.96	4.81	4.73	4.65	4.57	4.48	4.40	4.31
10	4.85	4.71	4.56	4.41	4.33	4.25	4.17	4.08	4.00	3.91
11	4.54	4.40	4.25	4.10	4.02	3.94	3.86	3.78	3.69	3.60
12	4.30	4.16	4.01	3.86	3.78	3.70	3.62	3.54	3.45	3.36
13	4.10	3.96	3.82	3.66	3.59	3.51	3.43	3.34	3.25	3.17
14	3.94	3.80	3.66	3.51	3.43	3.35	3.27	3.18	3.09	3.00
분모의 자유도 15	3.80	3.67	3.52	3.37	3.29	3.21	3.13	3.05	2.96	2.87
16	3.69	3.55	3.41	3.26	3.18	3.10	3.02	2.93	2.84	2.75
17	3.59	3.46	3.31	3.16	3.08	3.00	2.92	2.83	2.75	2.65
18	3.51	3.37	3.23	3.08	3.00	2.92	2.84	2.75	2.66	2.57
19	3.43	3.30	3.15	3.00	2.92	2.84	2.76	2.67	2.58	2.49
20	3.37	3.23	3.09	2.94	2.86	2.78	2.69	2.61	2.52	2.42
21	3.31	3.17	3.03	2.88	2.80	2.72	2.64	2.55	2.46	2.36
22	3.26	3.12	2.98	2.83	2.75	2.67	2.58	2.50	2.40	2.31
23	3.21	3.07	2.93	2.78	2.70	2.62	2.54	2.45	2.35	2.26
24	3.17	3.03	2.89	2.74	2.66	2.58	2.49	2.40	2.31	2.21
25	3.13	2.99	2.85	2.70	2.62	2.54	2.45	2.36	2.27	2.17
26	3.09	2.96	2.81	2.66	2.58	2.50	2.42	2.33	2.23	2.13
27	3.06	2.93	2.78	2.63	2.55	2.47	2.38	2.29	2.20	2.10
28	3.03	2.90	2.75	2.60	2.52	2.44	2.35	2.26	2.17	2.06
29	3.00	2.87	2.73	2.57	2.49	2.41	2.33	2.23	2.14	2.03
30	2.98	2.84	2.70	2.55	2.47	2.39	2.30	2.21	2.11	2.01
40	2.80	2.66	2.52	2.37	2.29	2.20	2.11	2.02	1.92	1.80
60	2.63	2.50	2.35	2.20	2.12	2.03	1.94	1.84	1.73	1.60
120	2.47	2.34	2.19	2.03	1.95	1.86	1.76	1.66	1.53	1.38
∞	2.32	2.18	2.04	1.88	1.79	1.70	1.59	1.47	1.32	1.00

임회정

이화여대 수학교육과 졸업
Columbia University in the city of New York, Biostatistics Div. MS, Ph.D. 졸업
Neurological Institute of New York, Biostatistician
서울의대 예방의학교실 포스트닥터
University of Illinois at Chicago 치과대학 방문교수
현재 전남대학교 치의학전문대학원 교수

SPSS와 G-Power를 활용한

통계학 개론 및 응용

인 쇄 2014년 2월 15일
발 행 2014년 2월 20일

저 자 임회정
발행인 지병문
발행처 전남대학교출판부
등 록 1981년 5월 21일 제53호
주 소 500-757 광주광역시 북구 용봉로 77
전 화 062-530-0571~2
마케팅 062-530-0573
팩 스 062-530-0579
홈페이지 http://www.cnup.co.kr
e-mail cnup@hanmail.net

ISBN 978-89-6849-077-4 (93310)

가 격 15,000 원

이 도서의 국립중앙도서관 출판시도서목록(CIP)은 e-CIP홈페이지(http://www.nl.go.kr/ecip)와 국가자료공동목록시스템(http://www.nl.go.kr/kolisnet)에서 이용하실 수 있습니다.
(CIP제어번호: CIP2014004262)

이 책의 데이터파일은 전남대학교출판부 홈페이지 http://www.cnup.co.kr
커뮤니케이션의 자유게시판에서 다운받으시기 바랍니다.